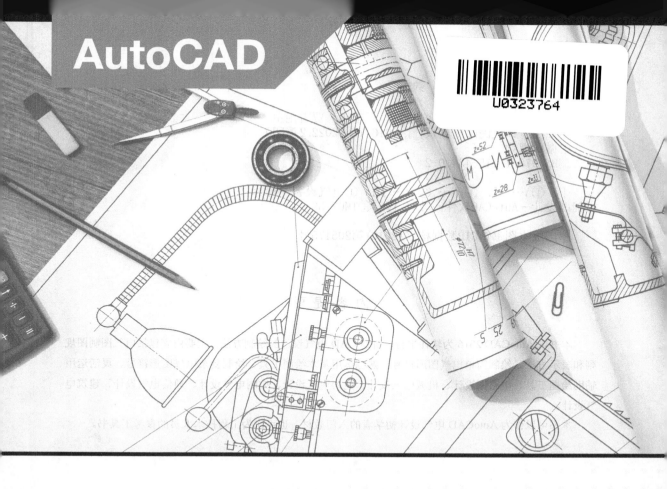

AutoCAD

U0323764

AutoCAD 2016
电气设计 案例教程

附微课视频

◎李津 贾雪艳 主编

人民邮电出版社
北京

图书在版编目（CIP）数据

AutoCAD 2016电气设计案例教程 / 李津，贾雪艳主编. -- 北京 : 人民邮电出版社，2016.11（2022.2重印）
　附微课视频
　ISBN 978-7-115-43430-2

　Ⅰ．①A… Ⅱ．①李… ②贾… Ⅲ．①电气设备－计算机辅助设计－AutoCAD软件－教材 Ⅳ．①TM02-39

中国版本图书馆CIP数据核字(2016)第205175号

内 容 提 要

本书以 AutoCAD 2016 为软件平台，讲述 CAD 电气设计的绘制方法。主要内容包括电气图制图规则和表示方法、绘制简单电气图形符号、熟练运用基本绘图工具、绘制复杂电气图形符号、灵活运用辅助绘图工具、电路图设计、机械电气设计、电力电气设计、控制电气设计、通信电气设计、建筑电气设计。

本书可以作为 AutoCAD 电气设计初学者的入门教材，也可作为工程技术人员的参考工具书。

◆ 主　编　李　津　贾雪艳
　　责任编辑　税梦玲
　　责任印制　沈　蓉　彭志环

◆ 人民邮电出版社出版发行　　北京市丰台区成寿寺路 11 号
　　邮编　100164　　电子邮件　315@ptpress.com.cn
　　网址　http://www.ptpress.com.cn
　　北京天宇星印刷厂印刷

◆ 开本：787×1092　1/16
　　印张：21.25　　　　　　　　2016 年 11 月第 1 版
　　字数：521 千字　　　　　　2022 年 2 月北京第 3 次印刷

定价：54.80 元（附光盘）

读者服务热线：(010)81055256　印装质量热线：(010)81055316
反盗版热线：(010)81055315

前 言

电气工程图可用来表示电气工程的构成和功能，描述电气装置的工作原理，提供安装和维护使用的信息，辅助电气工程研究和指导电气工程实践施工。电气工程图的种类和数量与具体工程的规模有关。电气工程的规模不同，该项工程的电气图的种类和数量也不同，较大规模的电气工程通常要包含多种电气工程图。虽然电气工程图根据实际应用场合的不同而不同，但在不同场合下绘制的电气工程图，只要用途相同，其在表达方式与方法上必须统一，而且在分类与属性上也应该一致。

AutoCAD 2016 提供的平面绘图功能，可帮助设计人员使用各种电气系统图、框图、电路原理图、接线图、电气平面图等来绘制电气工程图。另外，AutoCAD 2016 还提供了三维造型、图形渲染等功能，以及绘制一些机械图、建筑图所需的功能。为帮助初学者快速入门，本书通过具体的工程小案例，全面地讲解使用 AutoCAD 进行电气设计的方法和技巧，并讲解了机械电气、电力电气、控制电气、通信电气、建筑电气的综合案例，本书主要特点如下。

1. 采用案例驱动组织内容

AutoCAD 电气设计属于实操性强的课程，结合案例来讲解知识点，有助于初学者快速上手，因此，本书采用案例驱动的方式来组织内容，将知识点融入案例的实施过程中，让初学者在实例操作的过程中牢固地掌握相应的软件功能。案例的设置很讲究，种类也非常丰富，有练习知识点的小案例和用于提高的上机案例（前 4 章），也有完整且实用的工程案例（后 6 章）。

2. 紧贴认证考试实际需要

本书在编写过程中，作者参照了 Autodesk 中国官方认证的考试大纲和电气设计相关标准，并由 Autodesk 中国认证考试中心首席专家胡仁喜博士审校。全书的案例和基础知识覆盖了 Autodesk 中国官方认证考试内容，大部分的上机操作和自测题来自认证考试题库，利于想参加 Autodesk 中国官方认证考试的读者练习。

3. 提供微课视频及光盘

书中的所有案例均录制了微课视频，学习者可扫描案例对应的二维码，在线观看教学视频。另外，本书还提供所有案例的源文件、与书配套的 PPT 课件，以及认证考试模拟试卷等资料，以帮助初学者快速提高。

本书由华东交通大学教材基金资助，由华东交通大学的李津、贾雪艳任主编，其中李津编写了绪论和第 1～5 章，贾雪艳编写了第 6～10 章。华东交通大学的黄志刚、许玢、沈晓玲等参与了部分章节的编写，Autodesk 中国认证考试中心首席专家、石家庄三维书屋文化传播有限公司的胡仁喜博士对全书进行了审校，在此对他们表示真诚的感谢。

书中不足之处望广大读者登录 www.sjzswsw.com 反馈或联系 win760520@126.com，作者将不胜感激，也欢迎读者加入三维书屋图书学习交流群 QQ：379090620 交流探讨。

作者

2016 年 5 月

绪论将介绍电气工程制图的基础知识，包括电气工程图的分类、特点及电气图 CAD 制图的相关规则，并对电气图的基本表示方法和连接线的表示方法加以说明。

 能力目标

➢ 电气图分类及特点
➢ 电气图 CAD 制图规则
➢ 电气图基本表示方法
➢ 电气图中连接线的表示方法
➢ 电气图符号的构成和分类

课时安排

2 课时（讲课 2 课时）

0.1 电气图分类及特点

对于用电设备来说，电气图主要是指主电路图和控制电路图；对于供配电设备来说，电气图主要是指一次回路和二次回路的电路图。但要表示清楚一项电气工程或一种电气设备的功能、用途、工作原理、安装和使用方法等，只有这两种图是不够的。电气图的种类很多，下面介绍电气图的分类及特点。

0.1.1 电气图分类

根据各电气图所表示的电气设备、工程内容及表达形式的不同，电气图通常分为以下 8 类。

1. 系统图或框图

系统图或框图就是用符号或带注释的框概略表示系统或分系统的基本组成、相互关系及其主要特征的一种简图。例如，电动机的主电路（如图 0-1 所示）就表示了电动机的供电关系，它的供电过程是由电源→L1、L2、L3 三相→熔断器 FU→接触器 KM→热继电器热元件 FR→电动机。又如，某供电系统图（如图 0-2 所示）表示这个变电所把 10kV 电压通过变压器变换为 0.38kV 电压，经断路器 QF 和母线后通过 FU-QK$_1$、FU-QK$_2$、FU-QK$_3$ 分别供给 3 条支路。由此可以看出，系统图或框图常用来表示整个工程或其中某一项目的供电方式和电能输送关系，也可表示某一装置或设备各主要组成部分的关系。

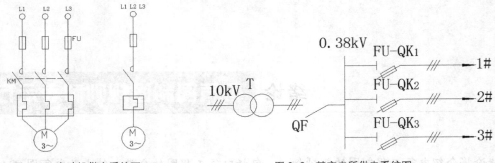

图 0-1　电动机供电系统图　　　　图 0-2　某变电所供电系统图

2．电路图

电路图就是按工作顺序用图形符号从上而下、从左到右的方式来，详细表示电路、设备或成套装置的全部组成和连接关系，而不考虑其实际位置的一种简图。其目的是便于理解设备的工作原理、分析和计算电路特性及参数，所以这种图又称为电气原理或原理接线图。例如，磁力启动器电路图中（如图 0-3 所示），当按下启动按钮 SB2 时，接触器 KM 的线圈将得电，它的常开主触点闭合，使电动机得电启动运行，另一个辅助常开触点闭合，进行自锁；当按下停止按钮 SB1 或热继电器 FR 断开时，KM 线圈失电，常开主触点断开，电动机停止。可见该电路图表示了电动机的操作控制原理。

3．接线图

接线图主要用于表示电气装置内部元件之间及其外部其他装置之间的连接关系，它是便于制作、安装及维修人员接线和检查的一种简图或表格。图 0-4 所示为磁力启动器控制电动机的主电路接线图，它清楚地表示了各元件之间的实际位置和连接关系：电源（L1、L2、L3）由 BX-3×6 的导线接至端子排 X 的 1、2、3 号，然后通过熔断器 FU1～FU3 接至交流接触器 KM 的主触点，再经过继电器的发热元件接到端子排 X 的 4、5、6 号，最后用导线接入电动机的 U、V、W 端子。

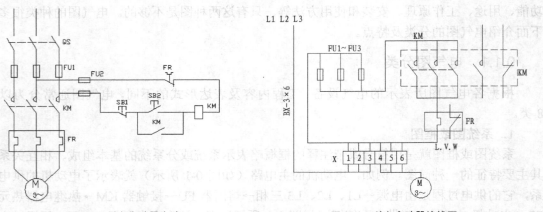

图 0-3　磁力启动器电路　　　　图 0-4　磁力启动器接线图

当一个装置比较复杂时，接线图又可分解为以下 4 种。

① 单元接线图。它是表示成套装置或设备中一个结构单元内各元件之间的连接关系的一种接线图。这里的"结构单元"是指在各种情况下可独立运行的组件或某种组合体，如电动机、开关柜等。

② 互连接线图。它是表示成套装置或设备的不同单元之间连接关系的一种接线图。

③ 端子接线图。它是表示成套装置或设备的端子以及接在端子上外部接线（必要时包括内部接线）的一种接线图，如图 0-5 所示。

④ 电线电缆配置图。它是表示电线电缆两端位置，必要时还包括电线电缆功能、特性和路径等信息的一种接线图。

4．电气平面图

电气平面图是表示电气工程项目的电气设备、装置和线路的平面布置图，它一般是在建筑平面图的基础上绘制出来的。常见的电气平面图有供电线路平面图、变配电所平面图、电力平面图、照明平面图、弱电系统平面图、防雷与接地平面图等。图 0-6 所示是某车间的动力电气平面图，它表示了各车床的具体平面位置和供电线路。

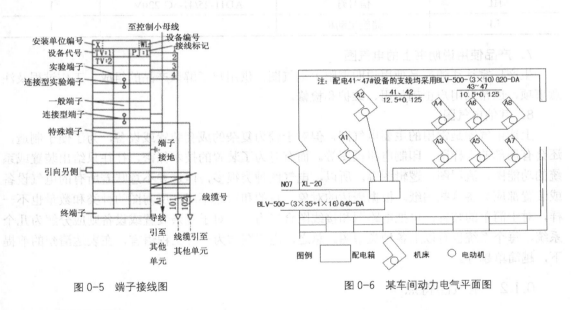

图 0-5　端子接线图　　　　　　　　　图 0-6　某车间动力电气平面图

5．设备布置图

设备布置图表示各种设备和装置的布置形式、安装方式，以及相互之间的尺寸关系，通常由平面图、主面图、断面图、剖面图等组成。这种图按三视图原理绘制，与一般机械图没有大的区别。

6．设备元件和材料表

设备元件和材料表就是把成套装置、设备，以及装置中各组成部分和相应数据列成表格，来表示各组成部分的名称、型号、规格和数量等，便于读者了解各元器件在装置中的作用和功能，从而读懂装置的工作原理。设备元件和材料表是电气图中重要的组成部分，它可置于图中的某一位置，也可单列一页（视元器件材料多少而定）。为了方便书写，通常是从下而上排序。表 0-1 所示即是某开关柜上的设备元件表。

表 0-1　　　　　　　　　　　　某开关柜上的设备元件表

符　　号	名　　称	型　　号	数　量
ISA-351D	微机保护装置	=220V	1
KS	自动加热除湿控制器	KS-3-2	1
SA	跳、合闸控制开关	LW-Z-1a，4，6a，20/F8	1
QC	主令开关	LS1-2	1
QF	自动空气开关	GM31-2PR3，0A	1
FU1-2	熔断器	AM1 16/6A	2
FU3	熔断器	AM1 16/2A	1
1-2DJR	加热器	DJR-75-220V	2
HLT	手车开关状态指示器	MGZ-91-1-220V	1
HLQ	断路器状态指示器	MGZ-91-1-220V	1
HL	信号灯	AD11-25/41-5G-220V	1
M	储能电动机		1

7．产品使用说明书上的电气图

生产厂家往往随产品使用说明书附上电气图，供用户了解该产品的组成、工作过程及注意事项，以帮助用户正确使用、维护和检修。

8．其他电气图

上述电气图是常用的主要电气图，但对于较为复杂的成套装置或设备，为了便于制造，还会有局部的大样图、印制电路板图等。而有时为了装置的技术保密，往往只给出装置或系统的功能图、流程图、逻辑图等。所以，电气图种类很多，但这并不意味着所有的电气设备或装置都应具备这些图纸。根据表达的对象、目的和用途不同，所需图的种类和数量也不一样，对于简单的装置，可把电路图和接线图合二为一，对于复杂装置或设备则应分解为几个系统，每个系统也有以上各种类型图。总之，电气图作为一种工程语言，在表达清楚的前提下，越简单越好。

0.1.2　电气图特点

电气图与其他工程图有着本质的区别，它表示系统或装置中的电气关系，所以具有其独特的一面，其主要特点如下。

1．清楚

电气图是用图形符号、连线或简化外形来表示系统或设备中各组成部分之间相互电气关系及其连接关系的一种图。如某变电所电气图（如图 0-7 所示），10kV 电压变换为 0.38kV 低压，分配给 4 条支路，图中文字符号表示清楚，并给出了变电所各设备的名称、功能、电流方向及各设备连接关系和相互位置关系，但没有

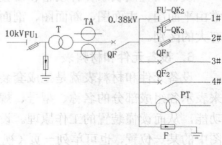

图 0-7　变电所电气图

给出具体位置和尺寸。

2．简洁

电气图是采用电气元器件或设备的图形符号、文字符号和连线来表示的，没有必要画出电气元器件的外形结构，所以对于系统构成、功能及电气接线等，通常都采用图形符号、文字符号来表示。

3．独特性

电气图主要是表示成套装置或设备中各元器件之间的电气连接关系，不论是说明电气设备工作原理的电路图、供电关系的电气系统图，还是表明安装位置和接线关系的平面图和连线图等，都表达了各元器件之间的连接关系，如图 0-1～图 0-4 所示。

4．布局

电气图的布局依据图所表达的内容而定。电路图、系统图是按功能布局，只考虑是否便于看出元件之间的功能关系，而不用考虑元器件的实际位置，要突出设备的工作原理和操作过程，按照元器件动作顺序和功能作用，从上而下、从左到右布局。而对于接线图、平面布置图，则要考虑元器件的实际位置，所以应按位置布局，如图 0-4 和图 0-6 所示。

5．多样性

对系统的元件和连接线描述方法不同，构成了电气图的多样性，如元件可采用集中表示法、半集中表示法、分散表示法，连线可采用多线表示、单线表示和混合表示。同时，对于一个电气系统中各种电气设备和装置之间，从不同角度、不同侧面去考虑，存在不同关系。例如在图 0-1 所示的某电动机供电系统图中，就存在着以下 3 点不同关系。

① 电能是通过 FU、KM、FR 送到电动机 M，它们存在能量传递关系，如图 0-8 所示。

② 从逻辑关系上，只有当 FU、KM、FR 都正常时，M 才能得到电能，所以它们之间存在"与"的关系：M=FU·KM·FR。即只有 FU 正常为"1"、KM 合上为"1"、FR 没有烧断为"1"时，M 才能为"1"，表示可得到电能。其逻辑如图 0-9 所示。

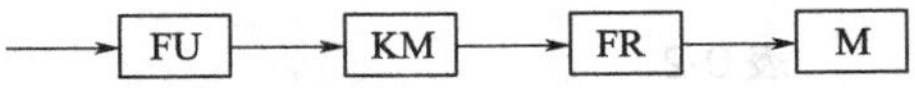

图 0-8　能量传递关系

③ 从保护角度表示，FU 进行短路保护。当电路电流突然增大发生短路时，FU 烧断，使电动机失电。它们就存在信息传递关系："电流"输入 FU，FU 根据电流的大小输出"烧断"或"不烧断"，可用图 0-10 表示。

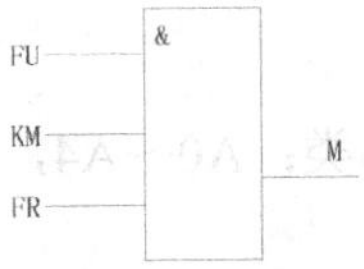

图 0-9　逻辑图 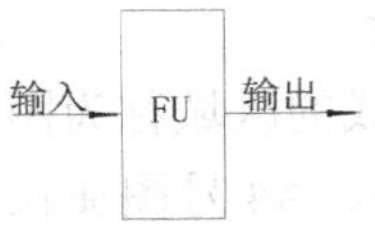　　　　　　　　　　图 0-10　FU 的信息传递图

0.2　电气图 CAD 制图规则

电气图是一种特殊的专业技术图，它除必须遵守国家质检总局发布的《电气技术用文件的编制》（GB/T 6988）、《电气简图用图形符号》（GB/T 4728）的标准外，还要遵守"机械制

图""建筑制图"等方面的有关规定，所以制图和读图人员有必要了解这些规则或标准。由于国家质检总局发布的标准很多，这里只简单介绍与电气图的制图有关的规则和标准。

0.2.1 图纸格式和幅面尺寸

1. 图纸格式

电气图图纸的格式与机械图图纸、建筑图图纸的格式基本相同，通常由边框线、图框线、标题栏、会签栏组成，如图 0-11 所示。

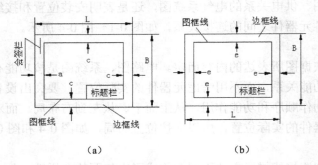

（a）　　　　　　　　　　　　（b）

图 0-11　电气图图纸格式

图中的标题栏相当于一个设备的铭牌，标示着这张图纸的名称、图号张次，制图者、审核者等有关人员的签名，其一般式样见表 0-2。标题栏通常放在右下角位置，也可放在其他位置，但必须在本张图纸上，而且标题栏的文字方向与看图方向一致。会签栏是留给相关的水、暖、建筑、工艺等专业设计人员会审图纸时签名用的。

表 0-2　　　　　　　　　　　　　标题栏一般格式

××电力勘察设计院				××区域 10kV 开闭及出线电缆工程	施工图
所长		校核		10kV 配电装备电缆联系及屏顶小母线布置图	
主任工程师		设计			
专业组长		CAD 制图			
项目负责人		会签			
日期	年 月 日	比例		图号	B812S-D01-14

2. 幅面尺寸

由边框线围成的区域称为图纸的幅面。幅面大小共分 5 类：A0～A4，其尺寸见表 0-3，根据需要可对 A3、A4 号图加长，加长幅面尺寸见表 0-4。

表 0-3　　　　　　　　　　　　　基本幅面尺寸　　　　　　　　　　　　　　　　　mm

幅面代号	A0	A1	A2	A3	A4
宽×长（B×L）	841×1189	594×841	420×594	297×420	210×297
留装订边边宽（c）	10	10	10	5	5
不留装订边边宽（e）	20	20	10	10	10
装订侧边宽（a）	25				

表 0-4   加长幅面尺寸   mm

序 号	代 号	尺 寸	序 号	代 号	尺 寸
1	A3×3	420×891	4	A4×4	297×841
2	A3×4	420×1189	5	A4×5	297×1051
3	A4×3	297×630			

当表 0-3 和表 0-4 所列幅面系列还不能满足需要时，则可按 GB/T 4457.1 的规定，选用其他加长幅画的图纸。

0.2.2 图幅分区

为了确定图上内容的位置及其他用途，应对一些幅面较大、内容复杂的电气图进行分区。图幅分区的方法是将图纸相互垂直的两边各自加以等分，分区数为偶数。每一分区的长度为 25～75mm。分区线用细实线，每个分区内竖边方向用大写英文字母编号，横边方向用阿拉伯数字编号，编号顺序应从标题栏相对的左上角开始。

图幅分区后，相当于建立了一个坐标系，分区代号用该区域的字母和数字表示，字母在前，数字在后，如 B3、C4，也可用行（如 A、B）或列（如 1、2）表示。这样，在说明设备工作元件时，就可让用户很方便地找出所指元件（如图 0-12 所示）。

图 0-12 中，将图幅分成 4 行（A～D）和 6 列（1～6）。图幅内所绘制的元件 KM、SB、R 在图上的位置被唯一地确定下来了，其位置代号列于表 0-5 中。

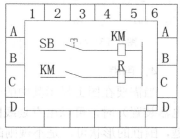

图 0-12 图幅分区示例

表 0-5   图上元件的位置代号

序 号	元 件 名 称	符 号	行 号	列 号	区 号
1	继电器线圈	KM	B	4	B4
2	继电器触点	KM	C	2	C2
3	开关（按钮）	SB	B	2	B2
4	电阻器	R	C	4	C4

0.2.3 图线、字体及其他图

1. 图线

图中所用的各种线条称为图线。电气制图规定了 8 种基本图线，即粗实线、细实线、波浪线、双折线、虚线、细点划线、粗点划线和双点划线，并分别用代号 A、B、C、D、F、G、J 和 K 表示。

2. 字体

图中的文字，如汉字、字母和数字，是图的重要组成部分，是读图的重要内容。按《技术制图 字体》（GB/T 14691—1993）的规定，汉字采用长仿宋体，字母、数字可用直体、斜体；字体号数，即字体高度（单位为 mm）分为 20、14、10、7、5、3.5、2.5 共 7 种，字体的宽度约等于字体高度的 2/3，而数字和字母的笔画宽度约为字体高度的 1/10。因汉字笔画较多，所以不宜用 2.5 号字。

3．箭头和指引线

电气图中有两种形式的箭头：开口箭头（如图 0-13（a）所示）表示电气连接上能量或信号的流向，而实心箭头（如图 0-13（b）所示）表示力、运动、可变性方向。

指引线用于指示注释的对象，其末端指向被注释处，并在某末端加注以下标记：若指在轮廓线内，用一个黑点表示，如图 0-14（a）所示；若指在轮廓线上，用一个箭头表示，如图 0-14（b）所示；若指在电气线路上，用一条短线表示，如图 0-14（c）所示，图中指明导线分别为 $3×10mm^2$ 和 $2×2.5mm^2$。

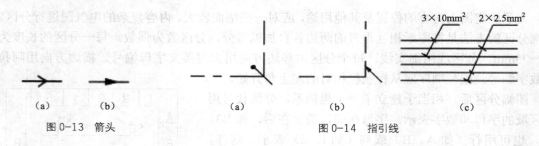

图 0-13　箭头　　　　　　　　　　　　　图 0-14　指引线

4．围框

当需要在图上显示其中的一部分所表示的是功能单元、结构单元或项目组（电器组、继电器装置）时，可以用点划线围框表示。为了图面清楚，围框的形状可以是不规则的，如图 0-15 所示。围框内有两个继电器，每个继电器分别有 3 对触点，用一个围框表示这两个继电器 KM1、KM2 的作用关系会更加清楚，且具有互锁和自锁功能。

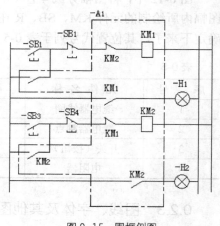

当用围框表示一个单元时，若在围框内给出了可在其他图纸或文件上查阅更详细资料的标记，则其内的电路等可用简化形式表示或省略。如果在表示一个单元的围框内的图上含有不属于该单元的元件符号，则必须对这些符号加双点划线的围框并加代号或注解。如图 0-16（b）的-A 单元内包含有熔断器 FU、按钮 SB、接触器 KM 和功能单元-B 等，它们在一个框内。而-B 单元在功能上与-A 单元有关，但不装在-A 单元

图 0-15　围框例图

内，所以用双点划线围起来，并且加了注释，表明-B 单元在图 0-16（a）中给出了详细资料，这里将其内部连接线省略。但应注意，在采用围框表示时，围框线不应与元件符号相交。

5．比例

图上所画图形符号的大小与物体实际大小的比值，称为比例。大部分的电气线路图都是不按比例绘制的，但位置平面图等则按比例绘制或部分按比例绘制，这样在平面图上测出两点距离就可按比例值计算出两者间的实际距离（如线长度、设备间距等），这对导线的放线、设备机座、控制设备等安装都有利。

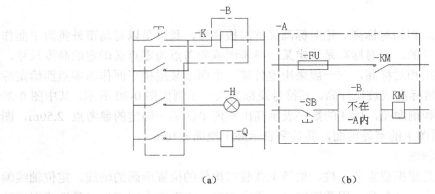

(a)　　　　　　　　　　(b)

图 0-16　含双点划线的围框

电气图采用的比例一般为 1∶10，1∶20，1∶50，1∶100，1∶200，1∶500。

6．尺寸标准

在一些电气图上标注了尺寸。尺寸数据是有关电气工程施工和构件加工的重要依据。

尺寸由尺寸线、尺寸界线、尺寸起止点（实心箭头和 45° 斜短划线）、尺寸数字 4 个要素组成，如图 0-17 所示。

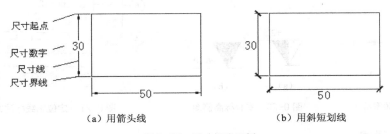

（a）用箭头线　　　　　　　（b）用斜短划线

图 0-17　尺寸标注示例

图纸上的尺寸通常以毫米（mm）为单位，除特殊情况外，图上一般不另标注单位。

7．建筑物电气平面图专用标志

在电力、电气照明平面布置和线路敷设等建筑电气平面图上，往往画有一些专用的标志，以提示建筑物的位置、方向、风向、标高、高程、结构等。这些标志与电气设备安装、线路敷设有着密切关系，了解了这些标志的含义，对阅读电气图十分有利。

（1）方位

建筑电气平面图一般按"上北下南，左西右东"表示建筑物的方位，但在许多情况下，都是用方位标记表示其朝向。方位标记如图 0-18 所示，其箭头方向表示正北方向（N）。

（2）风向频率标记

图 0-18　方位标记

它是根据这一地区多年统计出的各方向刮风次数的平均百分比值，并按一定比例绘制而成的，如图 0-19 所示。它像一朵玫瑰花，故又称风向玫瑰图，其中实线表示全年的风向频率，虚线表示夏季（6～8 月）的风向频率。由图可见，该地区常年以西北风为主，夏季以西北风和东南风为主。

（3）标高

标高分为绝对标高和相对标高。绝对标高又称海拔高度，我国是以青岛市外黄海平面作为零点来确定标高尺寸的。相对标高是选定某一参考面或参考点为零点而确定的高度尺寸，建筑电气平面图均采用相对标高，它一般采用室外某一平面或某层楼平面作为零点而确定标高，这一标高又称安装标高或敷设标高，其符号及标高尺寸示例如图 0-20 所示。其中图 0-20（a）用于室内平面图和剖面图，标注的数字表示高出室内平面某一确定的参考点 2.50m，图 0-20（b）用于总平面图上的室外地面，其数字表示高出地面 6.10m。

（4）建筑物定位轴线

定位轴线一般都是根据载重墙、柱、梁等主要载重构件的位置所画的轴线。定位轴线编号的方法是：水平方向，从左到右用数字编号；垂直方向，由下而上用字母（易造成混淆的 I、O、Z 不用）编号，数字和字母分别用点画线引出。如图 0-21 所示，其轴线分别为 A、B、C 和 1、2、3、4、5。有了这个定位轴线，就可确定图上所画的设备位置，计算出电气管线长度，便于下料和施工。

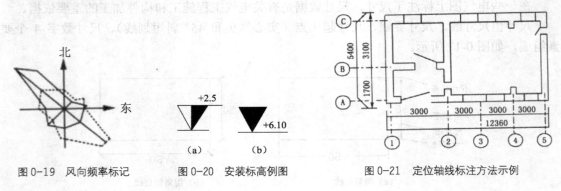

图 0-19　风向频率标记　　　图 0-20　安装标高例图　　　图 0-21　定位轴线标注方法示例

8. 注释、详图

（1）注释

用图形符号表达不清楚或不便表达的地方，可在图上加注释。注释可采用两种方式：一是直接放在所要说明的对象附近；二是加标记，将注释放在另外位置或另一页。当图中出现多个注释时，应把这些注释按编号顺序放在图纸边框附近。如果是多张图纸，一般性注释放在第一张图上，其他注释则放在与其内容相关的图上，注释方法采用文字、图形、表格等形式，其目的就是把对象表达清楚。

（2）详图

详图使用图形来注释。这相当于机械制图的剖面图，就是把电气装置中某些零部件和连接点等结构、做法及安装工艺要求放大并详细表示出来。详图位置可放在要详细表示对象的图上，也可放在另一张图上，但必须要用一标志将它们联系起来。标注在总图上的标志称为详图索引标志，标注在详图位置上的标志称为详图标志。例如，11 号图上 1 号详图在 18 号图上，则在 11 号图上的索引标志为"1/18"，在 18 号图上的标注为"1/11"，即采用相对标注法。

0.2.4　电气图布局方法

图的布局应从有利于对图的理解出发，做到布局突出图的本意、结构合理、排列均匀、图面清晰、便于读图。

1. 图线布局

电气图的图线一般用于表示导线、信号通路、连接线等，要求用直线，并尽可能减少交叉和弯折。图线的布局方法有两种。

① 水平布局。水平布局是将元件和设备按行布置，使其连接线处于水平布置，如图 0-22 所示。

② 垂直布局。垂直布局是将元件和设备按列布置，使其连接线处于竖直布置，如图 0-23 所示。

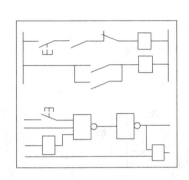

图 0-22 图线水平布局范例

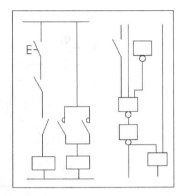

图 0-23 图线垂直布局范例

2. 元件布局

元件在电路中的排列一般是按因果关系和动作顺序从左到右、从上而下布置，看图时也要按这一排列规律来分析。例如，图 0-24 所示是水平布局，从左向右分析，SB1、FR、KM 都处于常闭状态，KT 线圈才能得电。经延时后，KT 的常开触点闭合，KM 得电。不按这一规律来分析，就不易看懂这个电路图的动作过程。

如果元件在接线图或布局图等图中是按实际元件位置来布局的，则便于看出各元件间的相对位置和导线走向。例如，图 0-25 所示是某两个单元的接线图，它表示了两个单元的相对位置和导线走向。

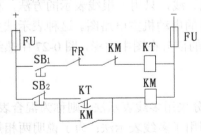

图 0-24 元件布局范例

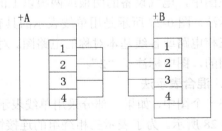

图 0-25 两单元按位置布局范例

0.3 电气图基本表示方法

电气图可以通过线路、电气元件、元器件触头和工作状态来表示。

0.3.1 线路的表示方法

线路的表示方法通常有多线表示法、单线表示法和混合表示法 3 种。

1. 多线表示法

图中电气设备的每根连接线或导线各用一根图线来表示的方法，称为多线表示法。图 0-26 所示为一个具有正、反转的电动机主电路，多线表示法能比较清楚地看出电路工作原理，但图线太多。对于比较复杂的设备，交叉就多，反而有碍于看懂图。多线表示法一般用于表示各相或各线内容的不对称和要详细表示各相和各线的具体连接方法的场合。

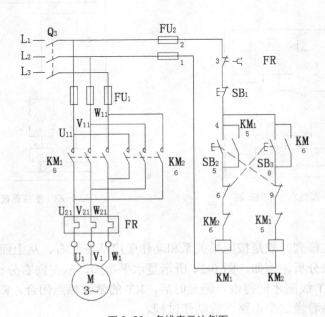

图 0-26　多线表示法例图

2. 单线表示法

在图中，电气设备的两根或两根以上的连接线或导线，只用一根线表示的方法，称为单线表示法。图 0-27 所示是用单线表示的具有正、反转的电动机主电路图。这种表示法主要适用于三相电路或各线基本对称的电路图。对于不对称的部分在图中注释，图 0-27 中热继电器是两相的，图中标注了"2"。

3. 混合表示法

在一个图中，如果一部分采用单线表示法，一部分采用多线表示法，则称为混合表示法，如图 0-28 所示。为了表示三相绕组的连接情况，该图用了多线表示法；为了说明两相热继电器，使用了多线表示法；其余的断路器 QF、熔断器 FU、接触器 KM1 都是三相对称，采用单线表示。这种表示法既具有单线表示法简洁精练的优点，又有多线表示法描述精确、充分的优点。

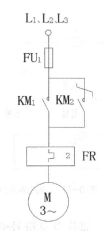

图 0-27　单线表示法例图

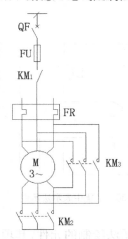

图 0-28　Y-△切换主电路的混合表示

0.3.2　电气元件的表示方法

电气元件在电气图中通常采用图形符号来表示，绘出其电气连接，在符号旁标注项目代号（文字符号），必要时还标注有关的技术数据。

一个元件在电气图中完整图形符号的表示方法有集中表示法、半集中表示法和分开表示法。

1．集中表示法

把设备或成套装置中的一个项目各组成部分的图形符号在简图上绘制在一起的方法，称为集中表示法。在集中表示法中，各组成部分用电气连接线（虚线）互相连接起来，连接线必须是一条直线。可见这种表示法只适用于简单的电路图。图 0-29 所示是两个项目，继电器 KA 有一个线圈和一对触点，接触器 KM 有一个线圈和 3 对触头，它们分别用电气连接线联系起来，各自构成一体。

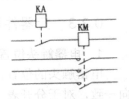

图 0-29　集中表示法示例

2．半集中表示法

把一个项目中某些部分的图形符号在简图中分开布置，并用机械连接符号把它们连接起来，称为半集中表示法。例如，图 0-30 中，KM 具有一个线圈、3 对主触头和一对辅助触头，表达清楚。在半集中表示中，电气连接线可以弯折、分支和交叉。

3．分开表示法

把一个项目中某些部分的图形符号在简图中分开布置，并使用项目代号（文字符号）表示它们之间关系的方法，称为分开表示法，也称为展开法。若图 0-30 采用分开表示法，就成为图 0-31。可见分开表示法只要把半集中表示法中的电气连接线去掉，在同一个项目图形符号上标注同样的项目代号即可。这样图中的点划线就少，图面更简洁，但是在看图中，要寻找各组成部分比较困难，必须综观全局图，把同一项目的图形符号在图中全部找出，否则在看图时就可能会遗漏。为了看清元件、器件和设备各组成部分，便于寻找其在图中的位置，分开表示法可与半集中表示法结合起来，或者采用插图、表格表示各部分的位置。

采用集中表示法和半集中表示法绘制的元件，其项目代号只在图形符号旁标出并与电气连接线对齐，如图 0-29 和图 0-30 中的 KM。

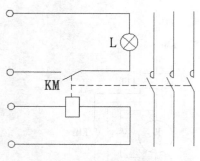 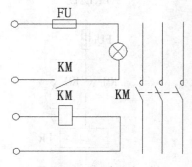

图 0-30　半集中表示法示例　　　　　图 0-31　分开表示法示例

　　采用分开表示法绘制的元件，其项目代号应在项目的每一部分自身符号旁标注，如图 0-31 所示。必要时，对同一项目的同类部件（如各辅助开关，各触点）可加注序号。

　　标注项目代号时应注意以下问题。

　　① 项目代号的标注位置尽量靠近图形符号。

　　② 图线水平布局的图，项目代号应标注在符号上方；图线垂直布局的图，项目代号标注在符号的左方。

　　③ 项目代号中的端子代号应标注在端子或端子位置的旁边。

　　④ 对围框的项目代号应标注在其上方或右方。

0.3.3　元器件触头和工作状态表示方法

1. 电器触头位置

　　电器触头的位置在同一电路中，当它们加电和受力作用后，各触点符号的动作方向应取向一致，对于分开表示法绘制的图，触头位置可以灵活运用，没有严格规定。

2. 元器件工作状态的表示方法

　　在电气图中，元器件和设备的可动部分通常应表示在非激励或不工作的状态或位置，具体内容如下。

　　① 继电器和接触器在非激励的状态，图中的触头状态是非受电下的状态。

　　② 断路器、负荷开关和隔离开关在断开位置。

　　③ 带零位的手动控制开关在零位置，不带零位的手动控制开关在图中规定位置。

　　④ 机械操作开关（如行程开关）在非工作的状态或位置（即搁置）时的情况，及机械操作开关在工作位置的对应关系，一般表示在触点符号的附近或另附说明。

　　⑤ 温度继电器、压力继电器都处于常温和常压（一个大气压）状态。

　　⑥ 事故、备用、报警等开关或继电器的触点应该表示在设备正常使用的位置，如有特定位置，应在图中另加说明。

　　⑦ 多重开闭器件的各组成部分必须表示在相互一致的位置上，而不管电路的工作状态。

3. 元器件技术数据的标志

　　电路中的元器件的技术数据（如型号、规格、整定值、额定值等）一般标在图形符号的附近。对于图线水平布局图，尽可能标在图形符号下方；对于图线垂直布局图，则标在项目

代号的右方；对于像继电器、仪表、集成块等方框符号或简
化外形符号，则可标在方框内，如图 0-32 所示。

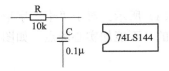

图 0-32 元器件技术数据的标志

0.4 电气图中连接线的表示方法

在电气线路图中，各元件之间都采用导线连接，起到传
输电能、传递信息的作用。所以看图者应了解连接线的表示方法。

0.4.1 连接线的一般表示法

1．导线一般表示法

一般的图线就可以表示单根导线。对于多根导线，可以分别画出，也可以只画一根图线，但
需加标志。若导线少于 4 根，可用短划线数量代表根数；若多于 4 根，可在短划线旁加数字表示，
如图 0-33（a）所示。表示导线特征的方法是：在横线上面标出电流种类、配电系统、频率和电压
等；在横线下面标出电路的导线数乘以每根导线截面积（mm²），当导线的截面不同时，可用 "+"
将其分开，如图 0-33（b）所示。

要表示导线的型号、截面、安装方法等，可采用短划指引线，加标导线属性和敷设方法，
如图 0-33（c）所示。该图表示导线的型号为 BLV（铝芯塑料绝缘线），其中 3 根截面积为 25mm²，
1 根截面积为 16mm²；敷设方法为穿入塑料管（VG），塑料管管径为 40mm，沿地板暗敷。

要表示电路相序的变换、极性的反向、导线的交换等，可采用交换号表示，如图 0-33（d）
所示。

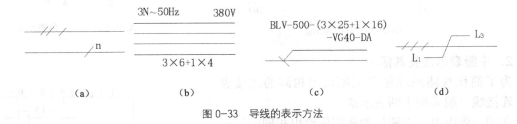

图 0-33 导线的表示方法

2．图线的粗细

一般而言，电源主电路、一次电路、主信号通路等采用粗线表示，控制回路、二次回路
等采用细线表示。

3．连接线分组和标记

为了方便看图，对多根平行连接线，应按功能分组。若不能
按功能分组，可任意分组，但每组不多于 3 根，组间距应大于线
间距。

为了便于看出连接线的功能或去向，可在连接线上方或连接
线中断处做信号名标记或其他标记，如图 0-34 所示。

4．导线连接点的表示

导线的连接点有 "T" 形连接点和多线的 "十" 字形连接点。
对于 "T" 形连接点可加实心圆点，也可不加实心圆点，如图 0-35

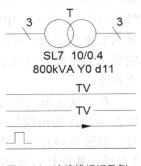

图 0-34 连接线标记示例

（a）所示。对于"十"字形连接点，必须加实心圆点，如图 0-35（b）所示；而交叉不连接的，不能加实心圆点，如图 0-35（c）所示。

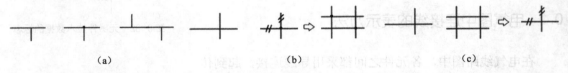

（a）　　　　　　　　　　　　　　　　　（b）　　　　　　　　　（c）

图 0-35　导线连接点表示例图

0.4.2　连接线的连续表示法和中断表示法

1．连续表示法及其标志

连接线可用多线或单线表示，为了避免线条太多，以保持图面的清晰，对于多条去向相同的连接线，常采用单线表示法，如图 0-36 所示。

当导线汇入用单线表示的一组平行连接线时，在汇入处应折向导线走向，而且每根导线两端应采用相同的标记号，如图 0-37 所示。

连续表示法中导线的两端应采用相同的标记号。

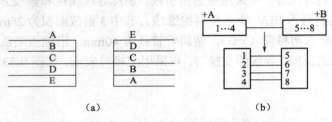

（a）　　　　　　　（b）

图 0-36　连续表示法

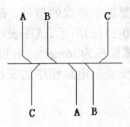

图 0-37　汇入导线表示法

2．中断表示法及其标志

为了简化线路图或使多张图采用相同的连接表示，连接线一般采用中断表示法。

在同一张图中，中断处的两端应给出相同的标记号，并给出导线连接线去向的箭号，如图 0-38 中的 G 标记号。对于不同张的图，应在中断处采用相对标记法，即中断处标记名相同，并标注"图序号/图区位置"。如图 0-38 所示断点 L 标记名，在第 20 号图纸上标有"L3/C4"，它表示 L 中断处与第 3 号图纸的 C 行 4 列处的 L 断点连接；而在第 3 号图纸上标有"L20/A4"，它表示 L 中断处与第 20 号图纸的 A 行 4 列处的 L 断点相连。

对于接线图，中断表示法的标注采用相对标注法，即在本元件的出线端标注去连接的对方元件的端子号。如图 0-39 所示，PJ 元件的 1 号端子与 CT 元件的 2 号端子相连接，而 PJ 元件的 2 号端子与 CT 元件的

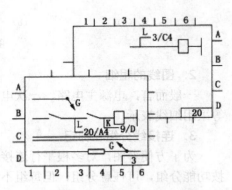

图 0-38　中断表示法及其标志

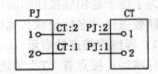

图 0-39　中断表示法的相对标注

1 号端子相连接。

0.5　电气图形符号的构成和分类

　　按简图形式绘制的电气工程图中，元件、设备、线路及其安装方法等都是借用图形符号、文字符号和项目代号来表达的。分析电气工程图，首先要清楚这些符号的形式、内容、含义以及它们之间的相互关系。

0.5.1　电气图形符号的构成

电气图形符号包括一般符号、符号要素、限定符号和方框符号。

1．一般符号

　　一般符号是用来表示一类产品或此类产品特征的简单符号，如电阻、电容、电感等，如图 0-40 所示。

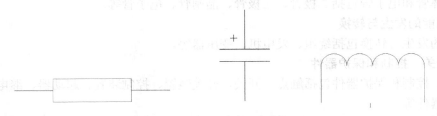

图 0-40　电阻、电容、电感符号

2．符号要素

　　符号要素是一种具有确定意义的简单图形，必须同其他图形组合构成一个设备或概念的完整符号。例如，真空二极管是由外壳、阴极、阳极和灯丝 4 个符号要素组成的。符号要素一般不能单独使用，只有按照一定方式组合起来才能构成完整的符号。符号要素的不同组合可以构成不同的符号。

3．限定符号

　　一种用于提供附加信息的、加在其他符号上的符号，称为限定符号。限定符号一般不代表独立的设备、器件和元件，仅用来说明某些特征、功能和作用等。限定符号一般不单独使用，当一般符号加上不同的限定符号，可得到不同的专用符号。例如，在开关的一般符号上加不同的限定符号可分别得到隔离开关、断路器、接触器、按钮开关、转换开关。

4．方框符号

　　方框符号用于表示元件、设备等的组合及其功能，既不给出元件、设备的细节，也不考虑所有这些连接的一种简单图形符号。方框符号在系统图和框图中使用最多，读者可在第 5 章中见到详细的设计实例。另外，电路图中的外购件、不可修理件也可用方框符号表示。

0.5.2　电气图形符号的分类

　　新的《电气简图用图形符号　第 1 部分：一般要求》（GB/T 4728.1—2005），采用国际电工委员会（IEC）标准，在国际上具有通用性，有利于对外技术交流。《电气简图用图形符号》

（GB/T 4728.1—2005）共分 13 部分。

1．一般要求

一般要求包括本标准内容提要、名词术语、符号的绘制、编号使用及其他规定。

2．符号要素、限定符号和其他常用符号

符号要素、限定符号和其他常用符号包括轮廓和外壳、电流和电压的种类、可变性、力或运动的方向、流动方向、材料的类型、效应或相关性、辐射、信号波形、机械控制、操作件和操作方法、非电量控制、接地、接机壳和等电位、理想电路元件等。

3．导体和连接件

导体和连接件包括电线、屏蔽或绞合导线、同轴电缆、端子与导线连接、插头和插座、电缆终端头等。

4．基本无源元件

基本无源元件包括电阻器、电容器、铁氧体磁心、压电晶体、驻极体等。

5．半导体管和电子管

半导体管和电子管包括二极管、三极管、晶闸管、电子管等。

6．电能的发生与转换

电能的发生与转换包括绕组、发电机、变压器等。

7．开关、控制和保护器件

开关、控制和保护器件包括触点、开关、开关装置、控制装置、起动器、继电器、接触器和保护器件等。

8．测量仪表、灯和信号器件

测量仪表、灯和信号器件包括指示仪表、记录仪表、热电偶、遥测装置、传感器、灯、电铃、蜂鸣器、喇叭等。

9．电信：交换和外围设备

交换和外围设备包括交换系统、选择器、电话机、电报和数据处理设备、传真机等。

10．电信：传输

传输包括通信电路、天线、波导管器件、信号发生器、激光器、调制器、解调器、光纤传输线路等。

11．建筑安装和平面布置图

建筑安装和平面布置图包括发电站、变电站、网络、音响和电视的分配系统、建筑用设备、露天设备等。

12．二进制逻辑元件

二进制逻辑元件包括计算器、存储器等。

13．模拟单元

模拟单元包括放大器、函数器、电子开关等。

第 1 章　绘制简单电气图形符号

　　AutoCAD 提供了大量的绘图工具，可以帮助用户完成各种简单电气图形的绘制。具体包括：直线、圆和圆弧、椭圆和椭圆弧、矩形与正多边形、图案填充、多段线、多线、表格以及文字的绘制与编辑等工具。

　　到目前为止，读者只是了解了 AutoCAD 的基本操作环境，熟悉了基本的命令和数据输入方法，还不知道怎样具体绘制各种电气图形，本章就来解决这个基本问题。

能力目标

> 掌握直线类命令
> 掌握圆类图形命令
> 掌握平面图形命令
> 掌握图案填充命令
> 掌握多段线与多线命令
> 熟悉文字输入
> 熟悉表格功能

课时安排

4 课时（讲课 2 课时，练习 2 课时）

1.1　直线的绘制——绘制阀符号

　　所有电气图形符号都是由一些直线和曲线等图形单元组成，要绘制这些电气图形符号，自然要先学会绘制这些最简单的图形单元。其中最简单的图形单元之一就是直线，本节就来学习"直线"命令。

1.1.1　案例分析

　　本案例将通过阀符号的绘制过程来熟练掌握"直线"命令的操作方法，也开始逐步了解简单电气符号的绘制方法。绘制流程如图 1-1 所示。

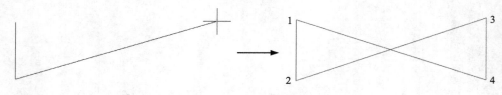

图 1-1　绘制阀符号流程图

1.1.2　相关知识

由于本案例是读者第一次实际进行 AutoCAD 操作，在实施案例之前，有必要对 AutoCAD 的界面和本案例要用到最基本的"直线"命令进行简要介绍。

1. 熟悉操作界面

① 单击计算机桌面快捷图标 或在计算机上依次按路径选择：开始→所有程序→Autodesk→AutoCAD 2016 简体中文（Simplified Chinese），系统打开图 1-2 所示的 AutoCAD 操作界面。

② 单击界面右下角的"切换工作空间"按钮，在弹出的菜单中选择"草图与注释"选项，如图 1-3 所示，系统转换到草图与注释界面。

该界面是 AutoCAD 显示、编辑图形的区域，一个完整的 AutoCAD 操作界面，包括标题栏、绘图区、十字光标、坐标系图标、命令行窗口、状态栏、布局标签和快速访问工具栏等。

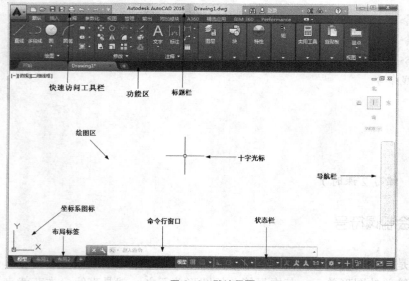

图 1-2　默认界面

图 1-3　工作空间转换

2. "直线"命令

本案例主要应用 AutoCAD 中的"直线"命令，关于该命令的相关知识如下。

（1）执行方式

AutoCAD 任何命令一般都有 4 种不同的执行方式，这 4 种方式的执行效果是相同的，用户可以根据习惯选择其中一种。具体内容如下。

☑ 命令行：LINE
☑ 菜单：绘图→直线
☑ 工具栏：绘图→直线 ／（如图 1-4 所示）
☑ 功能区："默认"选项卡→"绘图"面板→"直线"按钮 ／（如图 1-5 所示）

图 1-4　"绘图"工具栏

图 1-5　绘图面板 1

（2）操作格式

用户采取任意一种执行方式执行"直线"命令后，命令行会出现以下提示。

命令：LINE ✓
指定第一个点：（输入直线段的起点，用鼠标指定点或者给定点的坐标）
指定下一点或 [放弃(U)]：（输入直线段的端点）
指定下一点或 [放弃(U)]：（输入下一直线段的端点。输入选项"U"表示放弃前面的输入；单击"确认"或按回车键，结束命令）
指定下一点或 [闭合(C)/放弃(U)]：（输入下一直线段的端点，或输入选项"C"使图形闭合，结束命令）

（3）选项说明

下面对上面命令行中出现的相关提示选项进行说明。

① 若用回车键响应"指定第一个点"提示，系统会把上次绘线（或弧）的终点作为本次操作的起始点。特别地，若上次操作为绘制圆弧，回车键响应后绘出通过圆弧终点的与该圆弧相切的直线段，该线段的长度由鼠标在屏幕上指定的一点与切点之间线段的长度确定。

② 在"指定下一点"提示下，用户可以指定多个端点，从而绘出多条直线段。但是，每一段直线是一个独立的对象，可以进行单独的编辑操作。

③ 绘制两条以上直线段后，若用 C 响应"指定下一点"提示，系统会自动链接起始点和最后一个端点，从而绘出封闭的图形。

④ 若用 U 响应提示，则擦除最近一次绘制的直线段。

⑤ 若设置正交方式（ORTHO ON），只能绘制水平直线或垂直线段。

⑥ 若设置动态数据输入方式（按状态栏中的"动态输入"按钮 ），则可以动态输入坐标或长度值。后面将要讲述的命令同样可以设置动态数据输入方式，效果与非动态数据输入方式类似。除了特别需要，以后不再强调，而只按非动态数据输入方式输入相关数据。

1.1.3　案例实施

单击"默认"选项卡"绘图"面板中的"直线"按钮 ／，绘制阀符号。命令行提示与操作如下。

绘制阀符号

命令：_line
指定第一个点：在屏幕上指定一点（即顶点 1 的位置）
指定下一点或 [放弃(U)]：垂直向下在屏幕上大约位置指定点 2
指定下一点或 [放弃(U)]：在屏幕上大约位置指定点 3，使点 3 大约与点 1 等高，如图 1-6 所示。
指定下一点或 [闭合(C)/放弃(U)]：垂直向下在屏幕上大约位置指定点 4，使点 4 大约与点 2 等高。
指定下一点或 [闭合(C)/放弃(U)]:C

系统自动封闭连续直线并结束命令，结果如图 1-7 所示。

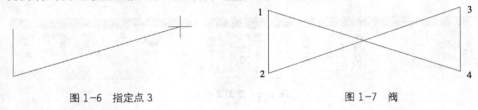

图 1-6　指定点 3　　　　　　　　　　　　　　图 1-7　阀

1.1.4　拓展知识

由于每台计算机所使用的显示器、输入设备和输出设备的类型不同，用户喜好的风格及计算机的目录设置也是不同的，所以每台计算机都是独特的。一般来讲，使用 AutoCAD 的默认配置就可以绘图，但为了使用用户的定点设备或打印机，以及为提高绘图的效率，AutoCAD 推荐用户在开始作图前先进行必要的配置。具体配置操作如下。

☑　命令行：preferences
☑　菜单：工具→选项（其中包括一些最常用的命令，如图 1-8 所示）
☑　单击鼠标右键→右键菜单→选项（其中包括一些最常用的命令，如图 1-9 所示）

图 1-8　"工具"下拉菜单

图 1-9　"选项"右键菜单

执行上述命令后，系统自动打开"选项"对话框。用户可以在该对话框中选择有关选项，对系统进行配置。下面只就其中主要的几个选项卡作一下说明，其他配置选项，在后面用到时再作具体说明。

1. 系统配置

在"选项"对话框中的第五个选项卡为"系统"，如图 1-10 所示。该选项卡用来设置 AutoCAD 系统的有关特性。其中"常规选项"选项组确定是否选择系统配置的有关基本选项。

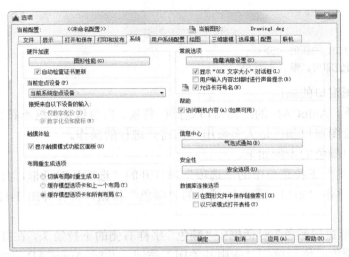

图 1-10 "系统"选项卡

2. 显示配置

在"选项"对话框中的第二个选项卡为"显示"，该选项卡控制 AutoCAD 窗口的外观。如图 1-11 所示。该选项卡设定屏幕菜单、屏幕颜色、光标大小、滚动条显示与否、固定命令行窗口中文字行数、AutoCAD 的版面布局设置、各实体的显示分辨率以及 AutoCAD 运行时的其他各项性能参数的设定等。其中部分设置如下。

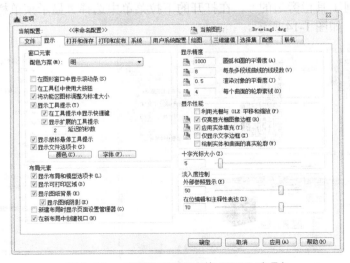

图 1-11 "选项"对话框中的"显示"选项卡

（1）修改图形窗口中十字光标的大小

光标的长度系统预设为屏幕大小的 5%，用户可以根据绘图的实际需要更改其大小。改变光标大小的方法为：在绘图窗口中选择工具菜单中的"选项"命令，打开"选项"对话框。选择"显示"选项卡，在"十字光标大小"区域中的编辑框中直接输入数值，或者拖动编辑框后的滑块，即可以对十字光标的大小进行调整。

此外，还可以通过设置系统变量 CURSORSIZE 的值，实现对其大小的更改。方法是在命令行输入：

命令:✓
输入 CURSORSIZE 的新值 <5>：
在提示下输入新值即可。默认值为 5%。

（2）修改绘图窗口的颜色

在默认情况下，AutoCAD 的绘图窗口是黑色背景、白色线条，这不符合绝大多数用户的习惯，因此修改绘图窗口颜色是大多数用户都需要进行的操作。

修改绘图窗口颜色的步骤如下。

① 选择"工具"下拉菜单中的"选项"项打开的"选项"对话框，打开图 1-11 所示的"显示"选项卡，单击"窗口元素"区域中的"颜色"按钮，将打开图 1-12 所示的"图形窗口颜色"对话框。

② 单击"图形窗口颜色"对话框中"颜色"字样右侧的下拉箭头，在打开的下拉列表中，选择需要的窗口颜色，然后单击"应用并关闭"按钮，此时 AutoCAD 的绘图窗口变成了窗口背景色，通常按视觉习惯选择白色为窗口颜色。

在设置实体显示分辨率时，请务必记住，显示质量越高，即分辨率越高，计算机计算的时间越长，千万不要将其设置得太高。显示质量设定在一个合理的程度上是很重要的。

（3）调出菜单栏

单击快速访问工具栏旁边的 ，在打开的下拉菜单中选择"显示菜单栏"，如图 1-13 所示，调出菜单栏，如图 1-14 所示。

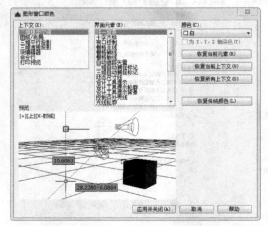

图 1-12 "图形窗口颜色"对话框

图 1-13 下拉菜单

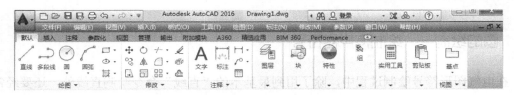

图 1-14　菜单栏显示界面

（4）调出工具栏

AutoCAD 2016 的标准菜单提供有几十种工具栏，选择菜单栏中的"工具"→"工具栏"
→"AutoCAD"命令，调出所需要的工具栏，如图 1-15 所示。

1.1.5　上机操作

绘制图 1-16 所示的动断（常闭）触点符号。

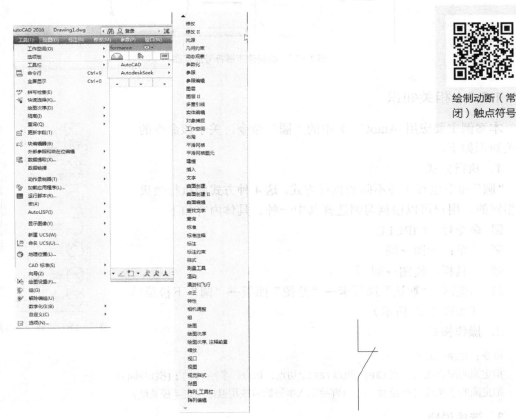

绘制动断（常闭）触点符号

图 1-15　单独的工具栏标签　　　　　图 1-16　动断（常闭）触点符号

1.　目的要求

本上机案例主要利用"直线"命令，熟练掌握绘图技巧。

2.　操作提示

① 利用"直线"命令绘制连续直线。

② 利用"直线"命令绘制竖直和斜直线。

1.2 圆的绘制——绘制传声器符号

在电气图形符号绘制过程中，除了用到最基本的"直线"命令绘制直线外，还要经常绘制曲线。圆是最简单的曲线，AutoCAD 提供了"圆"命令绘制圆。

1.2.1 案例分析

本案例将通过传声器符号的绘制过程来熟练掌握"圆"命令的操作方法，也开始逐步了解简单电气符号的绘制方法。绘制流程如图 1-17 所示。

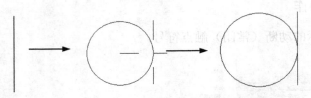

图 1-17 绘制传声器符号流程图

1.2.2 相关知识

本案例主要应用 AutoCAD 中的"圆"命令，关于该命令的相关知识如下。

图 1-18 "圆"下拉菜单

1. 执行方式

"圆"命令也有 4 种不同的执行方式，这 4 种方式的执行效果是相同的，用户可以根据习惯选择其中一种。具体内容如下。

- ☑ 命令行：CIRCLE
- ☑ 菜单：绘图→圆
- ☑ 工具栏：绘图→圆 ⊘
- ☑ 功能区："默认"选项卡→"绘图"面板→"圆"下拉菜单（如图 1-18 所示）

2. 操作格式

```
命令：CIRCLE✓
指定圆的圆心或 [三点(3P)/两点(2P)/切点、切点、半径(T)]：(指定圆心)
指定圆的半径或 [直径(D)]：(直接输入半径数值或用鼠标指定半径长度)
```

3. 选项说明

对上面命令行中出现的相关提示选项的说明如下。

① 三点（3P）：用指定圆周上三点的方法画圆。

② 两点（2P）：指定直径的两端点画圆。

③ 切点、切点、半径（T）：按先指定两个相切对象，后给出半径的方法画圆。图 1-19 给出了以"切点、切点、半径"方式绘制圆的各种情形（其中加黑的圆为最后绘制的圆）。

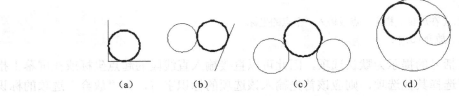

图 1-19　圆与另外两个对象相切的各种情形

④ 相切、相切、相切（A）：绘图的圆下拉菜单中多了一种"相切、相切、相切"的方法，当选择此方式时（如图 1-20 所示），系统提示：

指定圆的圆心或 [三点(3P)/两点(2P)/切点、切点、半径(T)]：
_3p
　　指定圆上的第一个点：_tan 到：（指定相切的第一个圆弧）
　　指定圆上的第二个点：_tan 到：（指定相切的第二个圆弧）
　　指定圆上的第三个点：_tan 到：（指定相切的第三个圆弧）

图 1-20　绘制圆的菜单方法

1.2.3　案例实施

① 单击"默认"选项卡"绘图"面板中的"直线"按钮 。在屏幕适当位置指定一点，然后垂直向下在适当位置指定一点，按 Enter 键完成直线绘制。

② 单击"默认"选项卡"绘图"面板中的"圆"按钮 ，绘制圆。

绘制传声器符号

命令行提示与操作如下：

命令：_circle
指定圆的圆心或 [三点(3P)/两点(2P)/切点、切点、半径(T)]：在直线左边中间适当位置指定一点作为圆心
指定圆的半径或 [直径(D)]：在直线上大约与圆心垂直的位置指定一点，如图 1-21 所示。

绘制的传声器符号如图 **1-22** 所示。

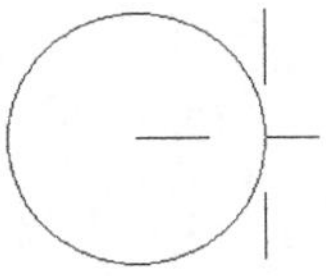

图 1-21　指定半径 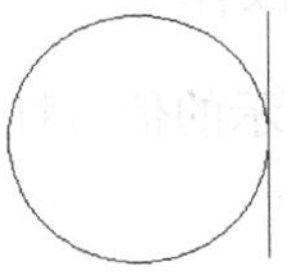　　　　　　　　　　　图 1-22　传声器

1.2.4　拓展知识

AutoCAD 交互绘图必须输入必要的指令和参数。有多种 AutoCAD 命令输入方式（以画直线为例）。

1. 在命令窗口输入命令名

命令字符可不区分大小写，例如命令：LINE↙。执行命令时，在命令行提示中经常会出现命令选项。如输入绘制直线命令 LINE 后，命令行中的提示为：

命令：LINE↙
指定第一个点：（在屏幕上指定一点或输入一个点的坐标）
指定下一点或 [放弃(U)]：

选项中不带括号的提示为默认选项，因此可以直接输入直线段的起点坐标或在屏幕上指定一点，如果要选择其他选项，则应该首先输入该选项的标识字符，如"放弃"选项的标识字符"U"，然后按系统提示输入数据即可。在命令选项的后面有时候还带有尖括号，尖括号内的数值为默认数值。

2. 在命令窗口输入命令缩写字

如 L（Line）、C（Circle）、A（Arc）、Z（Zoom）、R（Redraw）、M（More）、CO（Copy）、PL（Pline）、E（Erase）等。

3. 选取绘图菜单直线选项

选取该选项后，在状态栏中可以看到对应的命令说明及命令名。

4. 选取工具栏中的对应图标

选取该图标后在状态栏中也可以看到对应的命令说明及命令名。

5. 在命令行打开右键快捷菜单

如果在前面刚使用过要输入的命令，可以在命令行打开右键快捷菜单，在"最近使用的命令"子菜单中选择需要的命令，如图 1-23 所示。"最近使用的命令"子菜单中储存最近使用的 6 个命令，如果经常重复使用某个 6 次操作以内的命令，这种方法就比较快速简捷。

6. 在绘图区右击

如果用户要重复使用上次使用的命令，可以直接在绘图区右击，系统立即重复执行上次使用的命令，这种方法适用于重复执行某个命令。

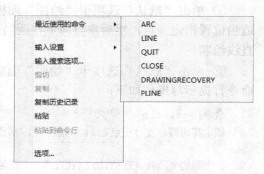

图 1-23　命令行右键快捷菜单

1.2.5　上机操作

绘制图 1-24 所示的信号灯符号。

图 1-24　信号灯

绘制信号灯符号

1. 目的要求

本上机案例练习的命令主要是"圆"命令，复习使用基本绘图工具。

2. 操作提示

① 利用"圆"命令绘制一个半径为 5mm 的圆。

② 利用"直线"命令在圆内绘制两条斜直线。

1.3 圆弧的绘制——绘制自耦变压器符号

圆弧是圆的一部分，也可以说是另外一种曲线，在电气图形符号绘制过程中，除了用到最基本的"直线"命令和"圆"命令绘制直线和圆外，有时候还需要绘制圆弧，AutoCAD 提供了"圆弧"命令。

1.3.1 案例分析

本案例将通过自耦变压器符号的绘制过程来熟练掌握"圆弧"命令的操作方法，也开始逐步了解简单电气符号的绘制方法。绘制流程如图 1-25 所示。

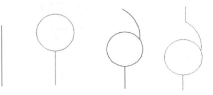

图 1-25 绘制自耦变压器符号流程图

1.3.2 相关知识

本案例主要应用 AutoCAD 中的"圆弧"命令，关于该命令的相关知识如下。

1. 执行方式

"圆弧"命令有四种不同的执行方式，这四种方式执行效果相同。

☑ 命令行：ARC（缩写名：A）

☑ 菜单：绘图→圆弧

☑ 工具栏：绘图→圆弧

☑ 功能区："默认"选项卡→"绘图"面板→"圆弧"下拉菜单

2. 操作格式

命令：ARC↙
指定圆弧的起点或 [圆心(C)]：（指定起点）
指定圆弧的第二个点或 [圆心(C)/端点(E)]：（指定第二点）
指定圆弧的端点：（指定端点）

3. 选项说明

下面对上面命令行中出现的相关提示选项进行说明。

① 用命令方式画圆弧时，可以根据系统提示选择不同的选项，具体功能和用"绘制"菜单的"圆弧"子菜单提供的 11 种方式相似。这 11 种方式如图 1-26 所示。

② 需要强调的是"连续"方式，绘制的圆弧与上一线段或圆弧相切，连续画圆弧段，因此提供端点即可。

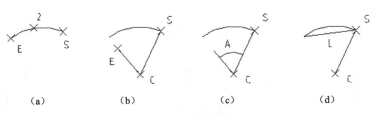

(a)　　　　　(b)　　　　　(c)　　　　　(d)

图 1-26 11 种绘制圆弧的方式

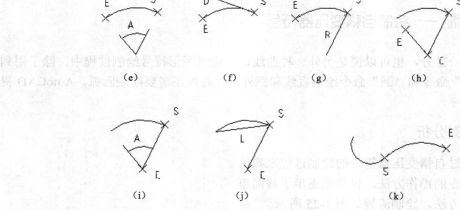

图 1-26   11 种绘制圆弧的方式（续）

1.3.3   案例实施

绘制自耦变压
器符号

① 单击"默认"选项卡"绘图"面板中的"直线"按钮，绘制一条竖直直线，结果如图 1-27 所示。

② 单击"默认"选项卡"绘图"面板中的"圆"按钮，在竖直直线上端点处绘制一个圆，命令行提示与操作如下。

命令：_circle
指定圆的圆心或 [三点(3P)/两点(2P)/切点、切点、半径(T)]：在直线上大约与圆心垂直的位置指定一点
指定圆的半径或 [直径(D)]：在直线上端点位置指定一点

结果如图 1-28 所示。

③ 单击"默认"选项卡"绘图"面板中的"圆弧"按钮，在圆右侧点取一点绘制一段圆弧。命令行提示与操作如下。

命令：_arc
指定圆弧的起点或 [圆心(C)]：在圆右侧边上取任意一点
指定圆弧的第二个点或 [圆心(C)/端点(E)]：在圆上端取一点
指定圆弧的端点：在圆上端适当位置单击确定端点

④ 单击"默认"选项卡"绘图"面板中的"直线"按钮，点取圆弧下端点，在圆弧上方选取一点，按 Enter 键完成直线绘制，结果如图 1-29 所示。

图 1-27   绘制竖直直线   图 1-28   绘制圆   图 1-29   自耦变压器

1.3.4 拓展知识

这里将介绍有关文件管理的一些基本操作方法，包括新建文件、打开文件、保存文件、关闭系统等，这些都是 AutoCAD 最基础的知识。

1. 新建文件

（1）执行方式

"新建"命令有 4 种不同的执行方式，这 4 种方式执行效果相同。具体内容如下。

☑ 命令行：NEW 或 QNEW

☑ 工具栏：快速访问→新建□或标准→新建□

☑ 菜单：文件→新建或主菜单→新建

☑ 快捷键：Ctrl+N

（2）操作格式

执行上述命令后，系统打开图 1-30 所示的"选择样板"对话框，在文件类型下拉列表框中有 3 种格式的图形样板，后缀分别是.dwt、.dwg、.dws 3 种图形样板。

图 1-30 "选择样板"对话框

一般情况下，.dwt 文件是标准的样板文件，通常将一些规定的标准性的样板文件设成.dwt 文件；.dwg 文件是普通的样板文件；而.dws 文件是包含标准图层、标注样式、线型和文字样式的样板文件。

2. 打开文件

（1）执行方式

"打开"命令有 4 种不同的执行方式，这 4 种方式执行效果相同。具体内容如下。

☑ 命令行：OPEN

☑ 工具栏：快速访问→打开□或标准→打开□

☑ 菜单：文件→打开或主菜单→打开

☑ 快捷键：Ctrl+O

（2）操作格式

执行上述命令后，打开"选择文件"对话框，如图 1-31 所示，在"文件类型"列表框中用户可选.dwg 文件、.dwt 文件、.dxf 文件和.dws 文件。

图 1-31 "选择文件"对话框

　　.dxf 文件是用文本形式存储的图形文件，能够被其他程序读取，许多第三方应用软件都支持.dxf 格式。

3．保存文件

（1）执行方式

"保存"命令有 3 种不同的执行方式，这 3 种方式执行效果相同。具体内容如下。

☑ 命令行：QSAVE（或 SAVE）

☑ 工具栏：快速访问→保存或标准→保存

☑ 菜单：文件→保存或主菜单→保存

（2）操作格式

执行上述命令后，若文件已命名，则 AutoCAD 自动保存；若文件未命名（即为默认名 drawing1.dwg），则系统打开"图形另存为"对话框，如图 1-32 所示，用户可以命名保存。

图 1-32 "图形另存为"对话框

为了防止因意外操作或计算机系统故障导致正在绘制的图形文件的丢失，可以对当前图形文件设置自动保存。

操作步骤如下。

① 利用系统变量 SAVEFILEPATH 设置所有"自动保存"文件的位置，如：D:\HU\。

② 利用系统变量 SAVEFILE 存储"自动保存"文件名。该系统变量储存的文件名文件是只读文件，用户可以从中查询自动保存的文件名。

③ 利用系统变量 SAVETIME 指定在使用"自动保存"时多长时间保存一次图形。

4. 另存为

（1）执行方式

"另存为"命令有 3 种不同的执行方式，这 3 种方式执行效果相同。具体内容如下。

☑ 命令行：SAVEAS

☑ 工具栏：快速访问→另存为

☑ 菜单：文件→另存为或主菜单→另存为

（2）操作格式

执行上述命令后，打开"图形另存为"对话框，如图 1-32 所示，AutoCAD 用另存名保存，并把当前图形更名。

5. 关闭

（1）执行方式

"关闭"命令有 3 种不同的执行方式，这 3 种方式执行效果相同。具体内容如下。

☑ 命令行：QUIT 或 EXIT

☑ 菜单：文件→关闭或主菜单→关闭

☑ 按钮：AutoCAD 操作界面右上角的"关闭"按钮

（2）操作格式

命令：QUIT✓（或 EXIT✓）

执行上述命令后，若用户对图形所作的修改尚未保存，则会出现图 1-33 所示的系统警告对话框。选择"是"按钮系统将保存文件，然后退出；选择"否"按钮系统将不保存文件。若用户对图形所作的修改已经保存，则直接退出。

图 1-33 系统警告对话框

1.3.5 上机操作

绘制图 1-34 所示的壳体符号。

图 1-34 绘制壳体符号

绘制壳体符号

1. 目的要求

本上机案例主要利用"圆弧"命令，熟练掌握绘图技巧。

2．操作提示

① 利用"直线"命令绘制两条等长的水平直线。

② 利用"圆弧"命令绘制两端圆弧。

1.4 椭圆的绘制——绘制电话机

椭圆和椭圆弧是绘图过程中经常用到到的特殊曲线，AutoCAD 提供了"椭圆"命令和"椭圆弧"命令绘制椭圆和椭圆弧。

1.4.1 案例分析

本案例将通过电话机符号的绘制过程来熟练掌握"椭圆弧"命令的操作方法，也开始逐步了解简单电气符号的绘制方法，绘制流程如图 1-35 所示。

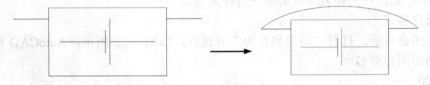

图 1-35　绘制电话机流程图

1.4.2 相关知识

本案例主要应用 AutoCAD 中的"椭圆"/"椭圆弧"命令，关于该命令的相关知识如下。

1．执行方式

"椭圆"/"椭圆弧"命令有 4 种不同的执行方式，这 4 种方式执行效果相同。具体内容如下。

☑ 命令行：ELLIPSE

☑ 菜单：绘图→椭圆→圆弧

☑ 工具栏：绘图→椭圆 或绘图→椭圆弧

☑ 功能区："默认"选项卡→"绘图"面板→"椭圆"下拉菜单（如图 1-36 所示）

图 1-36　"椭圆"下拉菜单

2．操作格式

命令：ELLIPSE
指定椭圆的轴端点或 [圆弧(A)/中心点(C)]：（指定轴端点 1，如图 1-37（a）所示）
指定轴的另一个端点：（指定轴端点 2）
指定另一条半轴长度或 [旋转(R)]：

3．选项说明

下面对上面命令行中出现的相关提示选项进行说明。

① 指定椭圆的轴端点：根据两个端点定义椭圆的第一条轴。第一条轴的角度确定了整个椭圆的角度。第一条轴既可定义椭圆的长轴也可定义短轴。

② 旋转（R）：通过绕第一条轴旋转圆来创建椭圆。相当于将一个圆绕椭圆轴翻转一个

角度后的投影视图。

③ 中心点（C）：通过指定的中心点创建椭圆。

④ 圆弧（A）：该选项用于创建一段椭圆弧。与"功能区：单击"默认"选项卡"绘图"面板上的"椭圆"下拉菜单中"椭圆弧"按钮⯐"功能相同。其中第一条轴的角度确定了椭圆弧的角度。第一条轴既可定义椭圆弧长轴，也可定义椭圆弧短轴。选择该项，系统继续提示：

指定椭圆弧的轴端点或 [中心点(C)]：（指定端点或输入 C）
指定轴的另一个端点：（指定另一端点）
指定另一条半轴长度或 [旋转(R)]：（指定另一条半轴长度或输入 R）
指定起点角度或 [参数(P)]：（指定起始角度或输入 P）
指定端点角度或 [参数(P)/夹角(I)]：

其中各选项含义如下。

① 角度：指定椭圆弧端点的两种方式之一，光标与椭圆中心点连线的夹角为椭圆端点位置的角度，如图 1-37（b）所示。

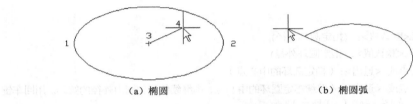

（a）椭圆　　　　　　　　　（b）椭圆弧

图 1-37　椭圆和椭圆弧

② 参数（P）：指定椭圆弧端点的另一种方式，该方式同样是指定椭圆弧端点的角度，但通过以下矢量参数方程式创建椭圆弧。

$$P(u)=c+a\cos u+b\sin u$$

式中，c 是椭圆的中心点，a 和 b 分别是椭圆的长轴和短轴；u 为光标与椭圆中心点连线的夹角。

③ 夹角（I）：定义从起始角度开始的包含角度。

1.4.3　案例实施

① 单击"默认"选项卡"绘图"面板中的"直线"按钮✏，绘制一系列的线段，坐标分别为{（100,100）、（@100,0）、（@0,60）、（@-100,0）、c}，{（152,110）、（152,150）}，{（148,120）、（148,140）}，{（148,130）、（110,130）}，{（152,130）、（190,130）}，{（100,150）、（70,150）}，{（200,150）、（230,150）}，结果如图 1-38 所示。

② 单击"默认"选项卡"绘图"面板中的"椭圆弧"按钮⯐，绘制椭圆弧。命令行提示与操作如下。

```
命令：_ellipse
指定椭圆的轴端点或 [圆弧(A)/中心点(C)]：_a
指定椭圆弧的轴端点或 [中心点(C)]：c↙
```

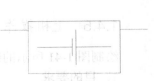

绘制电话机

图 1-38　绘制直线

指定椭圆弧的中心点：150,130↙
指定轴的端点：60,130↙
指定另一条半轴长度或 [旋转(R)]：44.5↙
指定起点角度或 [参数(P)]：194↙
指定端点角度或 [参数(P)/夹角(I)]：（指定左侧直线的左端点）

最终结果如图 1-39 所示。

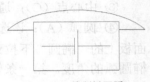

图 1-39　绘制椭圆弧

1.4.4　拓展知识

圆环也是一种常见的简单圆类图形，AutoCAD 中通过"圆环"命令来完成圆环的绘制。

1. 执行方式

"圆环"命令有 3 种不同的执行方式，这 3 种方式执行效果相同。具体内容如下。

☑ 命令行：DONUT
☑ 菜单：绘图→圆环
☑ 功能区："默认"选项卡→"绘图"面板→"圆环"按钮◎

2. 操作格式

命令：DONUT↙
指定圆环的内径<默认值>：（指定圆环内径）
指定圆环的外径 <默认值>：（指定圆环外径）
指定圆环的中心点或 <退出>：（指定圆环的中心点）
指定圆环的中心点或 <退出>：（继续指定圆环的中心点，则继续绘制相同内外径的圆环。用回车键、空格键或鼠标右键结束命令，如图 1-40（a）所示）

3. 选项说明

下面对上面命令行中出现的相关提示选项进行说明。

① 若指定内径为零，则画出实心填充圆（如图 1-40（b）所示）。
② 用命令 FILL 可以控制圆环是否填充，具体方法是：

命令：FILL↙
输入模式 [开(ON)/关(OFF)] <开>：（选择 ON 表示填充，选择 OFF 表示不填充，如图 1-40（c）所示）

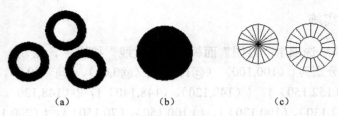

　　　(a)　　　　　　　(b)　　　　　　(c)

图 1-40　绘制圆环

1.4.5　上机操作

绘制图 1-41 所示的感应式仪表符号。

1. 目的要求

本上机案例练习的命令主要是"椭圆"和"圆环"命令，复习使用基本绘图工具。

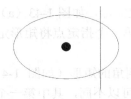

绘制感应式仪
表符号

图 1-41 感应式仪表

2. 操作提示

① 利用"椭圆"命令绘制外轮廓。

② 利用"圆环"命令绘制绘制实心圆环。

③ 利用"直线"命令绘制在椭圆偏右位置绘制一条竖直直线。

1.5 矩形的绘制——绘制电阻器符号

矩形是一种最简单的组合图形符号，可以看成是线段的组合，在绘制电气图形符号的过程中，有时候要用到矩形，AutoCAD 提供了"矩形"命令绘制矩形。

1.5.1 案例分析

本案例将通过电阻器符号的绘制过程来熟练掌握"矩形"命令的操作方法，也开始逐步了解简单电气符号的绘制方法。绘制流程如图 1-42 所示。

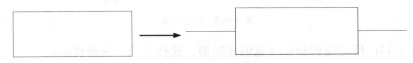

图 1-42 绘制电阻器流程图

1.5.2 相关知识

本案例主要应用 AutoCAD 中的"矩形"命令，关于该命令的相关知识如下。

1. 执行方式

"矩形"命令有 4 种不同的执行方式，这 4 种方式执行效果相同。具体内容如下。

☑ 命令行：RECTANG（缩写名：REC）

☑ 菜单：绘图→矩形

☑ 工具栏：绘图→矩形▱

☑ 功能区："默认"选项卡→"绘图"面板→"矩形"按钮▱

2. 操作格式

```
命令：RECTANG↙
指定第一个角点或 [倒角(C)/标高(E)/圆角(F)/厚度(T)/宽度(W)]：（指定一点）
指定另一个角点或 [面积(A)/尺寸(D)/旋转(R)]：（指定另一个角点或选择其他选项）
```

3. 选项说明

下面对上面命令行中出现的相关提示选项进行说明。

① 第一个角点：通过指定两个角点确定矩形，如图 1-43（a）所示。

② 尺寸（D）：使用长和宽创建矩形。第二个指定点将矩形定位在与第一角点相关的 4 个位置之一内。

③ 倒角（C）：指定倒角距离，绘制带倒角的矩形（如图 1-43（b）所示），每一个角点的逆时针和顺时针方向的倒角可以相同，也可以不同，其中第一个倒角距离是指角点逆时针方向倒角距离，第二个倒角距离是指角点顺时针方向倒角距离。

④ 标高（E）：指定矩形标高（Z 坐标），即把矩形画在标高为 Z 和 XOY 坐标面平行的平面上，并作为后续矩形的标高值。

⑤ 圆角（F）：指定圆角半径，绘制带圆角的矩形，如图 1-43（c）所示。

⑥ 厚度（T）：指定矩形的厚度，如图 1-43（d）所示。

⑦ 宽度（W）：指定线宽，如图 1-43（e）所示。

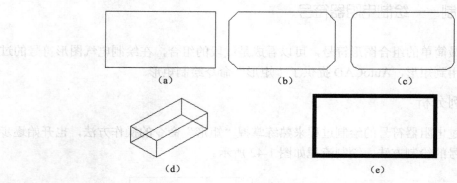

图 1-43　绘制矩形

⑧ 面积（A）：指定面积和长或宽创建矩形。选择该项，系统提示：

输入以当前单位计算的矩形面积 <20.0000>：（输入面积值）
计算矩形标注时依据 [长度(L)/宽度(W)] <长度>：（回车或输入 W）
输入矩形长度 <4.0000>：（指定长度或宽度）

指定长度或宽度后，系统自动计算另一个宽度后绘制出矩形。如果矩形被倒角或圆角，则长度或宽度计算中会考虑此设置。如图 1-44 所示。

⑨ 旋转（R）：旋转所绘制矩形的角度。选择该项，系统提示：

指定旋转角度或 [拾取点(P)] <45>：（指定角度）
指定另一个角点或 [面积(A)/尺寸(D)/旋转(R)]：（指定另一个角点或选择其他选项）

指定旋转角度后，系统按指定角度创建矩形，如图 1-45 所示。

倒角距离 (1,1) 面积
：20 长度：6

圆角半径：1.0 面积：20 厚度：6

图 1-44　按面积绘制矩形　　　　　　图 1-45　按指定旋转角度创建矩形

1.5.3 案例实施

① 单击"默认"选项卡"绘图"面板中的"矩形"按钮口，绘制矩形，命令行中的提示与操作如下。

```
命令：RECTANG↙
指定第一个角点或 [倒角(C)/标高(E)/圆角(F)/厚度(T)/宽度(W)]：100,100↙
指定另一个角点或 [面积(A)/尺寸(D)/旋转(R)]：@100,-40↙
```

结果如图 1-46 所示。

图 1-46 绘制矩形

绘制电阻器符号

② 单击"默认"选项卡"绘图"面板中的"直线"按钮，绘制两条线段，命令行中的提示与操作如下。

```
命令：_line
指定第一个点：100,80↙
指定下一点或 [放弃(U)]：60,80↙
指定下一点或 [放弃(U)]：↙
命令：_line
指定第一点：200,80↙
指定下一点或 [放弃(U)]：@40,0↙
指定下一点或 [放弃(U)]：↙
```

最终结果如图 1-42 所示。

1.5.4 拓展知识

1. 坐标系

AutoCAD 采用两种坐标系：世界坐标系（WCS）与用户坐标系。用户刚进入 AutoCAD 时的坐标系就是世界坐标系，是固定的坐标系。世界坐标系也是坐标系中的基准，绘制图形时多数情况下都是在这个坐标系下进行的。执行方式如下。

☑ 命令行：UCS

☑ 功能区：选择"视图"选项卡"视口工具"面板中的"UCS 图标"按钮。

AutoCAD 有两种视图显示方式：模型空间和图纸空间。模型空间是指单一视图显示法，通常使用的都是这种显示方式；图纸空间是指在绘图区域创建图形的多视图。用户可以对其中每一个视图进行单独操作。在默认情况下，当前 UCS 与 WCS 重合。图 1-47（a）所示为模型空间下的 UCS 坐标系图标，通常放在绘图区左下角处；也可以指定它放在当前 UCS 的实际坐标原点位置，如图 1-47（b）所示。图 1-47（c）所示为图纸空间下的坐标系图标。

2. 数据输入

（1）数据输入方法

在 AutoCAD 中，点的坐标可以用直角坐标、极坐标、球面坐标和柱面坐标表示，每一种坐标又分别具有两种坐标输入方式：绝对坐标和相对坐标。其中直角坐标和极坐标最为常用，下面主要介绍一下它们的输入方法。

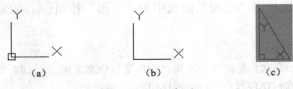

图 1-47   坐标系图标

① 直角坐标法：用点的 **X、Y** 坐标值表示的坐标。

例如：在命令行中输入点的坐标提示下，输入"15，18"，则表示输入了一个 **X、Y** 的坐标值分别为 15、18 的点，此为绝对坐标输入方式，表示该点的坐标是相对于当前坐标原点的坐标值，如图 1-48（a）所示。如果输入"@10，20"，则为相对坐标输入方式，表示该点的坐标是相对于前一点的坐标值，如图 1-48（b）所示。

② 极坐标法：用长度和角度表示的坐标，只能用来表示二维点的坐标。

在绝对坐标输入方式下，表示为："长度<角度"，如"25<50"，其中长度表为该点到坐标原点的距离，角度为该点至原点的连线与 **X** 轴正向的夹角，如图 1-48（c）所示。

在相对坐标输入方式下，表示为："@长度<角度"，如"@25<45"，其中长度为该点到前一点的距离，角度为该点至前一点的连线与 **X** 轴正向的夹角，如图 1-48（d）所示。

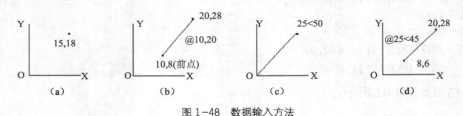

图 1-48   数据输入方法

（2）动态数据输入

按下状态栏中的"动态输入"按钮 ⊹▭，系统打开动态输入功能，可以在屏幕上动态地输入某些参数数据，例如，绘制直线时，在光标附近会动态地显示"指定第一点"以及后面的坐标框，当前显示的是光标所在位置，可以输入数据，两个数据之间以逗号隔开，如图 1-49 所示。指定第一点后，系统动态显示直线的角度，同时要求输入线段长度值，如图 1-50 所示，其输入效果与"@长度<角度"方式相同。

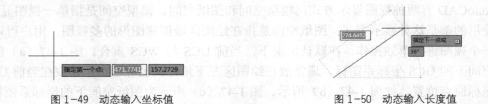

图 1-49   动态输入坐标值   图 1-50   动态输入长度值

下面分别讲述点与距离值的输入方法。

① 点的输入：绘图过程中，常需要输入点的位置，AutoCAD 提供了以下 4 种输入点的

方式。

A．用键盘直接在命令窗口中输入点的坐标：直角坐标有两种输入方式：x，y（点的绝对坐标值，例如：100，50）和@ x，y（相对于上一点的相对坐标值，例如：@ 50，-30）。坐标值均相对于当前的用户坐标系。

极坐标的输入方式为：长度 < 角度（其中，长度为点到坐标原点的距离，角度为原点至该点连线与 X 轴的正向夹角，例如：20<45）或@长度 < 角度（相对于上一点的相对极坐标，例如@ 50 < -30）。

B．用鼠标等定标设备移动光标单击，在屏幕上直接取点。

C．用目标捕捉方式捕捉屏幕上已有图形的特殊点（如端点、中点、中心点、插入点、交点、切点、垂足点等，详见第 2.1 节）。

D．直接输入距离：先用光标拖拉出橡筋线确定方向，然后用键盘输入距离。这样有利于准确控制对象的长度等参数。

② 距离值的输入：在 AutoCAD 命令中，有时需要提供高度、宽度、半径、长度等距离值。AutoCAD 提供了两种输入距离值的方式：一种是用键盘在命令窗口中直接输入数值；另一种是在屏幕上拾取两点，以两点的距离值定出所需数值。

3．多边形

多边形也是一种常见的简单图形，AutoCAD 中常用"多边形"命令来完成多边形的绘制。

（1）执行方式

"多边形"命令有 4 种不同的执行方式，这 4 种方式执行效果相同。具体内容如下。

☑ 命令行：POLYGON

☑ 菜单：绘图→多边形

☑ 工具栏：绘图→多边形⬠

☑ 功能区："默认"选项卡→"绘图"面板→"多边形"按钮⬠

（2）操作格式

命令：POLYGON✓
输入侧面数<4>：（指定多边形的边数，默认值为 4。）
指定正多边形的中心点或 [边(E)]：（指定中心点）
输入选项 [内接于圆(I)/外切于圆(C)] <I>：（指定是内接于圆或外切于圆，I 表示内接，如图 1-51（a）所示，C 表示外切，如图 1-51（b）所示）
指定圆的半径：（指定外接圆或内切圆的半径）

（3）选项说明

如果选择"边"选项，则只要指定多边形的一条边，系统就会按逆时针方向创建该正多边形，如图 1-51（c）所示。

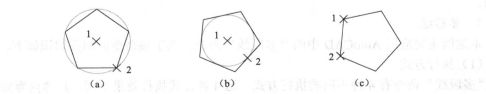

图 1-51　画正多边形

1.5.5 上机操作

绘制图 1-52 所示的非门符号。

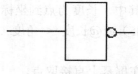

图 1-52 非门符号

绘制非门符号

1. 目的要求

本上机案例练习的命令主要是"矩形"命令，复习使用基本绘图工具。

2. 操作提示

① 利用"矩形"命令绘制矩形。

② 利用"圆"命令绘制圆。

③ 利用"直线"命令绘制直线。

1.6 多段线的绘制——绘制水下线路符号

在绘制电气图形符号时，有时会碰到直线和曲线连接以及图线粗细出现变化等相对比较复杂的情况，为了方便这种图线的绘制，AutoCAD 提供了"多段线"命令。

1.6.1 案例分析

本案例将通过水下线路符号的绘制过程来熟练掌握"多段线"命令的操作方法，也开始逐步了解简单电气符号的绘制方法。绘制流程如图 1-53 所示。

图 1-53 绘制水下线路符号流程图

1.6.2 相关知识

多段线是一种由线段和圆弧组合而成的、不同线宽的多线，这种线由于其组合形式多样、线宽变化，弥补了直线或圆弧功能的不足，适合绘制各种复杂的图形轮廓，因而得到广泛的应用。

1. 多段线

本案例主要应用 AutoCAD 中的"多段线"命令，关于该命令的相关知识如下。

（1）执行方式

"多段线"命令有 4 种不同的执行方式，这 4 种方式执行效果相同。具体内容如下。

☑ 命令行：PLINE（缩写名：PL）

☑ 菜单：绘图→多段线
☑ 工具栏：绘图→多段线 ↻
☑ 功能区："默认"选项卡→"绘图"面板→"多段线"按钮 ↺

（2）操作格式

命令：PLINE↙
指定起点：（指定多段线的起点）
当前线宽为 0.0000
指定下一个点或 [圆弧(A)/半宽(H)/长度(L)/放弃(U)/宽度(W)]：（指定多段线的下一点）

（3）选项说明

多段线主要由连续的不同宽度的线段或圆弧组成，如果在上述提示中选"圆弧"，则命令行提示：

指定圆弧的端点(按住 Ctrl 键以切换方向)或[角度(A)/圆心(CE)/方向(D)/半宽(H)/直线(L)/半径(R)/第二个点(S)/放弃(U)/宽度(W)]：

绘制圆弧的方法与"圆弧"命令相似。

2. 编辑多段线

"编辑多段线"命令是和"多段线"命令联系紧密的一个命令，这里也进行简要介绍。

（1）执行方式

"编辑多段线"命令有 5 种不同的执行方式，这 5 种方式执行效果相同。具体内容如下。

☑ 命令行：PEDIT（缩写名：PE）
☑ 菜单：修改→对象→多段线
☑ 工具栏：修改 II→编辑多段线 ✎
☑ 功能区："默认"选项卡→"修改"
　面板→"编辑多段线"按钮 ✎（如
　图 1-54 所示）
☑ 快捷菜单：选择要编辑的多段线，
　在绘图区域右击，从打开的快捷菜
　单上选择"多段线"→"编辑多段
　线"命令

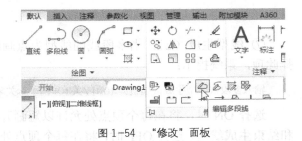

图 1-54　"修改"面板

（2）操作格式

命令：PEDIT↙
选择多段线或 [多条(M)]：(选择一条要编辑的多段线)
输入选项 [闭合(C)/合并(J)/宽度(W)/编辑顶点(E)/拟合(F)/样条曲线(S)/非曲线化(D)/线型生成(L)/反转(R)/放弃(U)]：

（3）选项说明

下面对上面命令行中出现的相关提示选项进行说明。

① 合并（J）：以选中的多段线为主体，合并其他直线段、圆弧和多段线，使其成为一条多段线。能合并的条件是各段端点首尾相连，如图 1-55 所示。

② 宽度（W）：修改整条多段线的线宽，使其具有同一线宽，如图 1-56 所示。

图 1-55　合并多段线　　　　　　图 1-56　修改整条多段线的线宽

③ 编辑顶点（E）：选择该项后，在多段线起点处出现一个斜的十字叉"×"，它为当前顶点的标记，并在命令行出现进行后续操作的提示：

[下一个(N)/上一个(P)/打断(B)/插入(I)/移动(M)/重生成(R)/拉直(S)/切向(T)/宽度(W)/退出(X)] <N>:

这些选项允许用户进行移动、插入顶点和修改任意两点间的线宽等操作。

④ 拟合（F）：将指定的多段线生成由光滑圆弧连接的圆弧拟合曲线，该曲线经过多段线的各顶点，如图 1-57 所示。

⑤ 样条曲线（S）：将指定的多段线以各顶点为控制点生成 B 样条曲线，如图 1-58 所示。

⑥ 非曲线化（D）：将指定的多段线中的圆弧由直线代替。对于选用"拟合（F）"或"样条曲线（S）"选项后生成的圆弧拟合曲线或样条曲线，则删去生成曲线时新插入的顶点，恢复成由直线段组成的多段线。

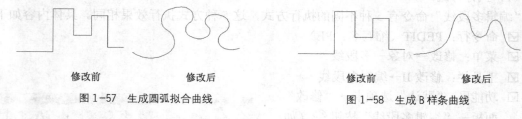

图 1-57　生成圆弧拟合曲线　　　　图 1-58　生成 B 样条曲线

⑦ 线型生成（L）：当多段线的线型为点画线时，控制多段线的线型生成方式开关。选择此项，系统提示：

输入多段线线型生成选项 [开(ON)/关(OFF)] <关>:

选择 ON 时，将在每个顶点处允许以短画开始和结束生成线型，选择 OFF 时，将在每个顶点处以长画开始和结束生成线型。"线型生成"不能用于带变宽线段的多段线，如图 1-59 所示。

⑧ 反转（R）：反转多段线顶点的顺序。使用此选项可反转使用包含文字线型的对象的方向。例如，根据多段线的创建方向，线型中的文字可能会倒置显示。

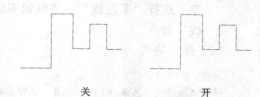

关　　　　　　开

图 1-59　控制多段线的线型（线型为点画线时）

1.6.3　案例实施

① 单击"默认"选项卡"绘图"面板中的"多段线"按钮，绘制两段连续的圆弧。命令行提示与操作如下。

绘制水下线路符号

```
命令: _pline
指定起点:
当前线宽为 0.0000
指定下一个点或 [圆弧(A)/半宽(H)/长度(L)/放弃(U)/宽度(W)]: a
指定圆弧的端点(按住 Ctrl 键以切换方向)或
[角度(A)/圆心(CE)/方向(D)/半宽(H)/直线(L)/半径(R)/第二个点(S)/放弃(U)/宽度(W)]: a
指定夹角: -180
指定圆弧的端点(按住 Ctrl 键以切换方向)或 [圆心(CE)/半径(R)]: r
指定圆弧的半径: 100
指定圆弧的弦方向(按住 Ctrl 键以切换方向) <176>: 180
指定圆弧的端点(按住 Ctrl 键以切换方向)或
[角度(A)/圆心(CE)/闭合(CL)/方向(D)/半宽(H)/直线(L)/半径(R)/第二个点(S)/放弃(U)/宽度
(W)]: a
指定夹角: -180
指定圆弧的端点(按住 Ctrl 键以切换方向)或 [圆心(CE)/半径(R)]: R
指定圆弧的半径: 100
指定圆弧的弦方向(按住 Ctrl 键以切换方向) <90>: -180
指定圆弧的端点(按住 Ctrl 键以切换方向)或
[角度(A)/圆心(CE)/闭合(CL)/方向(D)/半宽(H)/直线(L)/半径(R)/第二个点(S)/放弃(U)/宽度
(W)]:
```

结果如图 1-60 所示。

② 单击"默认"选项卡"绘图"面板中的"直线"按钮 ，在圆弧下方绘制一条水平直线，结果如图 1-61 所示。

图 1-60 绘制两段圆弧

图 1-61 水下线路符号

1.6.4 拓展知识

图形边界和绘图单位是绘图过程中要进行的基本设置，这里简要介绍一下。

1. 图形边界设置

（1）执行方式

"图形界限"命令有两种不同的执行方式，这两种方式执行效果相同。

☑ 命令行：DDUNITS

☑ 菜单：格式→图形界限

（2）操作格式

```
命令: LIMITS↙
重新设置模型空间界限:
指定左下角点或 [开(ON)/关(OFF)] <0.0000,0.0000>:（输入图形边界左下角的坐标后回车）
指定右上角点 <12.0000,90000>:（输入图形边界右上角的坐标后回车）
```

（3）选项说明

① 开（ON）：使绘图边界有效。系统在绘图边界以外拾取的点视为无效。

② 关（OFF）：使绘图边界无效。用户可以在绘图边界以外拾取点或实体。

2．图形单位设置

图形单位就是在使用 AutoCAD 2016 绘图时采用的单位。一般情况下，图形单位都采用样板文件的默认设置，用户也可根据需要重设图形单位。

（1）执行方式

"单位"命令有两种不同的执行方式，这两种方式执行效果相同。具体内容如下。

☑ 命令行：LIMITS

☑ 菜单：格式→单位

（2）操作格式

执行上述命令后，系统打开"图形单位"对话框，如图 1-62 所示。该对话框用于定义单位和角度格式。

（3）选项说明

下面对上面讲到的"图形单位"对话框各选项进行说明。

① "长度"与"角度"选项组：指定测量长度与角度的当前单位及当前单位的精度。

② "用于缩放插入内容的"下拉列表框：控制使用工具选项板（例如 DesignCenter 或 i-drop）拖入当前图形的块的测量单位。如果块或图形创建时使用的单位与该选项指定的单位不同，则在插入这些块或图形时，将对其按比例缩放。插入比例是源块或图形使用的单位与目标图形使用的单位之比。如果插入块时不按指定单位缩放，请选择"无单位"选项。

③ "输出样例"选项组：显示用当前单位和角度设置的例子。

④ "用于指定光源强度的单位"下拉列表框：控制当前图形中光度控制光源的强度测量单位。

⑤ "方向"按钮：单击该按钮，系统显示"方向控制"对话框，如图 1-63 所示。可以在该对话框中进行方向控制设置。

图 1-62　"图形单位"对话框

图 1-63　"方向控制"对话框

1.6.5 上机操作

绘制图 1-64 所示的三极管符号。

绘制三极管符号

图 1-64 三极管符号

1. 目的要求

本上机案例练习的命令主要是"多段线"命令，复习使用基本绘图工具。

2. 操作提示

① 利用"直线"命令绘制三极管中的 4 条直线。

② 利用"多段线"命令绘制箭头。

1.7 多线的绘制——绘制墙体

构造线是指在两个方向上无限延长的直线。构造线主要用作绘图时的辅助线。当绘制多视图时，为了保持投影联系，可先画出若干条构造线，再以构造线为基准画图。

多线是一种复合线，由连续的直线段复合组成。这种线的一个突出的优点是能够提高绘图效率，保证图线之间的统一性，建筑电气工程图中建筑的墙体设置过程中需要大量用到这种命令。

1.7.1 案例分析

本案例将通过墙体的绘制过程来熟练掌握"构造线"和"多线"相关命令的操作方法，也进一步了解简单建筑电气工程图中建筑结构的绘制方法。绘制流程如图 1-65 所示。

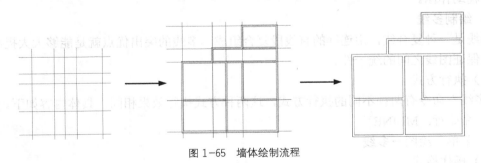

图 1-65 墙体绘制流程

1.7.2 相关知识

本案例主要应用 AutoCAD 中的"构造线"和"多线"相关命令，关于这些命令的相关知识如下。

1. 绘制构造线

构造线就是无穷长度的直线，用于模拟手工作图中的辅助作图线。构造线用特殊的线型显示，在图形输出时可不输出。

（1）执行方式

"构造线"命令有 4 种不同的执行方式，这 4 种方式执行效果相同。具体内容如下。

☑ 命令行：XLINE（缩写名：XL）

☑ 菜单：绘图→构造线

☑ 工具栏：绘图→构造线 ⟋

☑ 功能区："默认"选项卡→"绘图"面板→"构造线"按钮 ⟋

（2）操作格式

命令：XLINE✓
指定点或[水平(H)/垂直(V)/角度(A)/二等分(B)/偏移(O)]：（给出根点 1）
指定通过点：（给定通过点 2，绘制一条双向无限长直线）
指定通过点：（继续给点，继续绘制线，如图 1-66（a）所示，回车结束）

（3）选项说明

下面对上面命令行中出现的相关提示选项进行说明。

① 执行选项中有"指定点""水平""垂直""角度""二等分"和"偏移"6 种方式绘制构造线，分别如图 1-66（a）～（f）所示。

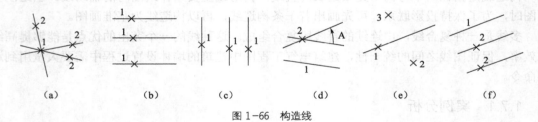

（a）　　　（b）　　　（c）　　　（d）　　　（e）　　　（f）

图 1-66　构造线

② 这种线模拟手工作图中的辅助作图线。用特殊的线型显示，在绘图输出时可不输出，常用于辅助作图。

2. 绘制多线

多线是一种复合线，由连续的直线段复合组成。多线的突出优点就是能够大大提高绘图效率，保证图线之间的统一性。

（1）执行方式

"多线"命令有两种不同的执行方式，这两种方式执行效果相同。具体内容如下。

☑ 命令行：MLINE

☑ 菜单：绘图→多线

（2）操作格式

命令：MLINE✓
当前设置：对正 = 上，比例 = 20.00，样式 = STANDARD
指定起点或 [对正(J)/比例(S)/样式(ST)]：(指定起点)

指定下一点：（给定下一点）

指定下一点或 [放弃(U)]：（继续给定下一点绘制线段。输入"U"，则放弃前一段的绘制；单击鼠标右键或按 Enter 键，结束命令）

指定下一点或 [闭合(C)/放弃(U)]：（继续给定下一点绘制线段。输入"C"，则闭合线段，结束命令）

（3）选项说明

下面对上面命令行中出现的相关提示选项进行说明。

① 对正（J）：该项用于给定绘制多线的基准。共有"上""无"和"下"3种对正类型。其中，"上（T）"表示以多线上侧的线为基准，依此类推。

② 比例（S）：选择该项，要求用户设置平行线的间距。输入值为零时平行线重合，值为负时多线的排列倒置。

③ 样式（ST）：该项用于设置当前使用的多线样式。

3．定义多线样式

多线可以有不同的样式，可以通过"多线样式"命令进行定义。

（1）执行方式

"多线样式"命令有两种不同的执行方式，这两种方式执行效果相同。具体内容如下。

☑ 命令行：MLSTYLE

☑ 菜单：格式→多线样式

（2）操作格式

命令：MLSTYLE✓

系统自动执行该命令，打开图1-67所示的"多线样式"对话框。在该对话框中，用户可以对多线样式进行定义、保存和加载等操作。

设置多线样式的步骤如下。

① 在"多线样式"对话框中单击"新建"按钮，系统打开"创建新的多线样式"对话框，如图1-68所示。

图1-67　"多线样式"对话框

图1-68　"创建新的多线样式"对话框

② 在"创建新的多线样式"对话框的"新样式名"文本框中键入"THREE"，单击"继续"按钮。

③ 系统打开"新建多线样式"对话框，如图 1-69 所示。

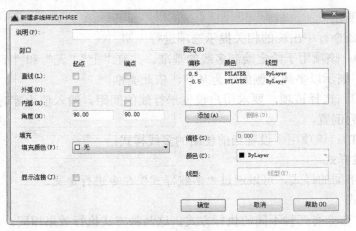

图 1-69　"新建多线样式"对话框

④ 在"封口"选项组中可以设置多线起点和端点的特性，包括以直线、外弧还是内弧封口以及封口线段或圆弧的角度。

⑤ 在"填充颜色"下拉列表框中可以选择多线填充的颜色。

⑥ 在"图元"选项组中可以设置组成多线的元素的特性。单击"添加"按钮，可以为多线添加元素；反之，单击"删除"按钮，可以为多线删除元素。在"偏移"文本框中可以设置选中的元素的位置偏移值。在"颜色"下拉列表框中可以为选中元素选择颜色。按下"线型"按钮，可以为选中元素设置线型。

⑦ 设置完毕后，单击"确定"按钮，系统返回到图 1-67 所示的"多线样式"对话框，在"样式"列表中会显示刚设置的多线样式名，选择该样式，单击"置为当前"按钮，则将刚设置的多线样式设置为当前样式，下面的预览框中会显示当前多线样式。

⑧ 单击"确定"按钮，完成多线样式设置。

4. 编辑多线

多线绘制完毕后，往往还需要进行必要的修改才能符合绘图需要，这时可以利用"多线编辑"命令来完成。

（1）执行方式

"编辑多线"命令有两种不同的执行方式，这两种方式执行效果相同。

☑ 命令行：MLEDIT

☑ 菜单：修改→对象 →多线

（2）操作格式

调用该命令后，打开"多线编辑工具"对话框，如图 1-70 所示。

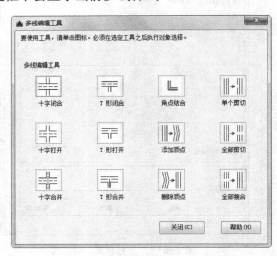

图 1-70　"多线编辑工具"对话框

利用该对话框,可以创建或修改多线的模式。单击"多线编辑工具"对话框中的某个示例图形,就可以调用该项编辑功能。

下面以"十字打开"为例介绍多线编辑方法:把选择的两条多线进行打开交叉。选择该选项后,出现如下提示:

选择第一条多线:(选择第一条多线)
选择第二条多线:(选择第二条多线)
选择完毕后,第二条多线被第一条多线横断交叉。系统继续提示:
选择第一条多线:

可以继续选择多线进行操作。选择"放弃(U)"功能会撤销前次操作。操作过程和执行结果如图 1-71 所示。

选择第一条复合线　　　选择第二条复合线　　　执行结果

图 1-71　十字打开

1.7.3　案例实施

绘制墙体

① 单击"默认"选项卡"绘图"面板中的"构造线"按钮 ✓ 。绘制出一条水平构造线和一条竖直构造线,组成"十"字构造线,如图 1-72 所示。命令行提示与操作如下。

命令:XLINE✓
指定点或 [水平(H)/垂直(V)/角度(A)/二等分(B)/偏移(O)]:O✓
指定偏移距离或 [通过(T)] <0.0000>:4200
选择直线对象:(选择刚绘制的水平构造线)
指定向哪侧偏移:(指定上边一点)
选择直线对象:(继续选择刚绘制的水平构造线)

运用相同方法,将绘制得到的水平构造线依次向上偏移 5100、1800 和 3000,绘制的水平构造线如图 1-73 所示。同样方法绘制垂直构造线,向右偏移依次是 3900、1800、2100 和 4500,结果如图 1-74 所示。

图 1-72　"十"字构造线　　　图 1-73　水平方向的主要辅助线　　　图 1-74　居室的辅助线网格

② 在命令行输入命令 MLSTYLE,系统打开"多线样式"对话框,在该对话框中单击"新建"按钮,系统打开"创建新的多线样式"对话框,在该对话框的"新样式名"文本框

中键入"墙体线"，单击"继续"按钮。系统打开"新建多线样式"对话框，进行图 1-75 所示的设置。

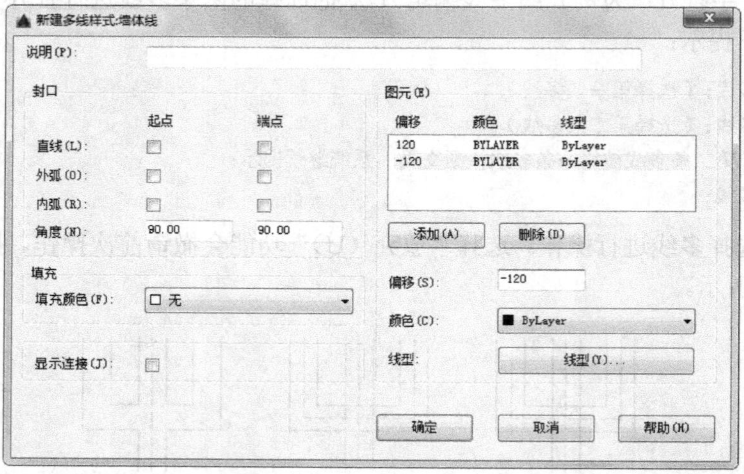

图 1-75　设置多线样式

③ 在命令行中输入"MLINE"命令，绘制墙体。命令行提示与操作如下。

```
命令:MLINE↙
当前设置: 对正 = 上, 比例 = 20.00, 样式 = STANDARD
指定起点或 [对正(J)/比例(S)/样式(ST)]:S↙
输入多线比例 <20.00>:1↙
当前设置: 对正 = 上, 比例 = 1.00, 样式 = STANDARD
指定起点或 [对正(J)/比例(S)/样式(ST)]:J↙
输入对正类型 [上(T)/无(Z)/下(B)] <上>:Z↙
当前设置: 对正 = 无, 比例 = 1.00, 样式 = STANDARD
指定起点或 [对正(J)/比例(S)/样式(ST)]: (在绘制的辅助线交点上指定一点)
指定下一点: (在绘制的辅助线交点上指定下一点)
指定下一点或 [放弃(U)]: (在绘制的辅助线交点上指定下一点)
指定下一点或 [闭合(C)/放弃(U)]: (在绘制的辅助线交点上指定下一点)
……
指定下一点或 [闭合(C)/放弃(U)]:C↙
```

相同方法根据辅助线网格绘制多线，绘制结果如图 1-76 所示。

④ 在命令行中输入"MLEDIT"命令，系统打开"多线编辑工具"对话框，如图 1-77 所示。选择其中的"T 形打开"选项，确认后，命令行提示与操作如下。

```
命令: MLEDIT↙
选择第一条多线: (选择多线)
选择第二条多线: (选择多线)
选择第一条多线或 [放弃(U)]: (选择多线)
……
选择第一条多线或 [放弃(U)]: ↙
```

用同样方法继续进行多线编辑，编辑的最终结果如图 1-65 所示。

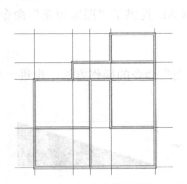

图 1-76　全部多线绘制结果

图 1-77　"多线编辑工具"对话框

1.7.4　拓展知识

在 AutoCAD 中，除了可以通过在命令窗口输入命令、单击功能区对应的选项卡面板中的按钮来完成外，还可以使用键盘上的一组功能键或快捷键，通过这些功能键或快捷键，可以快速实现指定功能，如按下 F1 键，系统调用 AutoCAD 帮助对话框。

系统使用 AutoCAD 传统标准（Windows 之前）或 Microsoft Windows 标准解释快捷键。

有些功能键或快捷键在 AutoCAD 的菜单中已经指出，如"粘贴"的快捷键为 Ctrl+V；"复制"的快捷键为 Ctrl+C，这些快捷键只要用户在使用过程中多加留意，就会很快熟练掌握。快捷键的定义见菜单命令后面的说明，如"粘贴(P)Ctrl+V"。

1.7.5　上机操作

绘制图 1-78 所示的闪电符号。

图 1-78　闪电符号

绘制闪电符号

1．目的要求

本上机案例练习的命令主要是"多线"命令，复习使用基本绘图工具。

2．操作提示

① 利用"多线样式"命令设置多线样式。

② 利用"多线"命令绘制一段多线。

1.8 图案填充功能应用——绘制配电箱

在绘制电气图形符号时，有时会碰到类似于剖面线的规则重复的图线绘制，这时再用前面学的绘图命令绘制就很麻烦。为了解决这个问题，AutoCAD 提供了"图案填充"命令。

1.8.1 案例分析

本案例将通过配电箱的绘制过程来熟练掌握"图案填充"命令的操作方法，也进一步了解简单电气符号的绘制方法。绘制流程如图 1-79 所示。

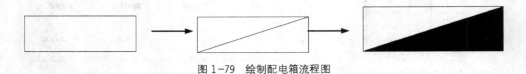

图 1-79 绘制配电箱流程图

1.8.2 相关知识

本案例主要应用 AutoCAD 中的"图案填充"命令，关于该命令的相关知识如下。

1. 图案填充

当用户需要用一个重复的图案填充一个区域时，可以使用"图案填充"命令建立一个相关联的填充阴影对象来实现。

（1）执行方式

"图案填充"命令有 4 种不同的执行方式，这 4 种方式执行效果相同。具体内容如下。

☑ 命令行：BHATCH

☑ 菜单：绘图→图案填充

☑ 工具栏：绘图→图案填充

☑ 功能区："默认"选项卡→"绘图"面板→"图案填充"按钮

（2）操作格式

执行上述命令后系统打开图 1-80 所示的"图案填充创建"选项卡。

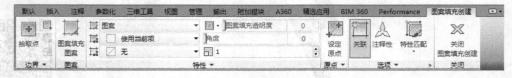

图 1-80 "图案填充创建"选项卡

（3）选项说明

下面对上面选项卡中出现的相关提示选项进行说明。

① "边界"面板。

A. 拾取点：通过选择由一个或多个对象形成的封闭区域内的点，确定图案填充边界（如图 1-81 所示）。指定内部点时，可以随时在绘图区域中单击鼠标右键以显示包含多个选项的快捷菜单。

图 1-81　边界确定

B．选择边界对象：指定基于选定对象的图案填充边界。使用该选项时，不会自动检测内部对象，必须选择选定边界内的对象，以按照当前孤岛检测样式填充这些对象（如图 1-82 所示）。

图 1-82　选取边界对象

C．删除边界对象：从边界定义中删除之前添加的任何对象（如图 1-83 所示）。

图 1-83　删除"岛"后的边界

D．重新创建边界：围绕选定的图案填充或填充对象创建多段线或面域，并使其与图案填充对象相关联（可选）。

E．显示边界对象：选择构成选定关联图案填充对象的边界的对象，使用显示的夹点可修改图案填充边界。

F．保留边界对象

指定如何处理图案填充边界对象。选项包括内容如下。

- 不保留边界。不创建独立的图案填充边界对象（仅在图案填充创建期间可用）。
- 保留边界-多段线。创建封闭图案填充对象的多段线（仅在图案填充创建期间可用）。
- 保留边界-面域。创建封闭图案填充对象的面域对象（仅在图案填充创建期间可用）。
- 选择新边界集。指定对象的有限集（称为边界集），以便通过创建图案填充时的拾取点进行计算。

② "图案"面板。显示所有预定义和自定义图案的预览图像。

③ "特性"面板。

A. 图案填充类型：指定是使用纯色、渐变色、图案还是用户定义的填充。

B. 图案填充颜色：替代实体填充和填充图案的当前颜色。

C. 背景色：指定填充图案背景的颜色。

D. 图案填充透明度：设定新图案填充或填充的透明度，替代当前对象的透明度。

E. 图案填充角度：指定图案填充或填充的角度。

F. 填充图案比例：放大或缩小预定义或自定义填充图案。

G. 相对图纸空间：相对于图纸空间单位缩放填充图案。使用此选项，可很容易地做到以适合于布局的比例显示填充图案（仅在布局中可用）。

H. 双向：将绘制第二组直线，与原始直线成 90°角，从而构成交叉线（仅当"图案填充类型"设定为"用户定义"时可用）。

I. ISO 笔宽：基于选定的笔宽缩放 ISO 图案（仅对于预定义的 ISO 图案可用）。

④ "原点"面板。

A. 设定原点：直接指定新的图案填充原点。

B. 左下：将图案填充原点设定在图案填充边界矩形范围的左下角。

C. 右下：将图案填充原点设定在图案填充边界矩形范围的右下角。

D. 左上：将图案填充原点设定在图案填充边界矩形范围的左上角。

E. 右上：将图案填充原点设定在图案填充边界矩形范围的右上角。

F. 中心：将图案填充原点设定在图案填充边界矩形范围的中心。

G. 使用当前原点：将图案填充原点设定在 HPORIGIN 系统变量中存储的默认位置。

H. 存储为默认原点：将新图案填充原点的值存储在 HPORIGIN 系统变量中。

⑤ "选项"面板。

A. 关联：指定图案填充或填充为关联图案填充。关联的图案填充或填充在用户修改其边界对象时将会更新。

B. 注释性：指定图案填充为注释性。此特性会自动完成缩放注释过程，从而使注释能够以正确的大小在图纸上打印或显示。

C. 特性匹配内容如下。

• 使用当前原点：使用选定图案填充对象（除图案填充原点外）设定图案填充的特性。

• 使用源图案填充的原点：使用选定图案填充对象（包括图案填充原点）设定图案填充的特性。

D. 允许的间隙：设定将对象用作图案填充边界时可以忽略的最大间隙。默认值为 0，此值指定对象必须封闭区域而没有间隙。

E. 创建独立的图案填充：控制当指定了几个单独的闭合边界时，是创建单个图案填充对象，还是创建多个图案填充对象。

F. 孤岛检测内容如下。

• 普通孤岛检测：从外部边界向内填充。如果遇到内部孤岛，填充将关闭，直到遇到孤岛中的另一个孤岛。

• 外部孤岛检测：从外部边界向内填充。此选项仅填充指定的区域，不会影响内部孤岛。

• 忽略孤岛检测：忽略所有内部的对象，填充图案时将通过这些对象。

G．绘图次序：为图案填充或填充指定绘图次序。选项包括不更改、后置、前置、置于边界之后和置于边界之前。

⑥ "关闭"面板。

关闭"图案填充创建"：退出 HATCH 并关闭上下文选项卡。也可以按 Enter 键或 Esc 键退出 HATCH。

2．图案填充编辑

利用"编辑图案填充"命令可以编辑已经填充的图案。

（1）执行方式

"编辑图案填充"命令有 6 种不同的执行方式，这 6 种方式执行效果相同。具体内容如下。

☑ 命令行：HATCHEDIT

☑ 菜单：修改→对象→图案填充

☑ 工具栏：修改 II→编辑图案填充

☑ 功能区："默认"选项卡→"修改"面板→"编辑图案填充"按钮

☑ 快捷菜单：选中填充的图案右击鼠标，在打开的快捷菜单中选择"图案填充编辑"命令

☑ 快捷方法：直接选择填充的图案，打开"图案填充编辑器"选项卡（如图 1-84 所示）

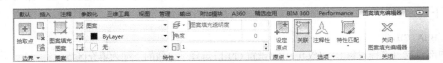

图 1-84 "图案填充编辑器"选项卡

（2）操作格式

执行上述命令后，AutoCAD 会给出下面提示。

选择图案填充对象：

选取关联填充物体后，系统弹出图 1-85 所示的"图案填充编辑"对话框。

图 1-85 "图案填充编辑"对话框

在图 1-85 中，只能对正常显示的选项进行操作。该对话框中各项的含义与图 1-81 所示的"图案填充创建"选项卡中各项的含义相同。利用该对话框可以对已弹出的图案进行一系列的编辑修改。

1.8.3 案例实施

绘制配电箱

① 单击"默认"选项卡"绘图"面板中的"矩形"按钮 □，绘制一个长为 2mm，宽度为 6mm 的矩形，效果如图 1-86 所示。

② 启用"对象捕捉"方式，捕捉矩形宽边的中点，单击"默认"选项卡"绘图"面板中的"直线"按钮 ╱，连接矩形左下角与右上角，将矩形平分为二，如图 1-87 所示。

图 1-86 绘制矩形

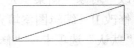

图 1-87 平分矩形

③ 单击"默认"选项卡"绘图"面板中的"图案填充"按钮 ▨，打开图 1-88 所示的"图案填充创建"选项卡，设置填充图案为 SOLID，填充比例为 1，角度为 0，命令行中的提示与操作如下。

```
命令：BHATCH↙
拾取内部点或 [选择对象(S)/放弃(U)/设置(T)]:选择平分线的下端为填充区域
正在选择所有可见对象…
正在分析所选数据…
正在分析内部孤岛…
拾取内部点或 [选择对象(S)/放弃(U)/设置(T)]:
```

图 1-88 图案填充设置

结果如图 1-89 所示。

图 1-89 填充图案

1.8.4 拓展知识

在 AutoCAD 中，有些简单的基本操作，可以帮助快速绘图，下面进行简要讲述。

1. 透明命令

在 AutoCAD 中有些命令不仅可以直接在命令行中使用，而且还可以在其他命令的执行过程中，插入并执行，待该命令执行完毕后，系统继续执行原命令，这种命令称为透明命令。

透明命令一般多为修改图形设置或打开辅助绘图工具的命令。执行方式同样适用于透明命令的执行。

```
命令：ARC↙
指定圆弧的起点或 [圆心(C)]：'ZOOM↙（透明使用显示缩放命令 ZOOM）
>>（执行 ZOOM 命令）
正在恢复执行 ARC 命令
指定圆弧的起点或 [圆心(C)]：（继续执行原命令）
```

2．命令的重复、撤销、重做

（1）命令的重复

在命令行窗口中按 Enter 键可重复调用上一个命令，不管上一个命令是完成了还是被取消了。

（2）命令的撤销

在命令执行的任何时刻都可以取消和终止命令的执行，执行方式如下。

☑ 命令行：UNDO

☑ 菜单：编辑→放弃

☑ 快捷键：按 Esc 键

（3）命令的重做

已被撤销的命令还可以恢复重做。要恢复撤销的最后一个命令，执行方式如下。

☑ 命令行：REDO

☑ 菜单：编辑→重做

该命令可以一次执行多重放弃和重做操作。单击 UNDO 或 REDO 列表箭头，可以选择要放弃或重做的操作，如图 1-90 所示。

图 1-90　多重放弃或重做

1.8.5　上机操作

绘制图 1-91 所示的暗装开关符号。

图 1-91　暗装开关符号

绘制暗装开关符号

1．目的要求

本上机案例练习的命令主要是"图案填充"命令，复习使用基本绘图工具。

2．操作提示

① 利用"圆弧"命令绘制多半个圆弧。

② 利用"直线"命令绘制水平和竖直直线，其中一条水平直线的两个端点都在圆弧上。

③ 利用"图案填充"命令填充圆弧与水平直线之间的区域。

1.9 文字与表格功能应用——绘制电气制图 A3 样板图

在 AutoCAD 电气制图过程中，经常要用到表格。使用 AutoCAD 提供的"表格"功能创建表格非常容易，用户可以直接插入设置好样式的表格，而不用绘制由单独的图线组成的栅格。

1.9.1 案例分析

本案例将通过电气制图 A3 样板图的绘制过程来熟练掌握表格相关命令的操作方法，也进一步了解简单电气工程图的绘制方法。绘制流程如图 1-92 所示。

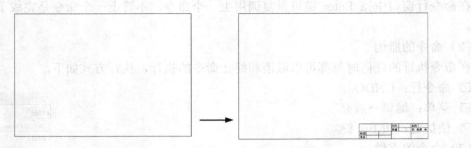

图 1-92　电气制图 A3 样板图绘制流程

1.9.2 相关知识

本案例主要应用 AutoCAD 中的"文字"和"表格"相关命令，关于这些命令的相关知识如下。

1. 文字样式

文字样式是用来控制文字基本形状的一组设置。AutoCAD 提供了"文字样式"对话框，通过这个对话框可方便直观地定制需要的文本样式，或者对已有样式进行修改。

所有 AutoCAD 图形中的文字都有与其相对应的文本样式。当输入文字对象时，AutoCAD 使用当前设置的文本样式。模板文件 ACAD.DWT 和 ACADISO.DWT 中定义了名叫 STANDARD 的默认文本样式。

（1）执行方式

"文字样式"命令有 4 种不同的执行方式，这 4 种方式执行效果相同。具体内容如下。

☑ 命令行：STYLE 或 DDSTYLE
☑ 菜单:格式→文字样式
☑ 工具栏：文字→文字样式 🅰 或样式→文字样式管理器 🅰
☑ 功能区："默认"选项卡→"注释"面板→"文字样式"按钮 🅰 （如图 1-93 所示）或 "注释"选项卡→"文字"面板→"文字样式"下拉菜单→"管理文字样式"按钮（如图 1-94 所示）或"注释"选项卡→"文字"面板→"对话框启动器"按钮 ↘

（2）操作格式

命令：STYLE✓

图 1-93 "注释"面板 1

图 1-94 "文字"面板

执行上述操作后，AutoCAD 打开"文字样式"对话框，如图 1-95 所示。

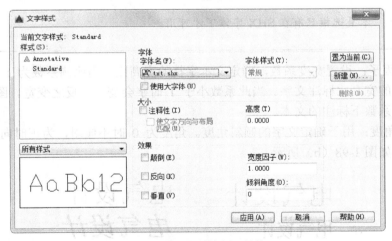

图 1-95 "文字样式"对话框

（3）选项说明

下面对上面讲到的"文字样式"对话框进行说明。

① "字体"选项组：确定字体式样。文字字体确定字符的形状，在 AutoCAD 中，除了固有的 SHX 形状字体文件外，还可以使用 TrueType 字体（如宋体、楷体、italley 等）。一种字体可以设置不同的效果从而被多种文本样式使用，图 1-96 所示就是同一种字体（宋体）的不同样式。

② "大小"选项组。

A. "注释性"复选框：指定文字为注释性文字。

B. "使文字方向与布局匹配"复选框：指定图纸空间视口中的文字方向与布局方向匹配。如果清除"注释性"选项，则该选项不可用。

C. "高度"复选框：设置文字高度。如果输入 0.2，则每次用该样式输入文字时，文字默认值为 0.2 高度。

③ "效果"选项组：此矩形框中的各项用于设置字体的特殊效果。

A. "颠倒"复选框：选中此复选框，表示将文本文字倒置标注。

B. "反向"复选框：确定是否将文本文字反向标注。

C. "垂直"复选框：确定文本是水平标注还是垂直标注。

此复选框选中时为垂直标注，否则为水平标注，如图 1-97 所示。

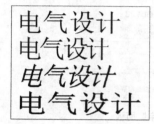

图 1-96　同一种字体的不同样式 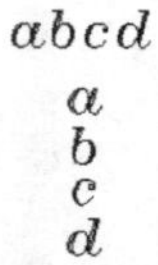　　　　　　　　图 1-97　垂直标注文字

本复选框只有在 SHX 字体下才可用。

D. 宽度因子：设置宽度系数，确定文本字符的宽高比。当比例系数为 1 时表示将按字体文件中定义的宽高比标注文字。当此系数小于 1 时字会变窄，反之变宽。图 1-98（a）给出了不同比例系数下标注的文本。

E. 倾斜角度：用于确定文字的倾斜角度。角度为 0 时不倾斜，为正时向右倾斜，为负时向左倾斜，如图 1-98（b）所示。

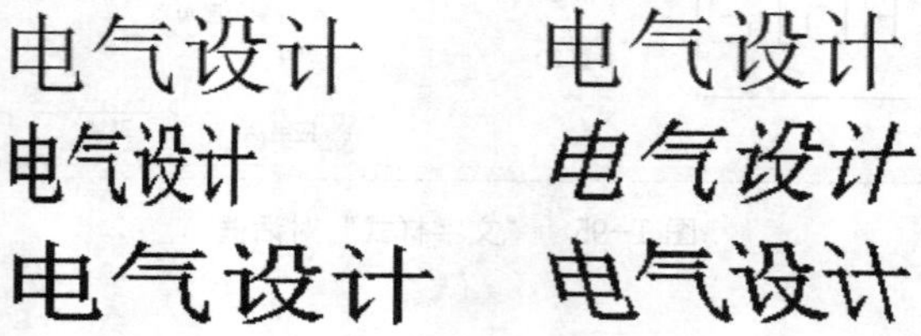

图 1-98　不同宽度系数的文字标注与文字倾斜标注

④ "置为当前"按钮：该按钮用于将在"样式"下选定的样式设置为当前。

⑤ "新建"按钮：该按钮用于新建文字样式。单击此按钮系统弹出图 1-99 所示的"新建文字样式"对话框，并自动为当前设置提供名称"样式 n"（其中 n 为所提供样式的编号）。

可以采用默认值或在该框中输入名称，然后单击"确定"
按钮使新样式名使用当前样式设置。

2．多行文字标注

在电气制图过程中，很多场合需要标注文字，利用"多
行文字"相关命令可以完成文字的标注。

图 1-99 "新建文字样式"对话框

（1）执行方式

"多行文字"命令有 4 种不同的执行方式，这 4 种方式执行效果相同。具体内容如下。

☑ 命令行：MTEXT

☑ 菜单：绘图→文字→多行文字

☑ 工具栏：绘图→多行文字**A**或文字→多行文字**A**

☑ 功能区："默认"选项卡→"注释"面板→"多行文字"按钮**A**或"注释"选项卡→
   "文字"面板→"多行文字"按钮**A**

（2）操作格式

```
命令:MTEXT↙
当前文字样式："Standard" 文字高度: 2.5 注释性: 否
指定第一角点: (指定矩形框的第一个角点)
指定对角点或 [高度(H)/对正(J)/行距(L)/旋转(R)/样式(S)/宽度(W)/栏(C)]:
```

（3）选项说明

下面对上面命令行中出现的相关提示选项进行说明。

① 指定对角点：直接在屏幕上拾取一个点作为矩形框的第二个角点，AutoCAD 以这两
个点为对角点形成一个矩形区域，其宽度作为将来要标注的多行文本的宽度，而且第一个点
作为第一行文本顶线的起点。响应后 AutoCAD 打开"文字编辑器"选项卡（如图 1-100 所示）
和多行文字编辑器（如图 1-101 所示），可利用此编辑器输入多行文本并对其格式进行设置。
关于对话框中各选项的含义与编辑器功能，稍后再详细介绍。

② 对正（J）：确定所标注文本的对齐方式。

这些对齐方式与"TEXT"命令中的各对齐方式相同，在此不再重复。选择一种对齐方
式后按 Enter 键，AutoCAD 回到上一级提示。

③ 行距（L）：确定多行文本的行间距，这里所说的行间距是指相邻两文本行的基线之
间的垂直距离。选择此选项，命令行中提示如下。

```
输入行距类型[至少(A)/精确(E)]<至少(A)>:
```

在此提示下有两种方式确定行间距："至少"方式和"精确"方式。"至少"方式下 AutoCAD
根据每行文本中最大的字符自动调整行间距。"精确"方式下 AutoCAD 给多行文本赋予一个
固定的行间距。可以直接输入一个确切的间距值，也可以输入"nx"的形式，其中"n"是一
个具体数，表示行间距设置为单行文本高度的 n 倍，而单行文本高度是本行文本字符高度的
1.66 倍。

④ 旋转（R）：确定文本行的倾斜角度。选择此选项，命令行中提示如下。

```
指定旋转角度<0>:(输入倾斜角度)
输入角度值后按<Enter>键，返回到"指定对角点或[高度(H)/对正(J)/行距(L)/旋转(R)/样式(S)/宽
```

度(W)]:"提示。

在创建多行文本时，只要指定文本行的起始点和宽度后，AutoCAD 就会打开"文字编辑器"选项卡和多行文字编辑器，如图 1-100 和图 1-101 所示。该编辑器与 Microsoft Word 编辑器界面相似，事实上该编辑器与 Word 编辑器在某些功能上趋于一致。这样既增强了多行文字的编辑功能，又能使用户更熟悉和方便地使用。

高手支招

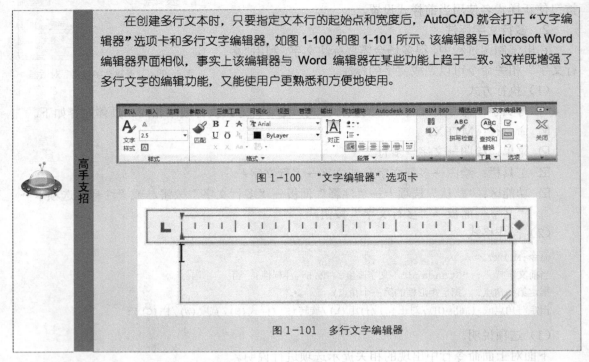

图 1-100　"文字编辑器"选项卡

图 1-101　多行文字编辑器

⑤ 样式（S）：确定当前的文字样式。

⑥ 宽度（W）：指定多行文本的宽度。可在屏幕上拾取一点，将其与前面确定的第一个角点组成的矩形框的宽度作为多行文本的宽度，也可以输入一个数值，精确设置多行文本的宽度。

⑦ 栏（C）：可以将多行文字对象的格式设置为多栏。可以指定栏和栏之间的宽度、高度及栏数，以及使用夹点编辑栏宽和栏高。其中提供了 3 个栏选项："不分栏""静态栏"和"动态栏"。

⑧ "文字编辑器"选项卡：用来控制文本文字的显示特性。可以在输入文本文字前设置文本的特性，也可以改变已输入的文本文字特性。要改变已有文本文字显示特性，首先应选择要修改的文本，选择文本的方式有以下 3 种。

A．将光标定位到文本文字开始处，按住鼠标左键，拖到文本末尾。

B．双击某个文字，则该文字被选中。

C．3 次单击鼠标，则选中全部内容。

下面介绍选项卡中部分选项的功能。

① "文字高度"下拉列表框：用于确定文本的字符高度，可在文本编辑器中设置输入新的字符高度，也可从此下拉列表框中选择已设定过的高度值。

② "加粗" **B** 和 "斜体" *I* 按钮：用于设置加粗或斜体效果，但这两个按钮只对 TrueType 字体有效。

③ "删除线"按钮 ₳：用于在文字上添加水平删除线。

④ "下划线" **U** 和 "上划线" **Ō** 按钮：用于设置或取消文字的上下划线。

⑤ "堆叠"按钮 ᵇₐ：为层叠或非层叠文本按钮，用于层叠所选的文本文字，也就是创建分数形式。当文本中某处出现"/""^"或"#"3种层叠符号之一时，选中需层叠的文字，才可层叠文本。二者缺一不可。则符号左边的文字作为分子，右边的文字作为分母进行层叠。

AutoCAD 提供了3种分数形式。

A．如选中"abcd/efgh"后单击此按钮，得到如图 1-102（a）所示的分数形式；

B．如果选中"abcd^efgh"后单击此按钮，则得到如图 1-102（b）所示的形式，此形式多用于标注极限偏差；

C．如果选中"abcd # efgh"后单击此按钮，则创建斜排的分数形式，如图 1-102（c）所示。

如果选中已经层叠的文本对象后单击此按钮，则恢复到非层叠形式。

⑥ "倾斜角度"（0/）文本框：用于设置文字的倾斜角度。

倾斜角度与斜体效果是两个不同的概念，前者可以设置任意倾斜角度，后者是在任意倾斜角度的基础上设置斜体效果，如图 1-103 所示。第一行倾斜角度为 0°，非斜体效果；第二行倾斜角度为 12°，非斜体效果；第三行倾斜角度为 12°，斜体效果。

$$\frac{abcd}{efgh} \qquad \frac{abcd}{efgh} \qquad \frac{abcd}{efgh}$$

　　（a）　　　　（b）　　　　（c）

都市农夫]
都市农夫
都市农夫

图 1-102 文本层叠　　　　　　　图 1-103 倾斜角度与斜体效果

⑦ "符号"按钮 @·：用于输入各种符号。单击此按钮，系统打开符号列表，如图 1-104 所示，可以从中选择符号输入到文本中。

⑧ "插入字段"按钮 📖：用于插入一些常用或预设字段。单击此按钮，系统打开"字段"对话框，如图 1-105 所示，用户可从中选择字段，插入到标注文本中。

⑨ "追踪"下拉列表框 ᵃ·ᵇ：用于增大或减小选定字符之间的空间。1.0 表示设置常规间距，设置大于 1.0 表示增大间距，设置小于 1.0 表示减小间距。

⑩ "宽度因子"下拉列表框 ○：用于扩展或收缩选定字符。1.0 表示设置代表此字体中字母的常规宽度,可以增大该宽度或减小该宽度。

⑪ "上标" X 按钮：将选定文字转换为上标，即在键入线的上方设置稍小的文字。

⑫ "下标" X 按钮：将选定文字转换为下标，即在键入线的下方设置稍小的文字。

⑬ "清除格式"下拉列表：删除选定字符的字符格式，或删除选定段落的段落格式，或删除选定段落中的所有格式。

度数	%%d
正/负	%%p
直径	%%c
几乎相等	\U+2248
角度	\U+2220
边界线	\U+E100
中心线	\U+2104
差值	\U+0394
电相角	\U+0278
流线	\U+E101
恒等于	\U+2261
初始长度	\U+E200
界碑线	\U+E102
不相等	\U+2260
欧姆	\U+2126
欧米加	\U+03A9
地界线	\U+214A
下标 2	\U+2082
平方	\U+00B2
立方	\U+00B3
不间断空格 Ctrl+Shift+Space	
其他...	

图 1-104 符号列表

A．关闭：如果选择此选项，将从应用了列表格式的选定文字中删除字母、数字和项目符号。不更改缩进状态。

B．以数字标记：应用将带有句点的数字用于列表中的项的列表格式。

C．以字母标记：应用将带有句点的字母用于列表中的项的列表格式。如果列表含有的项多于字母中含有的字母，可以使用双字母继续序列。

D．以项目符号标记：应用将项目符号用于列表中的项的列表格式。

E．启动：在列表格式中启动新的字母或数字序列。如果选定的项位于列表中间，则选定项下面的未选中项也将成为新列表的一部分。

F．继续：将选定的段落添加到上面最后一个列表然后继续序列。如果选择了列表项而非段落，选定项下面的未选中项将继续序列。

G．允许自动项目符号和编号：在键入时应用列表格式。以下字符可以用作字母和数字后的标点并不能用作项目符号：句点（.）、逗号（,）、右括号［］]、右尖括号（>）、右方括号（]）和右花括号（}）。

H．允许项目符号和列表：如果选择此选项，列表格式将应用到外观类似列表的多行文字对象中的所有纯文本。

I．拼写检查：确定键入时拼写检查处于打开还是关闭状态。

J．编辑词典：显示"词典"对话框，从中可添加或删除在拼写检查过程中使用的自定义词典。

K．标尺：在编辑器顶部显示标尺。拖动标尺末尾的箭头可更改文字对象的宽度。列模式处于活动状态时，还显示高度和列夹点。

⑭ 段落：为段落和段落的第一行设置缩进。指定制表位和缩进，控制段落对齐方式、段落间距和段落行距，如图 1-106 所示。

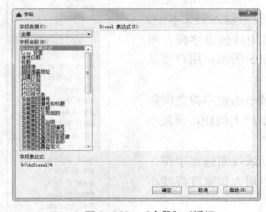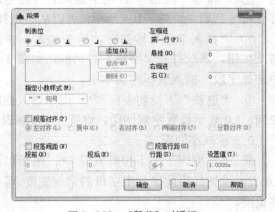

图 1-105　"字段"对话框　　　　图 1-106　"段落"对话框

⑮ 输入文字：选择此项，系统打开"选择文件"对话框，如图 1-107 所示。选择任意 ASCII 或 RTF 格式的文件。输入的文字保留原始字符格式和样式特性，但可以在多行文字编辑器中编辑和格式化输入的文字。选择要输入的文本文件后，可以替换选定的文字或全部文字，或在文字边界内将插入的文字附加到选定的文字中。输入文字的文件必须小于 32K。

图 1-107 "选择文件"对话框

⑯ 编辑器设置：显示"文字格式"工具栏的选项列表。有关详细信息，请参见编辑器设置。

高手支招 多行文字是由任意数目的文字行或段落组成的，布满指定的宽度，还可以沿垂直方向无限延伸。多行文字中，无论行数是多少，单个编辑任务中创建的每个段落集将构成单个对象；用户可对其进行移动、旋转、删除、复制、镜像或缩放操作。

3．表格样式

和文字样式一样，所有 AutoCAD 图形中的表格都有和其相对应的表格样式。当插入表格对象时，AutoCAD 使用当前设置的表格样式。表格样式是用来控制表格基本形状和间距的一组设置。模板文件 ACAD.DWT 和 ACADISO.DWT 中定义了名叫 STANDARD 的默认表格样式。

（1）执行方式

"表格样式"命令有 4 种不同的执行方式，这 4 种方式执行效果相同。具体内容如下。

☑ 命令行：TABLESTYLE

☑ 菜单:格式→表格样式

☑ 工具栏：样式→表格样式管理器

☑ 功能区："默认"选项卡→"注释"面板中→"表格样式"按钮 （如图 1-108 所示），或"注释"选项卡→"表格"面板→"表格样式"下拉菜单→"管理表格样式"按钮（如图 1-109 所示），或"注释"选项卡→"表格"面板→"对话框启动器"按钮

图 1-108 "注释"面板 2

图 1-109   "表格"面板

（2）操作格式

命令：TABLESTYLE✓

执行上述操作后，AutoCAD 打开"表格样式"对话框，如图 1-110 所示。

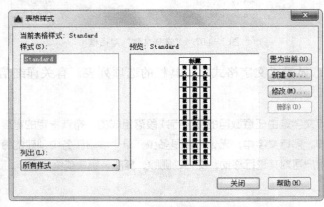

图 1-110   "表格样式"对话框

（3）选项说明

下面对上面讲到"表格样式"对话框进行说明。

① 新建：单击该按钮，系统打开"创建新的表格样式"对话框，如图 1-111 所示。输入新的表格样式名后，单击"继续"按钮，系统打开"新建表格样式"对话框，如图 1-112 所示。从中可以定义新的表格样式。

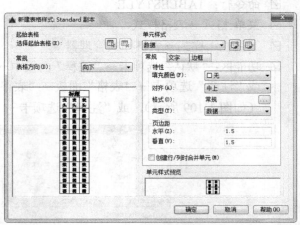

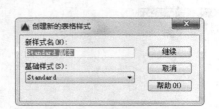

图 1-111   "创建新的表格样式"对话框   图 1-112   "新建表格样式"对话框

"新建表格样式"对话框的"单元样式"下拉列表框中有 3 个重要的选项："数据""表头"和"标题"，分别控制表格中数据、列标题和总标题的有关参数，如图 1-113 所示。在"新建表格样式"对话框中有 3 个重要的选项卡。

A．"常规"选项卡：用于控制数据栏格与标题栏格的上下位置关系。

B．"文字"选项卡：用于设置文字属性，单击此选项卡，在"文字样式"下拉列表框中可以选择已定义的文字样式并应用于数据文字，也可以单击右侧的按钮[...]重新定义文字样式。其中"文字高度""文字颜色"和"文字角度"各选项设定的相应参数格式可供用户选择。

C．"边框"选项卡：用于设置表格的边框属性，下面的边框线按钮控制数据边框线的各种形式，如绘制所有数据边框线、只绘制数据边框外部边框线、只绘制数据边框内部边框线、无边框线、只绘制底部边框线等。选项卡中的"线宽""线型"和"颜色"下拉列表框则控制边框线的线宽、线型和颜色；选项卡中的"间距"文本框用于控制单元边界和内容之间的间距。

图 1-114 所示为数据文字样式为"standard"，文字高度为 4.5，文字颜色为"红色"，对齐方式为"右下"；标题文字样式为"standard"，文字高度为 6，文字颜色为"蓝色"，对齐方式为"正中"，表格方向为"上"，水平单元边距和垂直单元边距均为 1.5 的表格样式。

图 1-113　表格样式

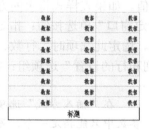

图 1-114　表格示例

② 修改：对当前表格样式进行修改，方式与新建表格样式相同。

4．创建表格

在设置好表格样式后，用户可以利用 TABLE 命令创建表格。

（1）执行方式

"表格"命令有 4 种不同的执行方式，这 4 种方式执行效果相同。具体内容如下。

☑ 命令行：TABLE

☑ 菜单：绘图→表格

☑ 工具栏：绘图→表格▦

☑ 功能区："默认"选项卡→"注释"面板→"表格"按钮▦（或"注释"选项卡→"表格"面板→"表格"按钮▦）

（2）操作格式

命令：TABLE✓

执行上述操作后，AutoCAD 打开"插入表格"对话框，如图 1-115 所示。

（3）选项说明

下面对上面讲到"插入表格"对话框进行说明。

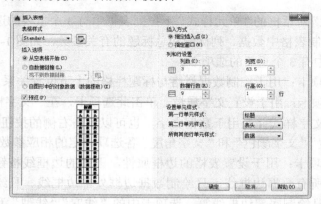

图 1-115 "插入表格"对话框

① "表格样式设置"选项组：可以在"表格样式名称"下拉列表框中选择一种表格样式，也可以单击后面的 按钮新建或修改表格样式。

② "插入方式"选项组。

A. "指定插入点"单选按钮：指定表左上角的位置。可以使用定点设备，也可以在命令行输入坐标值。如果表样式将表的方向设置为由下而上读取，则插入点位于表的左下角。

B. "指定窗口"单选按钮：指定表的大小和位置。可以使用定点设备，也可以在命令行输入坐标值。选定此选项时，行数、列数、列宽和行高取决于窗口的大小、列和行的设置。

③ "列和行的设置"选项组：指定列和行的数目以及列宽与行高。

> **注意** 在"插入方式"选项组中选择了"指定窗口"单选按钮后，列与行设置的两个参数中只能指定一个，另外一个由指定窗口大小自动等分确定。

在上面的"插入表格"对话框中进行相应设置后，单击"确定"按钮，系统在指定的插入点或窗口自动插入一个空表格，并显示"文字编辑器"选项卡，用户可以逐行逐列输入相应的文字或数据，如图 1-116 所示。

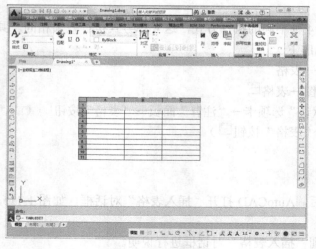

图 1-116 插入表格

在插入后的表格中选择某一个单元格，单击后出现钳夹点，通过移动钳夹点可以改变单元格的大小，如图 1-117 所示。

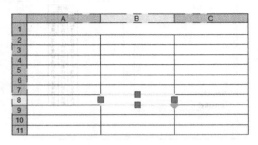

图 1-117　改变单元格大小

1.9.3　案例实施

① 绘制图框。单击"默认"选项卡"绘图"面板中的"矩形"按钮□，绘制一个矩形，指定矩形两个角点的坐标分别为（25，10）和（410，287），如图 1-118 所示。

图 1-118　绘制矩形

绘制电气制图
A3 样板图

《国家标准》规定 A3 图纸的幅面大小是 420mm×297mm，这里留出了带装订边的图框到纸面边界的距离。

② 绘制标题栏。标题栏结构如图 1-119 所示，由于分隔线并不整齐，所以可以先绘制一个 28×4（每个单元格的尺寸是 5×8）的标准表格，然后在此基础上编辑合并单元格形成图 1-119 所示形式。

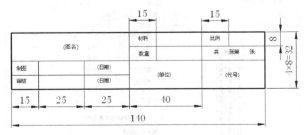

图 1-119　标题栏示意图

单击"默认"选项卡"注释"面板中的"表格样式"按钮，打开"表格样式"对话框，如图 1-120 所示。

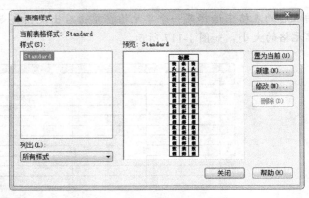

图 1-120 "表格样式"对话框

③ 单击"修改"按钮，系统打开"修改表格样式"对话框，在"单元样式"下拉列表框中选择"数据"选项，在下面的"文字"选项卡中将文字高度设置为 4.5，如图 1-121 所示。再打开"常规"选项卡，将"页边距"选项组中的"水平"和"垂直"都设置成 1，如图 1-122所示。

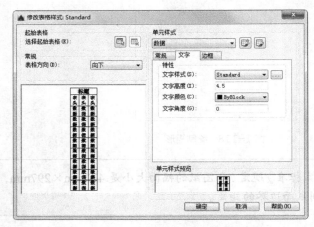

图 1-121 "修改表格样式"对话框

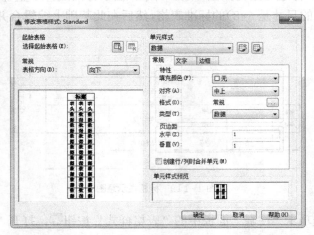

图 1-122 设置"常规"选项卡

④ 系统回到"表格样式"对话框,单击"关闭"按钮退出。

⑤ 单击"默认"选项卡"注释"面板中的"表格"按钮▦,系统打开"插入表格"对话框,在"列和行设置"选项组中将"列"设置为 28,将"列宽"设置为 5,将"数据行"设置为 2(加上标题行和表头行共 4 行),将"行高"设置为 1 行(即为 10);在"设置单元样式"选项组中将"第一行单元样式"与"第二行单元样式"和"第三行单元样式"都设置为"数据",如图 1-123 所示。

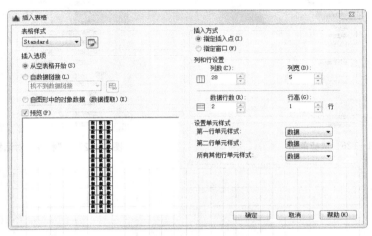

图 1-123　"插入表格"对话框

⑥ 在图框线右下角附近指定表格位置,系统生成表格,同时打开文字编辑器,如图 1-124 所示,不输入文字,直接关闭文字编辑器,生成表格如图 1-125 所示。

图 1-124　表格和文字编辑器

图 1-125　生成表格

⑦ 单击表格一个单元格,系统显示其编辑夹点,单击鼠标右键,在打开的快捷菜单中选择"特性"命令,如图 1-126 所示,系统打开"特性"对话框,将单元高度参数改为 8,如图 1-127 所示,这样该单元格所在行的高度就统一改为 8,结果如图 1-128 所示。

图 1-126　快捷菜单

图 1-127　"特性"对话框

图 1-128　修改表格高度

⑧ 选择 A1 单元格，按住 Shift 键，同时选择右边的 A1 到 M2 单元格，单击鼠标右键，打开快捷菜单，选择其中的"合并"→"全部"命令，如图 1-129 所示，这些单元格完成合并，如图 1-130 所示。

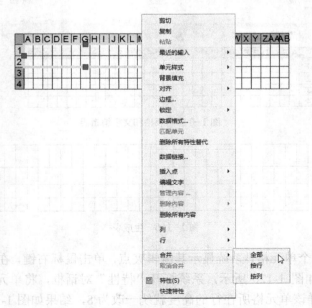

图 1-129　快捷菜单

图 1-130 合并单元格

用同样方法合并其他单元格，结果如图 1-131 所示。

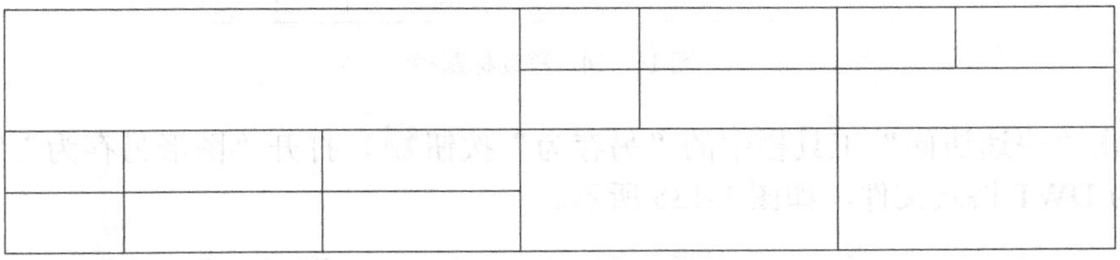

图 1-131 完成表格绘制

⑨ 在单元格三击鼠标左键，打开文字编辑器，在单元格中输入文字，将文字大小改为 4，如图 1-132 所示。

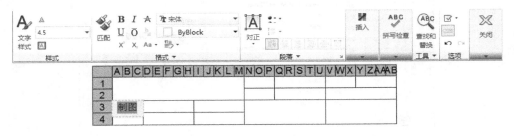

图 1-132 输入文字

用同样方法，输入其他单元格文字，结果如图 1-133 所示。

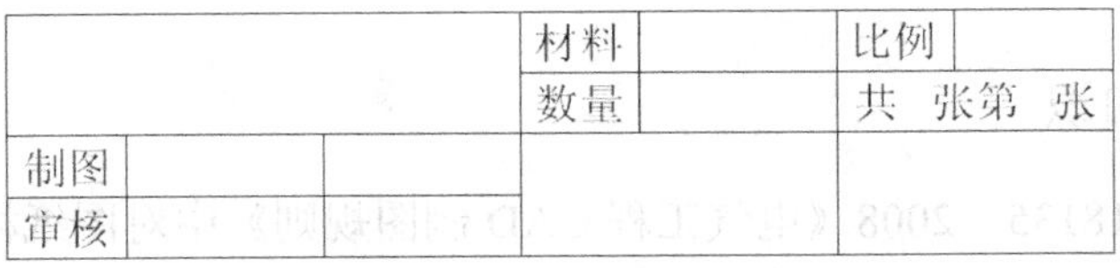

	材料		比例	
	数量		共 张第 张	
制图				
审核				

图 1-133 完成标题栏文字输入

⑩ 刚生成的标题栏无法准确确定与图框的相对位置，需要移动。命令行提示和操作如下：

```
命令：move↙
选择对象：（选择刚绘制的表格）
选择对象：↙
指定基点或 [位移(D)] <位移>：（捕捉表格的右下角点）
指定第二个点或 <使用第一个点作为位移>：（捕捉图框的右下角点）
```

这样，就将表格准确放置在图框的右下角，如图 1-134 所示。

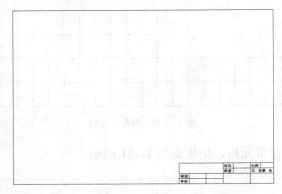

图1-134 移动标题栏

⑪ 单击"快速访问"工具栏中的"另存为"按钮![icon]，打开"图形另存为"对话框，将图形保存为 DWT 格式文件，如图 1-135 所示。

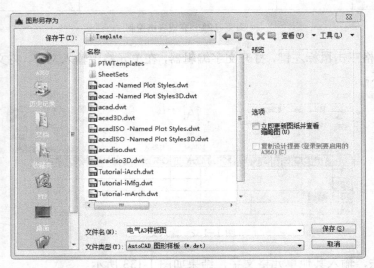

图1-135 "图形另存为"对话框

1.9.4 拓展知识

国家标准 GB/T18135—2008《电气工程 CAD 制图规则》中对图纸格式的规定如下。

（1）幅面。电气工程图纸采用的基本幅面有 5 种：A0、A1、A2、A3 和 A4，各图幅的相应尺寸见表 1-1。

表 1-1　　　　　　　　　　　图幅尺寸的规定（单位：mm）

幅面	A0	A1	A2	A3	A4
长	1189	841	594	420	297
宽	841	594	420	297	210

（2）图框

① 图框尺寸见表 1-2。在电气图中，确定图框线的尺寸有两个依据：一是图纸是否需要

装订；二是图纸幅面的大小。需要装订时，装订的一边就要留出装订边。图 1-136 和图 1-137 所示分别为不留装订边的图框、留装订边的图框。右下角矩形区域为标题栏位置。

表 1-2   图纸图框尺寸（单位：mm）

幅面代号	A0	A1	A2	A3	A4
e	20		10		
c	10		5		
a	25				

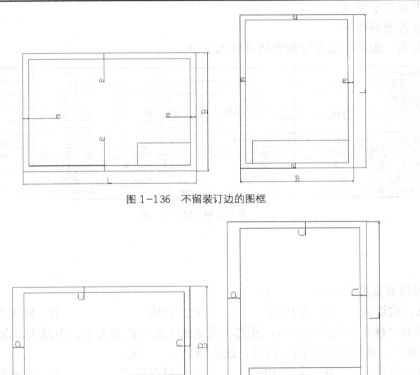

图 1-136 不留装订边的图框

图 1-137 留装订边的图框

② 图框线宽。图框的内框线，根据不同幅面，不同输出设备宜采用不同的线宽，见表 1-3。各种图幅的外框线均为 0.25mm 的实线。

表 1-3   图幅内框线宽（单位：mm）

幅面	绘图机类型	
	喷墨绘图机	笔式绘图机
A0，A1	1.0	0.7
A2，A3，A4	0.7	0.5

1.9.5 上机操作

绘制图 1-138 所示的电气元件表。

绘制电气元件表

1. 目的要求

本实验练习的命令主要是表格和文字相关命令，在绘制过程中，注意表格样式和文字样式的设置。

2. 操作提示

① 设置文字样式。

② 设置表格样式。

③ 利用"表格"命令绘制表格并输入文字。

配电柜编号		1P1	1P2	1P3	1P4	1P5
配电柜型号		GCK	GCK	GCJ	GCJ	GCK
配电柜柜宽		1000	1800	1000	1000	1000
配电柜用途		计量进线	干式稳压器	电容补偿柜	电容补偿柜	馈电柜
主要元件	隔离开关			QSA-630/3	QSA-630/3	
	断路器	AE-3200A/4P	AE-3200A/3P	CJ20-63/3	CJ20-63/3	AE-1600AX2
	电流互感器	3×LMZ2-0.66-2500/5 4×LMZ2-0.66-3000/5	3×LMZ2-0.66-3000/5	3×LMZ2-0.66-500/5	3×LMZ2-0.66-500/5	6×LMZ2-0.66-1500/5
	仪表规格	DTF-224 1块 6L2-A×3 DXF-226 2块 6L2-9×1	6L2-A×3	6L2-A×3 6L2-COSΦ	6L2-A×3	6L2-A
负荷名称/容量		SC9-1600KVA	1600KVA	12X30=360KVAR	12X30=360KVAR	
母线及进出线电缆		母线槽FCM-A-3150A		配十二步自动投切	与主柜联动	

图 1-138 电气元件表

自测题

1. 可以有宽度的线有（ ）。

    A．构造线   B．多段线   C．直线   D．样条曲线

2. 执行"样条曲线"命令后，某选项用来输入曲线的偏差值。值越大，曲线越远离指定的点；值越小，曲线离指定的点越近。该选项是（ ）。

    A．闭合   B．端点切向   C．拟合公差   D．起点切向

3. 以同一点作为正五边形的中心，圆的半径为 50，分别用 I 和 C 方式画的正五边形的间距为（ ）。

    A．15.32   B．9.55   C．7.43   D．12.76

4. 利用"Arc"命令刚刚结束绘制一段圆弧，现在执行 Line 命令，提示"指定第一点："时直接按 Enter 键，结果是（ ）。

    A．继续提示"指定第一点："

    B．提示"指定下一点或 [放弃(U)]："

    C．Line 命令结束

    D．以圆弧端点为起点绘制圆弧的切线

5. 重复使用刚执行的命令，按（ ）键。

    A．Ctrl   B．Alt   C．Enter   D．Shift

6. 动手试操作一下，进行图案填充时，下面图案类型中不需要同时指定角度和比例的有（ ）。

A. 预定义　　　B. 用户定义　　　　C. 自定义　　　　D. 其他预定义

7. 根据图案填充创建边界时，边界类型可能是以下哪个选项？（　　）

A. 多段线　　　B. 样条曲线　　　　C. 三维多段线　　　D. 螺旋线

8. 在设置文字样式的时候，设置了文字的高度，其效果是（　　）。

A. 在输入单行文字时，可以改变文字高度

B. 输入单行文字时，不可以改变文字高度

C. 在输入多行文字时候，不能改变文字高度

D. 都能改变文字高度

9. 绘制图 1-139 所示的蜂鸣器符号。

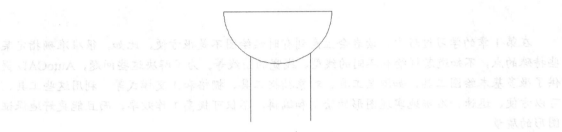

图 1-139　蜂鸣器符号

A. 加宽 B. 下沉 C. 首行缩进 D. 无垂直偏移

7. 在输入文字的过程中，如果需要输入特殊符号，可以使用（ ）控制码。
A. 上标 B. 下标与删除线 C. 增亮EFFE D. 紧凑化

8. 在创建文字样式时，有关（ ）的说法错误的是（ ）。
A. 插入人名样式后，则以该样式去输入文字
B. 输入人名文字后，可以改变文字的高度
C. 在输入人名文字时，不能改变文字的样式
D. 在输入人名文字后，不能改变文字的样式

第2章 熟练运用基本绘图工具

在第 1 章的学习过程中，读者会注意到有时候绘图不是很方便，比如，很难准确指定某些特殊的点，不知道怎样绘制不同的线型、线宽的图线等。为了解决这些问题，AutoCAD 提供了很多基本绘图工具，如图层工具、对象捕捉工具、栅格和正交模式等。利用这些工具，可以方便、迅速、准确地实现图形的绘制和编辑，不仅可提高工作效率，而且能更好地保证图形的质量。

能力目标

➢ 掌握图层功能
➢ 熟悉精确定位工具
➢ 掌握对象捕捉工具
➢ 了解对象约束功能

课时安排

3 课时（讲课 2 课时，练习 1 课时）

2.1 精确绘图——绘制动合触点符号

在用 AutoCAD 绘图的过程当中，经常需要绘制水平直线和垂直直线，但是用鼠标拾取线段的端点时很难保证两个点严格沿水平或垂直方向对齐。为此，AutoCAD 提供了正交功能，当启用正交模式时，画线或移动对象时只能沿水平方向或垂直方向移动光标，因此只能画平行于坐标轴的正交线段。

在绘制 AutoCAD 图形时，有时需要指定一些特殊位置的点，如圆心、端点、中点、平行线上的点等。怎样准确捕捉到这些点，是我们需要思考的问题。

2.1.1 案例分析

本例利用圆弧、直线命令结合对象追踪功能绘制动合触点符号，绘制流程如图 2-1 所示。

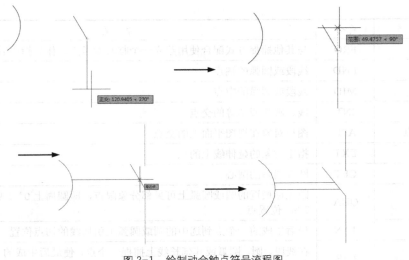

图 2-1　绘制动合触点符号流程图

2.1.2　相关知识

本案例主要应用 AutoCAD 中的"正交"和"对象捕捉"等精确绘图辅助功能，关于这些功能的相关知识如下。

1．正交模式

在用 AutoCAD 绘图的过程当中，经常需要绘制水平直线和垂直直线，但是用鼠标拾取线段的端点时很难保证两个点严格沿水平或垂直方向对齐，为此，AutoCAD 提供了正交功能，当启用正交模式时，画线或移动对象时只能沿水平方向或垂直方向移动光标，因此只能画平行于坐标轴的正交线段。

（1）执行方式

"正交"命令有 3 种不同的执行方式，这 3 种方式执行效果相同。具体内容如下。

☑ 命令行：ORTHO

☑ 状态栏：正交

☑ 快捷键：F8

（2）操作格式

命令：ORTHO✓
输入模式［开(ON)/关(OFF)］<开>：(设置开或关)

2．特殊位置点捕捉

在绘制 AutoCAD 图形时，有时需要指定一些特殊位置的点，如圆心、端点、中点、平行线上的点等，如表 2-1 所示。可以通过对象捕捉功能来捕捉这些点。

表 2-1　　　　　　　　　　　特殊位置点捕捉

名称	命令	含　义
临时追踪点	TT	建立临时追踪点
两点之间中点	M2P	捕捉两个独立点之间的中点

续表

名称	命令	含 义
捕捉自	FRO	与其他捕捉方式配合使用建立一个临时参考点，作为指出后继点的基点
端点	END	线段或圆弧的端点
中点	MID	线段或圆弧的中点
交点	INT	线、圆弧或圆等的交点
外观交点	APP	图形对象在视图平面上的交点
延长线	EXT	指定对象的延伸线上的点
圆心	CET	圆或圆弧的圆心
象限点	QUA	距光标最近的圆或圆弧上可见部分象限点，即圆周上 0°、90°、180°、270° 位置点
切点	TAN	最后生成的一个点到选中的圆或圆弧上引切线的切点位置
垂足	PER	在线段、圆、圆弧或其延长线上捕捉一个点，使最后生成的对象线与原对象正交
平行线	PAR	指定对象平行的图形对象上的点
节点	NOD	捕捉用 Point 或 DIVIDE 等命令生成的点
插入点	INS	文本对象和图块的插入点
最近点	NEA	离拾取点最近的线段、圆、圆弧等对象上的点
无	NON	取消对象捕捉
对象捕捉设置	OSNAP	设置对象捕捉

AutoCAD 提供了命令行、工具栏和右键快捷菜单 3 种执行特殊点对象捕捉的方法。

（1）命令方式

绘图时，当在命令行中提示输入一点时，输入相应特殊位置点命令，然后根据提示操作即可。

注意 AutoCAD 对象捕捉功能中捕捉垂足（Perpendiculer）和捕捉交点（Intersection）等项有延伸捕捉的功能，即如果对象没有相交，AutoCAD 会假想把线或弧延长，从而找出相应的点，上例中的垂足就是这种情况。

（2）工具栏方式

使用图 2-2 所示的"对象捕捉"工具栏可以使用户更方便地达到捕捉点的目的。当命令行提示输入一点时，从"对象捕捉"工具栏上单击相应的按钮。当把光标放在某一图标上时，会显示出该图标功能的提示，然后根据提示操作即可。

图 2-2 "对象捕捉"工具栏

（3）快捷菜单方式

快捷菜单可通过同时按 Shift 键和单击鼠标右键来激活。菜单中列出了 AutoCAD 提供的对象捕捉模式，如图 2-3 所示。操作方法与工具栏相似，只要在 AutoCAD 提示输入点时单击快捷菜单上相应的菜单项，然后按提示操作即可。

3．对象捕捉设置

在用 AutoCAD 绘图之前，可以根据需要事先设置运行一些对象捕捉模式，绘图时 AutoCAD 能自动捕捉这些特殊点，从而加快绘图速度，提高绘图质量。

（1）执行方式

"对象捕捉设置"命令有 6 种不同的执行方式，这 6 种方式执行效果相同。具体内容如下。

- ☑ 命令行：DDOSNAP
- ☑ 菜单：工具→绘图设置
- ☑ 工具栏：对象捕捉→对象捕捉设置 🏠
- ☑ 状态栏：对象捕捉（功能仅限于打开与关闭）或单击"对象捕捉"右侧的小三角弹出下拉菜单，选择"对象捕捉设置"（如图 2-3 所示）
- ☑ 快捷键：F3（功能仅限于打开与关闭）
- ☑ 快捷菜单：对象捕捉设置

（2）操作格式

命令：DDOSNAP↙

系统打开"草图设置"对话框，在该对话框中，单击"对象捕捉"标签打开"对象捕捉"选项卡，如图 2-4 所示。利用此对话框可以对对象捕捉方式进行设置。

图 2-3 对象捕捉快捷菜单

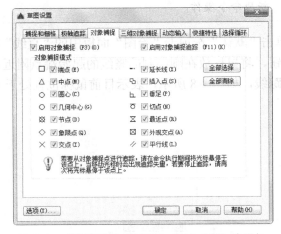

图 2-4 "草图设置"对话框的"对象捕捉"选项卡

2.1.3 案例实施

① 单击状态栏中的"对象捕捉"按钮右侧小三角，在打开的快捷菜单中选择"对象捕捉设置"命令，如图 2-5 所示，系统打开"草图设置"对话框，单击"全部选择"按钮，将所有特殊位置点设置为可捕捉状态，如图 2-6 所示。

绘制动合触点符号

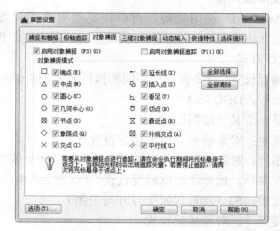

图 2-5　快捷菜单　　　　　　　　　　　图 2-6　"草图设置"对话框

② 单击"默认"选项卡"绘图"面板中的"圆弧"按钮，绘制一个适当大小的圆弧。

③ 单击"默认"选项卡"绘图"面板中的"直线"按钮，在绘制的圆弧右边绘制连续线段，在绘制完一段斜线后，单击状态栏上的"正交"按钮，这样就能保证接下来绘制的部分线段是正交的，绘制完的直线如图 2-7 所示。

提示　　　　正交、对象捕捉等命令是透明命令，可以在其他命令的执行过程中操作，而不中断原命令操作。

④ 单击"默认"选项卡"绘图"面板中的"直线"按钮，同时单击状态栏上的"对象追踪"按钮，将鼠标放在刚绘制的竖线的起始端点附近，然后往上移动鼠标，这时，系统显示一条追踪线，如图 2-8 所示，表示目前鼠标位置处于竖直直线的延长线上。

图 2-7　绘制连续直线　　　　　　　　　　　图 2-8　显示追踪线

⑤ 在合适的位置单击鼠标左键，就确定了直线的起点，再向上移动鼠标，指定竖直直线的终点。

⑥ 再次单击"默认"选项卡"绘图"面板中的"直线"按钮，将鼠标移动到圆弧附近适当位置，系统会显示离鼠标最近的特殊位置点，单击鼠标左键，系统自动捕捉到该特殊位置点为直线的起点，如图 2-9 所示。

⑦ 水平移动鼠标到斜线附近，这时，系统也会自动显示斜线上离鼠标位置最近的特殊位置点，单击鼠标左键，系统自动捕捉该点为直线的终点，如图 2-10 所示。

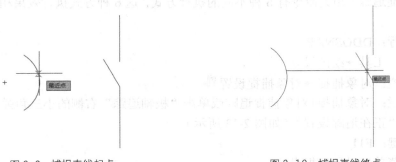

图 2-9 捕捉直线起点　　　　　　　　图 2-10 捕捉直线终点

提示

在上面绘制水平直线的过程中，同时按下了"正交"按钮和"对象捕捉"按钮，但有时系统不能同时既保证直线正交又保证直线的端点为特殊位置点。这时，系统优先满足对象捕捉条件，即保证直线的端点是圆弧和斜线上的特殊位置点，而不能保证一定是正交直线，如图 2-11 所示。

解决这个矛盾的一个小技巧是先放大图形，再捕捉特殊位置点，这样往往能找到能够满足直线正交的特殊位置点作为直线的端点。

⑧ 用相同的方法绘制第二条水平线，最终结果如图 2-12 所示。

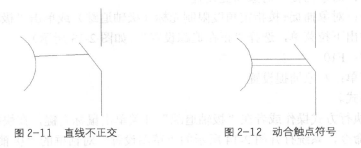

图 2-11 直线不正交　　　　　　　　图 2-12 动合触点符号

2.1.4 拓展知识

和本案例主要应用的"正交"和"对象捕捉"相似的精确绘图辅助功能，还有"自动追踪""动态输入"等，下面将进行简要介绍。

1. 自动追踪

利用自动追踪功能，可以对齐路径，有助于以精确的位置和角度创建对象。自动追踪包括两种追踪选项："极轴追踪"和"对象捕捉追踪"。"极轴追踪"是指按指定的极轴角或极轴角的倍数对齐要指定点的路径；"对象捕捉追踪"是指以捕捉到的特殊位置点为基点，按指定的极轴角或极轴角的倍数对齐要指定点的路径。

"极轴追踪"必须配合"极轴"功能和"对象追踪"功能一起使用，即同时打开状态栏上的"极轴"开关和"对象追踪"开关；"对象捕捉追踪"必须配合"对象捕捉"功能和"对象追踪"功能一起使用，即同时打开状态栏上的"对象捕捉"开关和"对象追踪"开关。

（1）对象捕捉追踪

① 执行方式。

"对象捕捉追踪"相关命令有 6 种不同的执行方式，这 6 种方式执行效果相同。具体内容如下。

- ☑ 命令行：DDOSNAP
- ☑ 菜单：工具→绘图设置
- ☑ 工具栏：对象捕捉→对象捕捉设置 🧲
- ☑ 状态栏：对象捕捉+对象捕捉追踪或单击"极轴追踪"右侧的小三角弹出下拉菜单，选择"正在追踪设置"（如图 2-13 所示）
- ☑ 快捷键：F11
- ☑ 快捷菜单：对象捕捉设置

② 操作格式。

按照上面执行方式操作，系统打开"草图设置"对话框的"对象捕捉"选项卡，选中"启用对象捕捉追踪"复选框，即完成了对象捕捉追踪设置。

（2）极轴追踪

① 执行方式。

"极轴追踪"相关命令有 6 种不同的执行方式，这 6 种方式执行效果相同。具体内容如下。

- ☑ 命令行：DDOSNAP
- ☑ 菜单：工具→绘图设置
- ☑ 工具栏：对象捕捉→对象捕捉设置 🧲
- ☑ 状态栏：对象捕捉+按指定角度限制光标（极轴追踪）或单击"极轴追踪"右侧的小三角弹出下拉菜单，选择"正在追踪设置"（如图 2-13 所示）
- ☑ 快捷键：F10
- ☑ 快捷菜单：对象捕捉设置

② 操作格式。

按照上面执行方式操作或者在"极轴追踪"开关单击鼠标右键，在快捷菜单中选择"正在追踪设置"命令，系统打开图 2-14 所示的"草图设置"对话框的"极轴追踪"选项卡。

图 2-13　下拉菜单

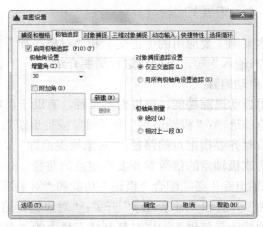

图 2-14　"草图设置"对话框"极轴追踪"选项卡

2．动态输入

动态输入功能可以在绘图平面直接动态输入绘制对象的各种参数，使绘图变得直观简洁。

（1）执行方式

"动态输入"相关命令有6种不同的执行方式，这6种方式执行效果相同。具体内容如下。

☑ 命令行：DSETTINGS

☑ 菜单：工具→绘图设置

☑ 工具栏：对象捕捉→对象捕捉设置 🧲

☑ 状态栏：动态输入（只限于打开与关闭）或右键单击"动态输
入"，弹出快捷菜单，选择"动态输入设置"（如图2-15所示）

图2-15 快捷菜单

☑ 快捷键：F12（只限于打开与关闭）

☑ 快捷菜单：对象捕捉设置

（2）操作格式

按照上面执行方式操作或者在"动态输入"开关单击鼠标右键，在快捷菜单中选择"动
态输入设置"命令，系统打开图2-16所示的"草图设置"对话框的"动态输入"选项卡。

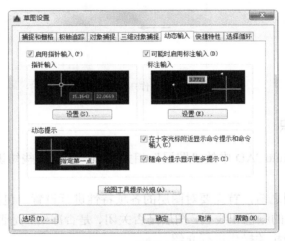
图2-16 "动态输入"选项卡

2.1.5 上机操作

绘制图2-17所示的电阻符号。

绘制电阻符号

1．目的要求

本上机案例练习的命令主要是"对象捕捉""正交"命令，复习使用基
本绘图工具。

2．操作提示

① 设置对象捕捉。

② 利用"矩形"命令绘制矩形。

③ 利用"直线"命令分别捕捉矩形左右两边中点绘制
水平直线。

图2-17 电阻

2.2　图层功能应用——绘制手动操作开关符号

在绘制电气图形时，如果出现了不同的线型或线宽的线怎么处理呢？AutoCAD 提供了图层工具，对每个图层规定其颜色和线型，并把具有相同特征的图形对象放在同一层上绘制，这样绘图时不用分别设置对象的线形和颜色，不仅方便绘图，而且存储图形时只需存储几何数据和所在图层，因而既节省了存储空间，又可以提高工作效率。

2.2.1　案例分析

本案例将通过手动操作开关符号的绘制过程来熟练掌握"图层"功能的操作方法。这里利用图层特性管理器创建 2 个图层，再利用"直线"命令在"实线"图层绘制一系列图线，在"虚线"图层绘制虚线，绘制流程如图 2-18 所示。

图 2-18　手动操作开关符号绘制流程

2.2.2　相关知识

本案例主要应用 AutoCAD 中的"图层"相关知识，关于这些知识介绍如下。

1．设置图层

在用图层功能绘图之前，首先要对图层的各项特性进行设置，包括建立和命名图层、设置当前图层、设置图层的颜色和线型、图层是否关闭、是否冻结、是否锁定以及图层删除等。本节主要对图层的这些相关操作进行介绍。

（1）利用对话框设置图层

AutoCAD 2016 提供了详细直观的"图层特性管理器"对话框，用户可以方便地通过对该对话框中的各选项及其二级对话框进行设置，从而实现建立新图层、设置图层颜色及线型等各种操作。

① 执行方式。

"图层"命令有 4 种不同的执行方式，这 4 种方式执行效果相同。具体内容如下。

- ☑ 命令行：LAYER
- ☑ 菜单：格式→图层
- ☑ 工具栏：图层→图层特性管理器
- ☑ 功能区："默认"选项卡→"图层"面板→"图层特性"按钮或"视图"选项卡→"选项板"面板→"图层特性"按钮

② 操作格式。

命令：LAYER✓

系统打开图 2-19 所示的"图层特性管理器"对话框。

图 2-19　"图层特性管理器"对话框

③ 选项说明。

下面对上面对话框中出现的相关提示选项进行说明。

A．"新建特性过滤器"按钮：显示"图层过滤器特性"对话框，如图 2-20 所示。从中可以基于一个或多个图层特性创建图层过滤器。

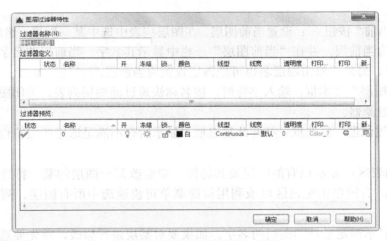

图 2-20　"图层过滤器特性"对话框

B．"新建组过滤器"按钮：创建一个图层过滤器，其中包含用户选定并添加到该过滤器的图层。

C．"图层状态管理器"按钮：显示"图层状态管理器"对话框，如图 2-21 所示。从中可以将图层的当前特性设置保存到命名图层状态中，以后可以再恢复这些设置。

D．"新建图层"按钮：建立新图层。单击此按钮，图层列表中出现一个新的图层名字"图层 1"，用户可使用此名字，也可改名字。要想同时产生多个图层，可选中一个图层名后，输入多个名字，各名字之间以逗号分隔。图层的名字可以包含字母、数字、空格和特殊符号，AutoCAD 2016 支持长达 255 个字符的图层名字。新的图层继承了建立新图层时所选中的已有图层的所有特性（颜色、线型、ON/OFF 状态等），如果新建图层时没有图层被选中，则新图层具有默认的设置。

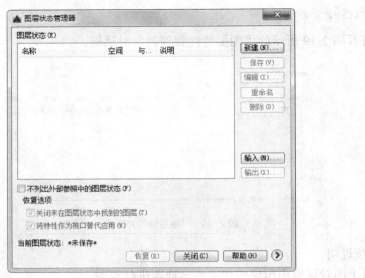

图 2-21　"图层状态管理器"对话框

E. "删除图层"按钮 ：删除所选层。在图层列表中选中某一图层，然后单击此按钮，则把该层删除。

F. "置为当前"按钮 ：设置当前图层。在图层列表中选中某一图层，然后单击此按钮，则把该层设置为当前层，并在"当前图层"一栏中显示其名字。当前层的名字存储在系统变量 CLAYER 中。另外，双击图层名也可把该层设置为当前层。

G. "搜索图层"文本框：输入字符时，按名称快速过滤图层列表。关闭图层特性管理器时并不保存此过滤器。

H. "反向过滤器"复选框：打开此复选框，显示所有不满足选定图层特性过滤器中条件的图层。

I. 图层列表区：显示已有的图层及其特性。要修改某一图层的某一特性，单击它所对应的图标即可。右键单击空白区域或利用快捷菜单可快速选中所有图层。列表区中各列含义如下。

● 名称：显示满足条件的图层的名字。如果要对某层进行修改，首先要选中该层，使其成可编辑状态，输入新的图层名称。

● 状态转换图标：在"图层特性管理器"窗口的名称栏分别有一列图标，移动指针到图标上单击，可以打开或关闭该图标所代表的功能，或从详细数据区中勾选或取消勾选关闭（ ／ ）、锁定（ ／ ）、在所有视口内冻结（ ／ ）及不打印（ ／ ）等项目，各图标功能说明如表 2-2 所示。

表 2-2　　　　　　　　　　　　　　图层列表区

图示	名称	功能说明
／	打开/关闭	将图层设定为打开或关闭状态，当呈现关闭状态时，该图层上的所有对象将隐藏不显示，只有打开状态的图层会在屏幕上显示或由打印机打印出来。因此，绘制复杂的视图时，先将不编辑的图层暂时关闭，可降低图形的复杂性。图 2-22 表示尺文字图层打开和关闭的情形

续表

图示	名称	功能说明
○/❋	解冻/冻结	将图层设定为解冻或冻结状态。当图层呈现冻结状态时，该图层上的对象均不会显示在屏幕或由打印机打出，而且不会执行重生（REGEN）、缩放（ROOM）、平移（PAN）等命令，因此若将视图中不编辑的图层暂时冻结，可加快执行绘图编辑的速度。而💡/💡（打开/关闭）功能只是单纯将对象隐藏，因此并不会加快执行速度
🔓/🔒	解锁/锁定	将图层设定为解锁或锁定状态。被锁定的图层，仍然显示在画面上，但不能以编辑命令修改被锁定的对象，只能绘制新的对象，如此可防止重要的图形被修改
🖨/🖨	打印/不打印	设定该图层是否可以打印图形
🔲/🔲	新视口冻结	在新布局视口中冻结选定图层。例如，在所有新视口中冻结 DIMENSIONS 图层，将在所有新创建的布局视口中限制该图层上的标注显示，但不会影响现有视口中的 DIMENSIONS 图层。如果以后创建了需要标注的视口，则可以通过更改当前视口设置来替代默认设置。

图 2-22　打开或关闭文字图层

● 颜色：显示和改变图层的颜色。如果要改变某一层的颜色，单击其对应的颜色图标，AutoCAD 2016 打开如图 2-23 所示的"选择颜色"对话框，用户可从中选取需要的颜色。

● 线型：显示和修改图层的线型。如果要修改某一层的线型，单击该层的"线型"项，打开"选择线型"对话框，如图 2-24 所示，其中列出了当前可用的线型，用户可从中选取。具体内容下节详细介绍。

图 2-23　"选择颜色"对话框

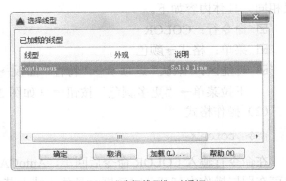

图 2-24　"选择线型"对话框

● 线宽：显示和修改图层的线宽。如果要修改某一层的线宽，单击该层的"线宽"项，打开"线宽"对话框，如图 2-25 所示，其中列出了 AutoCAD 设定的线宽，用户可从中选取。

● 打印样式：修改图层的打印样式，所谓打印样式是指打印图形时各项属性的设置。

（2）利用功能区设置图层

AutoCAD 提供了一个"特性"面板，如图 2-26 所示。用户能够控制和使用面板上的图标快速地察看和改变所选对象的图层、颜色、线型和线宽等特性。"特性"面板上的图层颜色、线型、线宽和打印样式的控制增强了察看和编辑对象属性的命令。在绘图屏幕上选择任何对象都将在面板上自动显示它所在图层、颜色、线型等属性。

图 2-25　"线宽"对话框

图 2-26　"特性"面板

2．颜色的设置

AutoCAD 绘制的图形对象都具有一定的颜色，为使绘制的图形清晰明了，可把同一类的图形对象用相同的颜色绘制，而使不同类的对象具有不同的颜色以示区分。为此，需要适当地对颜色进行设置。AutoCAD 允许用户为图层设置颜色，为新建的图形对象设置当前颜色，还可以改变已有图形对象的颜色。

（1）执行方式

"颜色"命令有 3 种不同的执行方式，这 3 种方式执行效果相同。具体内容如下。

☑ 命令行：COLOR
☑ 菜单：格式→颜色
☑ 功能区："默认"选项卡→"特性"面板→"对象颜色"下拉菜单→"更多颜色"按钮 ⬤ （如图 2-27 所示）

图 2-27　"对象颜色"下拉菜单

（2）操作格式

命令：COLOR✔

在命令行输入 COLOR 命令后回车，AutoCAD 打开图 2-23 所示的"选择颜色"对话框。也可在图层操作中打开此对话框，具体方法上节已讲述。

（3）选项说明

下面对上面对话框中出现的相关提示选项进行说明。

① "索引颜色"标签：打开此标签，可以在系统所提供的 255 色索引表中选择所需要的颜色，如图 2-28 所示。

② "真彩色"标签：打开此标签，可以选择需要的任意颜色，如图 2-29 所示。

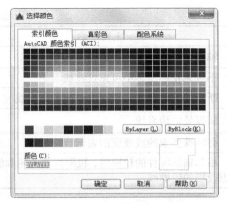

图 2-28 "索引颜色"标签

图 2-29 "真彩色"标签

在此标签的右边，有一个"颜色模式"下拉列表框，默认的颜色模式为 HSL 模式，即如图 2-29 所示的模式。如果选择 RGB 模式，则如图 2-30 所示。在该模式下选择颜色方式与 HSL 模式下类似。

③ "配色系统"标签：打开此标签，可以从标准配色系统（如 Pantone）中选择预定义的颜色，如图 2-31 所示。

图 2-30 RGB 模式

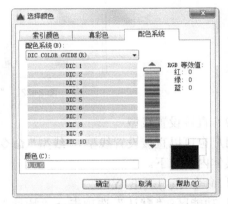

图 2-31 "配色系统"标签

3．图层的线型

在国家标准中，对机械图样中使用的各种图线的名称、线型、线宽以及在图样中的应用作了规定，如表 2-3 所示，其中常用的图线有 4 种，即粗实线、细实线、虚线和细点画线。图线分为粗、细两种，粗线的宽度 b 应按图样的大小和图形的复杂程度，粗线宽度一般为 0.5～2mm，细线的宽度约为 $b/2$。

表 2-3　　　　　　　　　　　　　　图线的型式及应用

图线名称	线型	线宽	主要用途
粗实线	————————	b	可见轮廓线，可见过渡线
细实线	————————	约 $b/2$	尺寸线、尺寸界线、剖面线、引出线、弯折线、牙底线、齿根线、辅助线等

续表

图线名称	线型	线宽	主要用途
细点画线	—— · —— · —— · ——	约 $b/2$	轴线、对称中心线、齿轮节线等
虚线	—— —— —— ——	约 $b/2$	不可见轮廓线、不可见过渡线
波浪线	～～～～～	约 $b/2$	断裂处的边界线、剖视与视图的分界线
双折线	⌇⌇⌇	约 $b/2$	断裂处的边界线
粗点画线	▬▬ ▬ ▬▬	b	有特殊要求的线或面的表示线
双点画线	—— ·· —— ·· ——	约 $b/2$	相邻辅助零件的轮廓线、极限位置的轮廓线、假想投影的轮廓线

（1）在"图层特性管理器"中设置线型

按照上节讲述的方法，打开"图层特性管理器"对话框，如图 2-32 所示。在图层列表的线型项下单击线型名，系统打开"选择线型"对话框，如图 2-33 所示。

图 2-32　"选择线型"对话框

（2）直接设置线型

用户也可以直接设置线型。"线型"命令有两种不同的执行方式，这两种方式执行效果相同。具体内容如下。

☑ 命令行：LINETYPE
☑ 功能区："默认"选项卡→"特性"面板→"线型"下拉菜单→"其他"按钮（如图 2-34 所示）

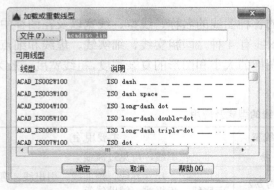

图 2-33　"加载或重载线型"对话框

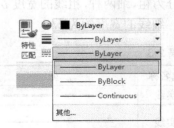

图 2-34　"线型"下拉菜单

执行上述命令后，系统打开"线型管理器"对话框，如图 2-35 所示。该对话框与前面讲述的相关知识相同，不再赘述。

图 2-35 "线型管理器"对话框

2.2.3 案例实施

本例新建实线层和虚线层两个图层。

实线层：颜色黑色、线型 Continuous、线宽为 0.25，其他默认；

虚线层：颜色红色、线型 ACAD_ISO02W100、线宽为 0.25，其他默认。

案例实施的具体方法如下。

① 单击"默认"选项卡"图层"面板中的"图层特性"按钮，打开"图层特性管理器"对话框。

② 单击"新建图层"按钮，创建一个新层，把该层的名字由默认的"图层 1"改为"实线"，如图 2-36 所示。

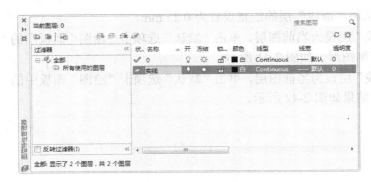

图 2-36 更改图层名

③ 单击"实线"层对应的"线宽"项，打开"线宽"对话框，选择 0.25mm 线宽，如图 2-37 所示，确认后退出。

④ 再次单击"新建图层"按钮，创建一个新层，把该层的名字命名为"虚线"。

⑤ 单击"虚线"层对应的"颜色"项，打开"选择颜色"对话框，选择红色为该层颜色，如图 2-38 所示，确认后返回"图层特性管理器"对话框。

图 2-37　选择线宽

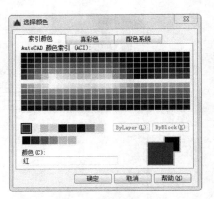

图 2-38　选择颜色

⑥ 单击"虚线"层对应"线型"项，打开"选择线型"对话框，如图 2-39 所示。

⑦ 在"选择线型"对话框中，单击"加载"按钮，系统打开"加载或重载线型"对话框，选择 ACAD_ISO02W100 线型，如图 2-40 所示。确认退出。

图 2-39　选择线型

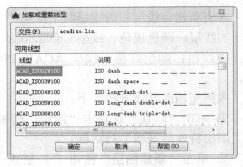

图 2-40　加载新线型

⑧ 同样方法将"虚线"层的线宽设置为 0.25 mm。

⑨ 将"实线"层设为当前图层，单击"默认"选项卡"绘图"面板中的"直线"按钮 ∕，绘制手动开关左侧图形，如图 2-41 所示。

⑩ 将"虚线"层设为当前图层，单击"默认"选项卡"绘图"面板中的"直线"按钮 ∕，绘制水平虚线，结果如图 2-42 所示。

图 2-41　左侧图形

图 2-42　绘制虚线

2.2.4 拓展知识

国家标准 GB/T18135—2008《电气工程 CAD 制图规则》中对图线的规定如下。

① 线宽。根据用途，图线宽度宜从下列线宽中选用：0.18，0.25，0.35，0.5，0.7，1.0，1.4，1.0，单位：mm。

图形对象的线宽尽量不多于 2 种，每种线宽间的比值应不小于 2。

② 图线间距。平行线（包括画阴影线）之间的最小距离不小于粗线宽度的两倍，建议不小于 0.7mm。

③ 图线型式。根据不同的结构含义，采用不同的线型，具体要求请参阅表 2-4。

④ 线型比例。线型比例 k 与印制比例宜保持适当关系，当印制比例为 $1:n$ 时，在确定线宽库文件后，线型比例可取 $k*n$。

表 2-4　　　　　图线型式

图线名称	图形形式	图线应用	图线名称	图形形式	图线应用
粗实线	▬▬▬	电器线路，一次线路	点划线	—·—·—	控制线，信号线，围框图
细实线	———	二次线路，一般线路	点划线，双点划线	—··—··—	原轮廓线
虚　线	-------	屏蔽线，机械连线	双点划线	—··—··—	辅助围框线，36V 以下线路

2.2.5 上机操作

绘制图 2-43 所示的励磁发电机符号。

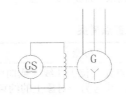

图 2-43　励磁发电机符号

绘制励磁发电机符号

1．目的要求

本上机案例练习的命令主要是"图层"命令，复习使用基本绘图工具。

2．操作提示

① 利用"图层"命令，创建"实线""虚线"和"文字"图层。

② 利用"直线""圆""多段线"命令绘制图形的大体轮廓。

③ 利用"文字"命令在"文字"图层上标注文字。

2.3 几何约束功能应用——绘制带磁芯的电感器符号

在绘制电气图形时，有些图线之间有一定对应几何关系，比如相切、垂直、平行等，为了再绘图时严格保持这种对应的几何关系，AutoCAD 提供了几何约束功能。

2.3.1 案例分析

本案例将通过电感符号的绘制过程来熟悉"几何约束"功能的使用方法。这里利用"圆弧""直线"命令分别绘制圆弧和两段直线，再利用"相切"约束命令使直线与圆弧相切，最后绘制代表磁芯的直线。绘制流程如图 2-44 所示。

图 2-44 带磁芯的电感器符号绘制流程图

2.3.2 相关知识

本案例主要应用 AutoCAD 中的"几何约束"等精确绘图辅助功能，关于这些功能的相关知识如下。

1. 建立几何约束

使用几何约束，可以指定草图对象必须遵守的条件，或是草图对象之间必须维持的关系。几何约束面板及工具栏（面板在"参数化"选项卡中的"几何"面板，如图 2-45 所示，其主要几何约束选项功能如表 2-5 所示。

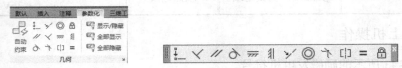

图 2-45 "几何约束"面板及工具栏

表 2-5　　　　　　　　　　　　　　　特殊位置点捕捉

约束模式	功能
重合	约束两个点使其重合，或者约束一个点使其位于曲线（或曲线的延长线）上。可以使对象上的约束点与某个对象重合，也可以使其与另一对象上的约束点重合
共线	使两条或多条直线段沿同一直线方向
同心	将两个圆弧、圆或椭圆约束到同一个中心点。结果与将重合约束应用于曲线的中心点所产生的结果相同
固定	将几何约束应用于一对对象时，选择对象的顺序以及选择每个对象的点可能会影响对象彼此间的放置方式
平行	使选定的直线位于彼此平行的位置。平行约束在两个对象之间应用
垂直	使选定的直线位于彼此垂直的位置。垂直约束在两个对象之间应用
水平	使直线或点对位于与当前坐标系的 X 轴平行的位置。默认选择类型为对象
竖直	使直线或点对位于与当前坐标系的 Y 轴平行的位置
相切	将两条曲线约束为保持彼此相切或其延长线保持彼此相切。相切约束在两个对象之间应用
平滑	将样条曲线约束为连续，并与其他样条曲线、直线、圆弧或多段线保持 G2 连续性
对称	使选定对象受对称约束，相对于选定直线对称
相等	将选定圆弧和圆的尺寸重新调整为半径相同，或将选定直线的尺寸重新调整为长度相同

绘图中可指定二维对象或对象上的点之间的几何约束。之后编辑受约束的几何图形时，将保留约束。因此，通过使用几何约束，可以在图形中包括设计要求。

2．几何约束设置

在用 AutoCAD 绘图时，可以控制约束栏的显示，使用"约束设置"对话框，可控制约束栏上显示或隐藏的几何约束类型。单独或全局显示/隐藏几何约束和约束栏。可执行以下操作。

- 显示（或隐藏）所有的几何约束
- 显示（或隐藏）指定类型的几何约束
- 显示（或隐藏）所有与选定对象相关的几何约束

（1）执行方式

"约束设置"命令有 5 种不同的执行方式，这 5 种方式执行效果相同。具体内容如下。

☑ 命令行：CONSTRAINTSETTINGS

☑ 菜单：参数→约束设置

☑ 工具栏：参数化→约束设置

☑ 功能区："参数化"选项卡→"几何"面板→"约束设置　几何"按钮

☑ 快捷键：CSETTINGS

（2）操作格式

```
命令：CONSTRAINTSETTINGS✓
```

系统打开"约束设置"对话框，在该对话框中，单击"几何"标签打开"几何"选项卡，如图 2-46 所示。利用此对话框可以控制约束栏上约束类型的显示。

① "约束栏显示设置"选项组：此选项组控制图形编辑器中是否为对象显示约束栏或约束点标记。例如，可以为水平约束和竖直约束隐藏约束栏的显示。

② "全部选择"按钮：选择几何约束类型。

③ "全部清除"按钮：清除选定的几何约束类型。

④ "仅为处于当前平面中的对象显示约束栏"复选框：选中此复选框，仅为当前平面上受几何约束的对象显示约束栏。

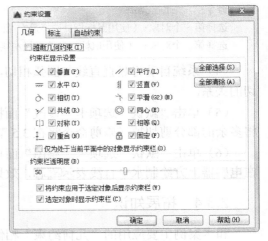

图 2-46　"约束设置"对话框

⑤ "约束栏透明度"选项组：设置图形中约束栏的透明度。

⑥ "将约束应用于选定对象后显示约束栏"复选框：手动应用约束后或使用 AUTOCONSTRAIN 命令时显示相关约束栏。

2.3.3　案例实施

（1）单击"默认"选项卡"绘图"面板中的"圆弧"按钮 ，绘制半

绘制带磁芯的
电感器符号

径为 10mm 的半圆弧。命令行中的提示与操作如下。

```
命令: _arc
指定圆弧的起点或 [圆心(C)]:（指定一点作为圆弧起点）
指定圆弧的第二个点或 [圆心(C)/端点(E)]: e✓（采用端点方式绘制圆弧）
指定圆弧的端点: @-20,0✓（指定圆弧的第二个端点，采用相对方式输入点的坐标值）
指定圆弧的中心点(按住 Ctrl 键以切换方向)或 [角度(A)/方向(D)/半径(R)]: r✓
指定圆弧的半径(按住 Ctrl 键以切换方向): 10✓（指定圆弧半径）
```

相同方法绘制另外三段相同的圆弧，每段圆弧的起点为上一段圆弧的终点，如图 2-47 所示。

（2）单击"默认"选项卡"绘图"面板中的"直线"按钮 ╱，打开"正交模式" ⌐，绘制竖直向下的电感两端引线，如图 2-48 所示。

图 2-47　绕组图

图 2-48　绘制引线

（3）单击"参数化"选项卡"几何"面板中的"相切"按钮 ⌒，使直线与圆弧相切，命令行提示与操作如下。

```
命令: _GcTangent
选择第一个对象:（使用鼠标指针选择最左端圆弧）
选择第二个对象:（使用鼠标指针选择最左端竖直直线）
```

（4）系统自动将竖直直线与圆弧相切，同样的方式建立右端相切的关系。

（5）单击"默认"选项卡"修改"面板中的"修剪"按钮 ⌁，将多余的部分剪切掉（修剪命令将在 3.5 节中详细讲到）。

（6）单击"默认"选项卡"绘图"面板中的"直线"按钮 ╱，在电感器上方绘制水平直线表示磁芯，效果如图 2-49 所示。

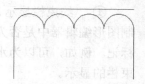

图 2-49　绘制水平直线

2.3.4　拓展知识

和本案例主要应用的"几何约束"相似的精确绘图辅助功能，还有"尺寸约束"功能，下面进行简要介绍。

1. 建立尺寸约束

建立尺寸约束是限制图形几何对象的大小，也就是与在草图上标注尺寸相似，同样设置尺寸标注线，与此同时在建立相应的表达式，不同的是可以在后续的编辑工作中实现尺寸的参数化驱动。标注约束面板及工具栏（面板在"参数化"选项卡内的"标注"面板中）如图 2-50 所示。

在生成尺寸约束时，用户可以选择草图曲线、边、基准平面或基准轴上的点，以生成水平、竖直、平行、垂直和角度尺寸。

图 2-50 "标注约束"面板及工具栏

生成尺寸约束时，系统会生成一个表达式，其名称和值显示在一弹出的对话框文本区域中。

生成尺寸约束时，只要选中了几何体，其尺寸及其延伸线和箭头就会全部显示出来。将尺寸拖动到位单击。完成尺寸约束后，用户还可以随时更改尺寸约束。只需在图形区选中该值双击，然后可以使用生成过程所采用的同一方式，编辑其名称、值或位置。

2. 尺寸约束设置

在用 AutoCAD 绘图时，可以控制约束栏的显示，使用"约束设置"对话框内的"标注"选项卡，可控制显示标注约束时的系统配置。标注约束控制设计的大小和比例。它们可以约束以下内容。

- 对象之间或对象上的点之间的距离。
- 对象之间或对象上的点之间的角度。

（1）执行方式

执行方式同集合约束设置。

（2）操作格式

命令：CONSTRAINTSETTINGS✓

系统打开"约束设置"对话框，在该对话框中，单击"标注"标签打开"标注"选项卡，如图 2-51 所示。利用此对话框可以控制约束栏上约束类型的显示。

（3）选项说明

下面对上面对话框中出现的相关提示选项进行说明。

① "显示所有动态约束"复选框：默认情况下显示所有动态标注约束。

② "标注约束格式"选项组：该选项组内可以设置标注名称格式和锁定图标的显示。

③ "标注名称格式"下拉框：为应用标注约束时显示的文字指定格式。将名称格式设置为显示：名称、值或名称和表达式。例如：宽度=长度/2

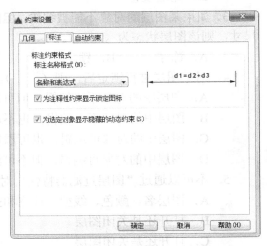

图 2-51 "约束设置"对话框

④ "为注释性约束显示锁定图标"复选框：针对已应用注释性约束的对象显示锁定图标。

⑤ "为选定对象显示隐藏的动态约束"显示选定时已设置为隐藏的动态约束。

2.3.5 上机操作

绘制图 2-52 所示的电感符号。

图 2-52　电感符号

绘制电感符号

1．目的要求

本上机案例练习的命令主要是"几何约束"命令，复习使用基本绘图工具。

2．操作提示

① 利用"直线"和"多段线"命令，绘制图形。

② 利用"相切"几何约束命令对圆弧和直线添加相切约束。

自测题

1．在设置电路图图层线宽时，可能是下面选项中的哪种？（　　　）

    A．0.15　　　　B．0.01　　　　　　C．0.33　　　　　　　D．0.09

2．当捕捉设定的间距与栅格所设定的间距不同时，（　　　）。

    A．捕捉仍然只按栅格进行

    B．捕捉时按照捕捉间距进行

    C．捕捉既按栅格，又按捕捉间距进行

    D．无法设置

3．如果某图层的对象不能被编辑，但能在屏幕上可见，且能捕捉该对象的特殊点和标注尺寸，则该图层状态为（　　　）。

    A．冻结　　　　B．锁定　　　　　　C．隐藏　　　　　　　D．块

4．对某图层进行锁定后，则（　　　）。

    A．图层中的对象不可编辑，但可添加对象

    B．图层中的对象不可编辑，也不可添加对象

    C．图层中的对象可编辑，也可添加对象

    D．图层中的对象可编辑，但不可添加对象

5．不可以通过"图层过滤器特性"对话框中过滤的特性是（　　　）。

    A．图层名、颜色、线型、线宽和打印样式

    B．打开还是关闭图层

    C．打开还是关闭图层

    D．图层是 Bylayer 还是 ByBlock

6．默认状态下，若对象捕捉关闭，命令执行过程中，按住下列哪个组合键，可以实现对象捕捉？（　　　）。

    A．Shift+V　　B．Shift+A　　　　C．Shift+S　　　　　　D．Alt+Q

7．下列关于被固定约束的圆心的圆说法错误的是？（　　　）

    A．可以移动圆　　　　　　　　　　B．可以放大圆

　　C．可以偏移圆　　　　　　　　　　D．可以复制圆

　　8．对"极轴追踪"进行设置，把增量角设为30°，把附加角设为10°，采用极轴追踪时，不会显示极轴对齐的是（　　）。

　　A．10　　　　　　B．30　　　　　　C．40　　　　　　D．60

　　9．绘制图2-53所示的密闭插座符号。

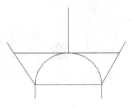

图2-53　密闭插座

第 第 篇 第 章 绘制图图面图及绘图工具 | 103

C. 用以格选图

B. 可以复制图

8. 在绘制图形时，可以用直线、快捷命令 按Ctrl 键的同时，拖动选择对象，来制造出图像
的不会产生文字的下方的其。（ ）

A. 5   B. 30   C. 40   D. 60

9. 如图 3-23 所示，图示图的第图下图形而示。

第 3 章　绘制复杂电气图形符号

　　二维图形编辑命令是在已经绘制图线的基础上，经过一些修改，进一步完成复杂图形对象的绘制工作。这些命令可使用户合理安排和组织图形，保证作图准确，减少重复，因此，对编辑命令的熟练掌握和使用有助于提高设计和绘图的效率。

　　在前面的章节中，读者学习了利用 AutoCAD 绘制简单电气图形符号的基本方法以及对应的 AutoCAD 命令的使用技巧。对于那些相对复杂的电气图形符号，前面所学的知识就不足以解决问题了，本章则要帮助读者利用二维图形编辑命令来解决这些问题。

能力目标

➢ 掌握复制类命令
➢ 熟悉改变位置类命令
➢ 掌握改变几何特性类命令
➢ 熟练绘制各种复杂电气图形符号

课时安排

8 课时（讲课 4 课时，练习 4 课时）

3.1　镜像功能应用——绘制三极管符号

　　在绘制电气符号时，如果图形中出现了对称的图线需要绘制，可以利用"镜像"命令来迅速完成。"镜像"命令是一种最简单的编辑命令，镜像对象是指把选择的对象围绕一条镜像线作对称复制。镜像操作完成后，可以保留原对象也可以将其删除。

3.1.1　案例分析

　　本案例利用"直线"命令绘制隔层，基极和集电极，再利用"镜像"命令创建另一侧的斜直线，最后利用"直线"命令绘制箭头，绘制流程图如图 3-1 所示。

图 3-1　三极管绘制流程图

3.1.2 相关知识

本案例主要应用 AutoCAD 中的"镜像"命令，关于该命令的相关知识如下。

镜像对象是指把选择的对象围绕一条镜像线作对称复制。镜像操作完成后，可以保留原对象也可以将其删除。

1. 执行方式

"镜像"命令有 4 种不同的执行方式，这 4 种方式执行效果相同。具体内容如下。

☑ 命令行：MIRROR

☑ 菜单：修改→镜像

☑ 工具栏：修改→镜像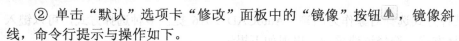

☑ 功能区："默认"选项卡→"修改"面板→"镜像"按钮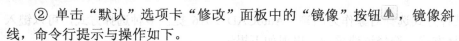

2. 操作格式

```
命令：MIRROR↵
选择对象：（选择要镜像的对象）
指定镜像线的第一点：（指定镜像线的第一个点）
指定镜像线的第二点：（指定镜像线的第二个点）
要删除源对象吗？[是(Y)/否(N)] <否>：（确定是否删除原对象）
```

这两点确定一条镜像线，被选择的对象以该线为对称轴进行镜像。包含该线的镜像平面与用户坐标系统的 **XY** 平面垂直，即镜像操作工作在与用户坐标系统的 **XY** 平面平行的平面上。

3.1.3 案例实施

① 单击"默认"选项卡"绘图"面板中的"直线"按钮，绘制隔层，基极和集电极，如图 3-2 所示。

绘制三极管符号

② 单击"默认"选项卡"修改"面板中的"镜像"按钮 ，镜像斜线，命令行提示与操作如下。

```
命令：_mirror
选择对象：（选择斜线）
选择对象：↵
指定镜像线的第一点：（选择竖直直线上端点）
指定镜像线的第二点：（选择竖直直线下端点）
要删除源对象吗？[是(Y)/否(N)] <否>：↵
```

③ 单击"默认"选项卡"绘图"面板中的"直线"按钮，绘制箭头，结果如图 3-3 所示。

图 3-2 绘制三极管第一步

图 3-3 绘制箭头

3.1.4 拓展知识

AutoCAD 2016 提供两种途径编辑图形。

① 先执行编辑命令，然后选择要编辑的对象。

② 先选择要编辑的对象，然后执行编辑命令。

这两种途径的执行效果是相同的。但选择对象是进行编辑的前提。AutoCAD 提供了多种对象选择方法，如点取方法、用选择窗口选择对象、用选择线选择对象、用对话框选择对象和用套索选择工具选择对象等。

AutoCAD 2016 可以把选择的多个对象组成整体，如选择集和对象组，进行整体编辑与修改。

选择集可以仅由一个图形对象构成，也可以是一个复杂的对象组，如位于某一特定层上具有某种特定颜色的一组对象。选择集的构造可以在调用编辑命令之前或之后。

AutoCAD 2016 提供以下 4 种方法构造选择集。

① 先选择一个编辑命令，然后选择对象，用 Enter 键结束操作。

② 使用 SELECT 命令。在命令提示行输入 SELECT，然后根据选择选项后，出现提示选择对象，按 Enter 键结束。

③ 用点取设备选择对象，然后调用编辑命令。

④ 定义对象组。

无论使用哪种方法，AutoCAD 2016 都将提示用户选择对象，并且光标的形状由十字光标变为拾取框。此时，可以用下面介绍的方法选择对象。

下面结合 SELECT 命令说明选择对象的方法。

SELECT 命令可以单独使用，也可以在执行其他编辑命令时被自动调用。此时屏幕提示如下。

选择对象：

等待用户以某种方式选择对象作为回答。AutoCAD 2016 提供多种选择方式，可以键入"？"查看这些选择方式。选择该选项后，出现如下提示。

需要点或窗口(W)/上一个(L)/窗交(C)/框(BOX)/全部(ALL)/栏选(F)/圈围(WP)/圈交(CP)/编组(G)/添加(A)/删除(R)/多个(M)/前一个(P)/放弃(U)/自动(AU)/单个(SI)/子对象(SU)/对象(O)

选择对象：

部分选项含义如下。

① 窗口（W）：用由两个对角顶点确定的矩形窗口选取位于其范围内部的所有图形，与边界相交的对象不会被选中。指定对角顶点时应该按照从左向右的顺序，如图 3-4 所示。

② 窗交（C）：该方式与上述"窗口"方式类似，区别在于：它不但选择矩形窗口内部的对象，也选中与矩形窗口边界相交的对象。选择的对象如图 3-5 所示。

③ 框（BOX）：使用时，系统根据用户在屏幕上给出的两个对角点的位置而自动引用"窗口"或"窗交"选择方式。若从左向右指定对角点，为"窗口"方式；反之，为"窗交"方式。

④ 栏选（F）：用户临时绘制一些直线，这些直线不必构成封闭图形，凡是与这些直线相交的对象均被选中。执行结果如图 3-6 所示。

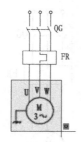
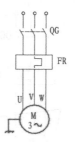

（a）图中阴影覆盖为选择框　　　　　　　（b）选择后的图形

图 3-4　窗口对象选择方式

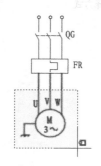
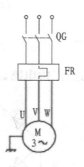

（a）图中箭头所指为选择框　　　　　　　（b）选择后的图形

图 3-5　"窗交"对象选择方式

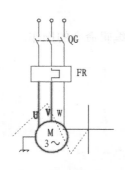
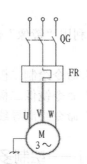

（a）图中虚线为选择栏　　　　　　　（b）选择后的图形

图 3-6　"栏选"对象选择方式

⑤ 圈围（WP）：使用一个不规则的多边形来选择对象。根据提示，用户顺次输入构成多边形所有顶点的坐标，直到最后用回车作出空回答结束操作，系统将自动连接第一个顶点与最后一个顶点形成封闭的多边形。凡是被多边形围住的对象均被选中（不包括边界）。执行结果如图 3-7 所示。

⑥ 添加（A）：添加下一个对象到选择集。也可用于从移走模式（Remove）到选择模式的切换。

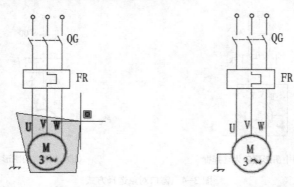

（a）图中箭头所指十字线所拉出多边形为选择框　　　（b）选择后的图形

图 3-7　"圈围"对象选择方式

3.1.5　上机操作

绘制图 3-8 所示的整流桥电路。

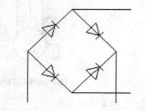

图 3-8　动断（常闭）触点符号

绘制整流桥电路

1．目的要求
本上机案例主要利用"镜像"命令，熟练掌握编辑命令的操作。

2．操作提示
① 利用"直线"命令绘制二极管。
② 利用"镜像"命令镜像二极管。
③ 利用"直线"命令绘制导线。

3.2　阵列功能应用——绘制多级插头插座

在绘制电气符号时，如果图形中出现了图线需要多重复制，可以利用"阵列"命令来迅速完成。建立阵列是指多重复制选择的对象并把这些副本按矩形、环形或者沿路径排列。把副本按矩形排列称为建立矩形阵列，把副本按环形排列称为建立极阵列。建立极阵列时，应该控制复制对象的次数和对象是否被旋转；建立矩形阵列时，应该控制行和列的数量以及对象副本之间的距离。

AutoCAD 2016 提供 ARRAY 命令建立阵列。用该命令可以建立矩形阵列、极阵列（环形）和路径阵列。

3.2.1 案例分析

本案例利用圆弧、图案填充、矩形阵列和修剪命令绘制多级插头插座，绘制流程如图 3-9 所示。

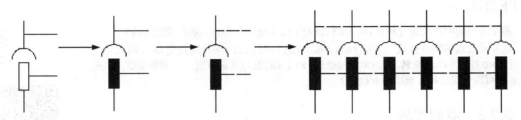

图 3-9 绘制多级插头插座流程图

3.2.2 相关知识

本案例主要应用 AutoCAD 中的"阵列"命令，关于该命令的相关知识如下。

建立阵列是指多重复制选择的对象并把这些副本按矩形、路径或环形排列。把副本按矩形排列称为建立矩形阵列，把副本按路径排列称为建立路径阵列，把副本按环形排列称为建立极阵列。建立极阵列时，应该控制复制对象的次数和对象是否被旋转；建立矩形阵列时，应该控制行和列的数量以及对象副本之间的距离。

1．执行方式

"阵列"命令有 4 种不同的执行方式，这 4 种方式执行效果相同。具体内容如下。

- ☑ 命令行：ARRAY
- ☑ 菜单：修改→阵列→矩形阵列/路径阵列/环形阵列
- ☑ 工具栏：修改→矩形阵列▦/路径阵列⟋/环形阵列⟡
- ☑ 功能区："默认"选项卡→"修改"面板→"矩形阵列"按钮▦/

"路径阵列"按钮⟋/"环形阵列"按钮⟡（如图 3-10 所示）　图 3-10　"修改"面板 2

2．操作格式

命令：ARRAY↵
选择对象：（使用对象选择方法）
输入阵列类型 [矩形（R）/路径（PA）/极轴（PO）]<矩形>：

3．选项说明

下面对上面命令行中出现的相关提示选项进行说明。

① 矩形（R）：将选定对象的副本分布到行数、列数和层数的任意组合。选择该选项后出现如下提示。

选择夹点以编辑阵列或 [关联(AS)/基点(B)/计数(COU)/间距(S)/列数(COL)/行数(R)/层数(L)/退出(X)] <退出>：（通过夹点，调整阵列间距，列数，行数和层数；也可以分别选择各选项输入数值）

② 路径（PA）：沿路径或部分路径均匀分布选定对象的副本。选择该选项后出现如下提示。

选择路径曲线：（选择一条曲线作为阵列路径）

选择夹点以编辑阵列或 ［关联(AS)/方法(M)/基点(B)/切向(T)/项目(I)/行(R)/层(L)/对齐项目(A)/Z 方向(Z)/退出(X)］ <退出>：（通过夹点，调整阵行数和层数；也可以分别选择各选项输入数值）

③ 极轴（PO）：在绕中心点或旋转轴的环形阵列中均匀分布对象副本。选择该选项后出现如下提示。

指定阵列的中心点或 ［基点(B)/旋转轴(A)］：（选择中心点、基点或旋转轴）

选择夹点以编辑阵列或 ［关联(AS)/基点(B)/项目(I)/项目间角度(A)/填充角度(F)/行(ROW)/层(L)/旋转项目(ROT)/退出(X)］ <退出>：（通过夹点，调整角度，填充角度；也可以分别选择各选项输入数值）

绘制多级插头插座

3.2.3　案例实施

① 单击"默认"选项卡"绘图"面板中的"圆弧"按钮、"直线"按钮、"矩形"按钮□等，绘制图 3-11 所示的图形。

提示　　利用"正交""对象捕捉"和"对象追踪"等工具准确绘制图线，应保持相应端点对齐。

② 单击"默认"选项卡"图层"面板中的"图案填充"按钮，打开"图案填充创建"选项卡，选择"solid"图案对矩形进行填充，如图 3-12 所示。

③ 参照前面的方法将两条水平直线的线型改为虚线，如图 3-13 所示。

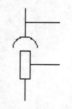 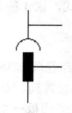 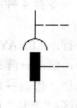

图 3-11　初步绘制图线　　　　图 3-12　图案填充　　　　图 3-13　修改线型

④ 单击"默认"选项卡"修改"面板中的"矩形阵列"按钮，阵列插头和插座。命令行提示与操作如下。

```
命令：_arrayrect
选择对象：拾取图 3-13 中的图形
选择对象：
类型 = 矩形　关联 = 否
选择夹点以编辑阵列或 ［关联(AS)/基点(B)/计数(COU)/间距(S)/列数(COL)/行数(R)/层数(L)/退出(X)］ <退出>：col
输入列数数或 ［表达式(E)］ <4>：6
指定 列数 之间的距离或 ［总计(T)/表达式(E)］ <600>：指定上面水平虚线的左端点到上面水平虚线的右端点为阵列间距，如图 3-14 所示。
选择夹点以编辑阵列或 ［关联(AS)/基点(B)/计数(COU)/间距(S)/列数(COL)/行数(R)/层数(L)/退出(X)］ <退出>：r
输入行数数或 ［表达式(E)］ <3>：1
```

指定 行数 之间的距离或 [总计(T)/表达式(E)] <150>:
指定 行数 之间的标高增量或 [表达式(E)] <0>:
选择夹点以编辑阵列或 [关联(AS)/基点(B)/计数(COU)/间距(S)/列数(COL)/行数(R)/层数(L)/退出(X)] <退出>:

⑤ 单击"默认"选项卡"修改"面板中的"删除"按钮 ，将
阵列后图形最右边的两条水平虚线删掉（如图 3-4 所示），最终结果
如图 3-9 所示。

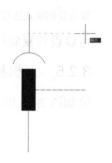

图 3-14　指定偏移距离

3.2.4　拓展知识

"复制"命令与"阵列"命令功能相类似，下面简要介绍。

1. 执行方式

"复制"命令有 4 种不同的执行方式，这 4 种方式执行效果相同。
具体内容如下。

- ☑ 命令行：COPY
- ☑ 菜单：修改→复制
- ☑ 工具栏：修改→复制 ⁀
- ☑ 功能区："默认"选项卡→"修改"面板→"复制"按钮 ⁀

快捷菜单：选择要复制的对象，在绘图区域右键单击鼠标，从打开的快捷菜单上选择"复
制选择"。

2. 操作格式

命令：COPY↵
选择对象：（选择要复制的对象）

用前面介绍的对象选择方法选择一个或多个对象，按 Enter 键结束选择操作。系统继续
提示以下内容。

当前设置：复制模式 = 多个
指定基点或 [位移(D)/模式(O)] <位移>：（指定基点或位移）

3. 选项说明

下面对上面命令行中出现的相关提示选项进行说明。

① 指定基点：指定一个坐标点后，AutoCAD 把该点作为复制对象的基点，并提示以下
内容。

指定第二个点或 [阵列(A)]<使用第一个点作为位移>：
指定第二个点后，系统将根据这两点确定的位移矢量把选择的对象复制到第二点处。如果此时直接回车，即
选择默认的"用第一个点作位移"，则第一个点被当作相对于 X、Y、Z 的位移。例如，如果指定基点为 2，3 并在下
一个提示下按 Enter 键，则该对象从它当前的位置开始在 X 方向上移动 2 个单位，在 Y 方向上移动 3 个单位。

复制完成后，系统会继续提示以下内容。

指定第二个点或 [阵列(A)/退出(E)/放弃(U)] <退出>：
这时，可以不断指定新的第二点，从而实现多重复制。

② 位移：直接输入位移值，表示以选择对象时的拾取点为基准，以拾取点坐标为移动

方向纵横比移动指定位移后确定的点为基点。例如，选择对象时拾取点坐标为（2，3），输入位移为5，则表示以（2，3）点为基准，沿纵横比为3：2的方向移动5个单位所确定的点为基点。

③ 模式：控制是否自动重复该命令。选择该项后，系统提示如下。

> 输入复制模式选项 [单个(S)/多个(M)] <当前>：

可以设置复制模式是单个或多个。

3.2.5 上机操作

绘制图3-15所示的点火分离器。

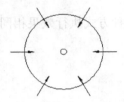

绘制点火分离器

图3-15 点火分离器

1．目的要求

本上机案例主要利用"环形阵列"命令，熟练掌握编辑命令的操作。

2．操作提示

① 利用"圆"命令绘制两个同心圆。

② 利用"多段线"和"直线"命令绘制箭头。

③ 利用"环形阵列"命令阵列箭头。

3.3 偏移功能应用——绘制防水防尘灯

在绘制电气符号时，如果图形中出现了形状相同的图线需要绘制，可以利用"偏移"命令来迅速完成。偏移对象是指保持选择的对象的形状，在不同的位置以不同的尺寸大小新建一个对象。

3.3.1 案例分析

本案例利用圆、偏移、环形阵列和图案填充命令绘制防水防尘灯，绘制流程如图3-16所示。

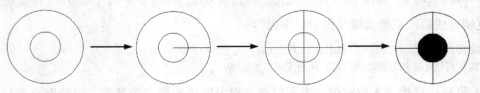

图3-16 绘制防水防尘灯流程图

3.3.2　相关知识

本案例主要应用 AutoCAD 中的"偏移"命令，关于该命令的相关知识如下。

偏移对象是指保持选择的对象的形状、在不同的位置以不同的尺寸大小新建一个对象。

1．执行方式

"偏移"命令有 4 种不同的执行方式，这 4 种方式执行效果相同。具体内容如下。

- ☑ 命令行：OFFSET
- ☑ 菜单：修改→偏移
- ☑ 工具栏：修改→偏移 ⬚
- ☑ 功能区："默认"选项卡→"修改"面板→"偏移"按钮 ⬚

2．操作格式

```
命令： OFFSET↙
当前设置：删除源=否　图层=源　OFFSETGAPTYPE=0
指定偏移距离或 [通过(T)/删除(E)/图层(L)] <通过>：（指定距离植）
选择要偏移的对象，或 [退出(E)/放弃(U)] <退出>：（选择要偏移的对象。按Enter键会结束操作）
指定要偏移的那一侧上的点，或 [退出(E)/多个(M)/放弃(U)] <退出>：（指定偏移方向）
```

3．选项说明

下面对上面命令行中出现的相关提示选项进行说明。

① 指定偏移距离：输入一个距离值，或回车使用当前的距离值，系统把该距离值作为偏移距离，如图 3-17 所示。

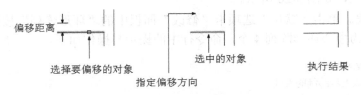

图 3-17　指定距离偏移对象

② 通过（T）：指定偏移的通过点。选择该选项后出现如下提示。

```
选择要偏移的对象，或 [退出(E)/放弃(U)] <退出>：（选择要偏移的对象。回车会结束操作）
指定通过点或 [退出(E)/多个(M)/放弃(U)] <退出>：（指定偏移对象的一个通过点）
```

操作完毕后系统根据指定的通过点绘出偏移对象，如图 3-18 所示。

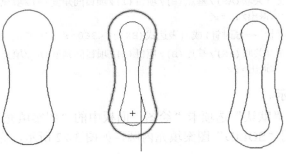

图 3-18　指定通过点偏移对象

③ 图层：确定将偏移对象创建在当前图层上还是源对象所在的图层上。选择该选项后出现如下提示：

输入偏移对象的图层选项 [当前(C)/源(S)] <源>：

操作完毕后系统根据指定的图层绘出偏移对象。

3.3.3 案例实施

① 绘制圆。单击"默认"选项卡"绘图"面板中的"圆"按钮 ⊙，绘制半径为 2.5mm 的圆。

② 偏移圆。单击"默认"选项卡"修改"面板中的"偏移"按钮 ⊕，将上一步绘制的圆向内进行偏移，命令行中的提示与操作如下。

绘制防水防尘灯

```
命令：_offset
当前设置：删除源=否 图层=源 OFFSETGAPTYPE=0
指定偏移距离或 [通过(T)/删除(E)/图层(L)] <通过>：（任意指定圆上一点）
指定第二点：（在圆内指定距离确定一点）
选择要偏移的对象，或 [退出(E)/放弃(U)] <退出>：（选择圆图形）
指定要偏移的那一侧上的点，或 [退出(E)/多个(M)/放弃(U)] <退出>：（在圆内指定一点）
选择要偏移的对象，或 [退出(E)/放弃(U)] <退出>：✓
```

结果如图 3-19 所示。

③ 绘制直线。单击"默认"选项卡"绘图"面板中的"直线"按钮 ∕，以圆心为起点水平向右绘制半径，如图 3-20 所示。

④ 阵列直线。单击"默认"选项卡"修改"面板中的"环形阵列"按钮 ⬚⬚⬚，把上步绘制的直线以圆心为中心环形阵列 4 个，命令行中的提示与操作如下。

```
命令：_arraypolar
选择对象：选取上步绘制的直线
选择对象：✓
类型 = 极轴 关联 = 否
指定阵列的中心点或 [基点(B)/旋转轴(A)]：（单击圆心）
选择夹点以编辑阵列或 [关联(AS)/基点(B)/项目(I)/项目间角度(A)/填充角度(F)/行(ROW)/层(L)/旋转项目(ROT)/退出(X)] <退出>：i✓
输入阵列中的项目数或 [表达式(E)] <6>：4✓
选择夹点以编辑阵列或 [关联(AS)/基点(B)/项目(I)/项目间角度(A)/填充角度(F)/行(ROW)/层(L)/旋转项目(ROT)/退出(X)] <退出>：f✓
指定填充角度(+=逆时针、-=顺时针)或 [表达式(EX)] <360>：360✓
选择夹点以编辑阵列或 [关联(AS)/基点(B)/项目(I)/项目间角度(A)/填充角度(F)/行(ROW)/层(L)/旋转项目(ROT)/退出(X)] <退出>：✓
```

结果如图 3-21 所示。

⑤ 填充圆。单击"默认"选项卡"绘图"面板中的"图案填充"按钮 ▨，打开"图案填充创建"选项卡，用"SOLID"图案填充内圆，如图 3-22 所示，完成绘制。

图 3-19　绘制圆

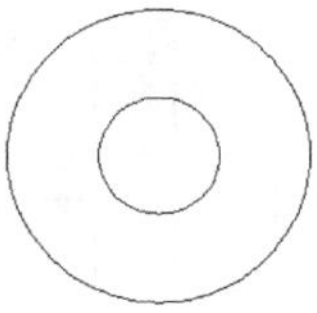

图 3-20　绘制直线

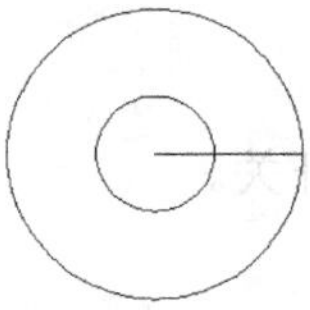

图 3-21　阵列直线

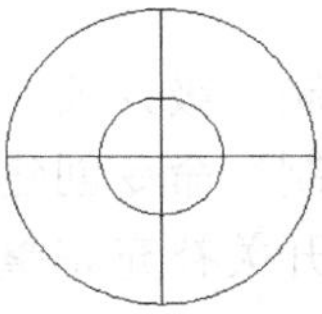

图 3-22　填充图案

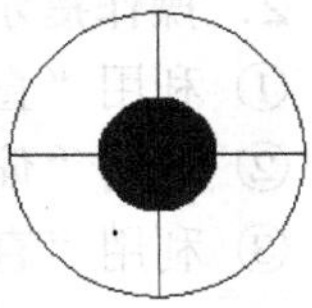

3.3.4　拓展知识

"缩放"命令与"偏移"命令功能相类似，下面简要介绍。

1．执行方式

"缩放"命令有 5 种不同的执行方式，这 5 种方式执行效果相同。具体内容如下。

☑ 命令行：SCALE

☑ 菜单：修改→缩放

☑ 快捷菜单：选择要缩放的对象，在绘图区域右键单击鼠标，从打开的快捷菜单上选择 Scale。

☑ 工具栏：修改→缩放🔲

☑ 功能区："默认"选项卡→"修改"面板→"缩放"按钮🔲

2．操作格式

```
命令：SCALE↙
选择对象：（选择要缩放的对象）
选择对象：
指定基点：（指定缩放操作的基点）
指定比例因子或 [复制(C)/参照(R)] <1.0000>：
```

3．选项说明

下面对上面命令行中出现的相关提示选项进行说明。

① 采用参考方向缩放对象时，系统提示如下。

```
指定参照长度 <1>：（指定参考长度值）
指定新的长度或[点（P）]<1.0000>：（指定新长度值）
```

若新长度值大于参考长度值，则放大对象；否则缩小对象。操作完毕后，系统以指定的基点按指定比例因子缩放对象。如果选择"点（P）"选项，则指定两点来定义新的长度。

② 可以用拖动光标的方法缩放对象。选择对象并指定基点后，从基点到当前光标位置会出现一条连线，线段的长度即为比例大小。移动光标选择的对象会动态地随着该连线长度的变化而缩放，按 Enter 键确认缩放操作。

3.3.5　上机操作

绘制图 3-23 所示的手动三级开关。

1．目的要求

本上机案例主要利用"偏移"命令，熟练掌握编辑命令的操作。

绘制手动三级开关

2．操作提示

① 利用"直线"命令绘制一级开关。

② 利用"偏移"和"复制"命令创建二、三级开关。

③ 利用"直线"命令将开关补充完整。

图 3-23　手动三级开关

3.4　旋转功能应用——绘制熔断式隔离开关符号

在绘制电气符号时，有时候需要按照指定要求改变当前图形或图形的某部分的位置，这时候可以利用"旋转"等命令来完成绘图。

3.4.1　案例分析

本案例主要是利用"直线"和"矩形"命令绘制熔断式隔离开关符号的整体，然后进行旋转旋转矩形和中间竖直线段完成熔断式隔离开关符号的绘制，绘制流程如图 3-24 所示。

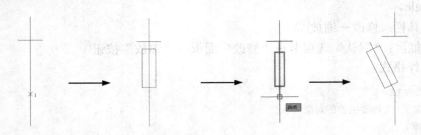

图 3-24　熔断式隔离开关符号

3.4.2　相关知识

本案例主要应用 AutoCAD 中的"旋转"命令，关于该命令的相关知识如下。

1．执行方式

"旋转"命令有 5 种不同的执行方式，这 5 种方式执行效果相同。具体内容如下。

☑ 命令行：ROTATE

☑ 菜单：修改→旋转

☑ 快捷菜单：选择要旋转的对象，在绘图区域右键单击鼠标，从打开的快捷菜单选择"旋转"

☑ 工具栏：修改→旋转 ⟳

☑ 功能区："默认"选项卡→"修改"面板→"旋转"按钮 ⟳

2．操作格式

命令：ROTATE↙

UCS 当前的正角方向： ANGDIR=逆时针　ANGBASE=0

选择对象：（选择要旋转的对象）

选择对象：

指定基点：（指定旋转的基点。在对象内部指定一个坐标点）

指定旋转角度，或 [复制(C)/参照(R)] <0>：（指定旋转角度或其他选项）

3. 选项说明

下面对上面命令行中出现的相关提示选项进行说明。

① 复制（C）：选择该项，旋转对象的同时，保留原对象，如图 3-25 所示。

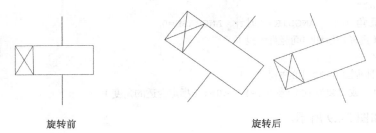

旋转前   旋转后

图 3-25　复制旋转

② 参照（R）：采用参考方式旋转对象时，系统提示如下。

指定参照角 <0>：（指定要参考的角度，默认值为 0）
指定新角度：（输入旋转后的角度值）

操作完毕后，对象被旋转至指定的角度位置。

可以用拖动鼠标的方法旋转对象。选择对象并指定基点后，从基点到当前光标位置会出现一条连线，移动光标选择的对象会动态地随着该连线与水平方向的夹角的变化而旋转，按 Enter 键会确认旋转操作，如图 3-26 所示。

图 3-26　拖动鼠标旋转对象

3.4.3　案例实施

绘制熔断式隔离
开关符号

① 单击"默认"选项卡"绘图"面板中的"直线"按钮 ✏️，绘制一条水平线段和 3 条首尾相连的竖直线段，其中上面两条竖直线段以水平线段为分界点，下面两条竖直线段以图 3-27 所示点 1 为分界点。

这里绘制的 3 条首尾相连的竖直线段不能用一条线段代替，否则后面无法操作。

② 单击"默认"选项卡"绘图"面板中的"矩形"按钮□，绘制一个穿过中间竖直线段的矩形，如图 3-28 所示。

③ 单击"默认"选项卡"修改"面板中的"旋转"按钮○，捕捉图 3-29 中的端点 1，旋转矩形和中间竖直线段，命令行中的提示与操作如下。

```
命令：_rotate
UCS 当前的正角方向： ANGDIR=逆时针  ANGBASE=0
选择对象：（选择矩形和中间竖直线段）
选择对象：↙
指定基点：（捕捉图 3-30 中的端点）
指定旋转角度，或 [复制(C)/参照(R)] <0>：（指定合适的角度）
```

最终结果如图 3-29 所示。

图 3-27　绘制线段　　　　　　　图 3-28　绘制矩形　　　　　　　图 3-29　旋转角度

3.4.4　拓展知识

"移动"命令与"旋转"命令功能相类似，下面进行简要介绍。

1．执行方式

"移动"命令有 5 种不同的执行方式，这 5 种方式执行效果相同。具体内容如下。

☑ 命令行：MOVE

☑ 菜单：修改→移动

☑ 快捷菜单：选择要复制对象，在绘图区域右键单击鼠标，从打开的快捷菜单选择"移动"。

☑ 工具栏：修改→移动✣

☑ 功能区："默认"选项卡→"修改"面板→"移动"按钮✣

2．操作格式

```
命令：MOVE↙
选择对象：（选择对象）
```

用前面介绍的对象选择方法选择要移动的对象，按 Enter 键结束选择。系统继续提示如下内容。

```
指定基点或[位移(D)] <位移>：（指定基点或移至点）
指定第二个点或 <使用第一个点作为位移>：
```

各选项功能与 COPY 命令相关选项功能相同。所不同的是对象被移动后，原位置处的对象消失。

3.4.5　上机操作

绘制图 3-30 所示的电极探头符号。

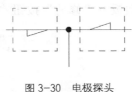

图 3-30　电极探头

绘制电极探头符号

1. 目的要求

本上机案例主要利用"旋转"命令，熟练掌握编辑命令的操作。

2. 操作提示

① 利用"直线"和"移动"命令绘制探头的一部分。

② 利用"旋转"命令旋转复制绘制另一半。

③ 利用"图案填充"命令填充图案。

3.5　修剪功能应用——绘制 MOS 管符号

在绘制电气符号时，有时候绘制的图线过长或超出需要的范围，这时候可以利用"修剪"命令把多余的图线修剪掉。

3.5.1　案例分析

本案例主要是利用"直线""偏移""镜像"和"修剪"命令 MOS 管轮廓图，然后利用"多段线""直线""圆"和"图案填充"绘制引出端及箭头，绘制流程如图 3-31 所示。

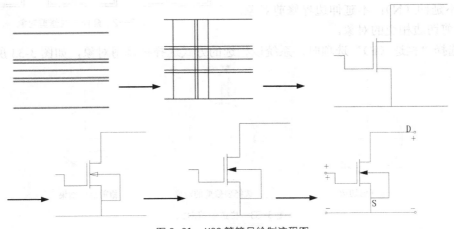

图 3-31　MOS 管符号绘制流程图

3.5.2　相关知识

本案例主要应用 AutoCAD 中的"修剪"命令，关于该命令的相关知识如下。

1．执行方式

"修剪"命令有4种不同的执行方式，这4种方式执行效果相同。具体内容如下。

☑ 命令行：TRIM

☑ 功能区："默认"选项卡→"修改"面板→"修剪"按钮 ┊⋯

☑ 菜单：修改→修剪

☑ 工具栏：修改→修剪 ┊⋯

2．操作格式

命令：TRIM↙
当前设置:投影=UCS，边=无
选择剪切边...
选择对象或<全部选择>：（选择一个或多个对象并按 Enter 键，或者按 Enter 键选择所有显示的对象）

按 Enter 键结束对象选择，系统提示如下。

选择要修剪的对象,或按住 Shift 键选择要延伸的对象,或[栏选(F)/窗交(C)/投影(P)/边(E)/删除(R)/放弃(U)]：

3．选项说明

下面对上面命令行中出现的相关提示选项进行说明。

① 在选择对象时，如果按住 Shift 键，系统就自动将"修剪"命令转换成"延伸"命令，"延伸"命令将在下节介绍。

② 选择"边"选项时，可以选择对象的修剪方式。

A．延伸（E）：延伸边界进行修剪。在此方式下,如果剪切边没有与要修剪的对象相交，系统会延伸剪切边直至与对象相交，然后再修剪，如图 3-32 所示。

B．不延伸（N）：不延伸边界修剪对象。只修剪与剪切边相交的对象。

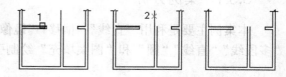

图 3-32　延伸方式修剪对象

③ 选择"栏选（F）"选项时，系统以栏选的方式选择被修剪对象，如图 3-33 所示。

选择剪切边　　　　选择要修剪的对象　　　　修剪后的结果

图 3-33　栏选修剪对象

④ 选择"窗交（C）"选项时，系统以栏选的方式选择被修剪对象，如图 3-34 所示。

⑤ 被选择的对象可以互为边界和被修剪对象，此时系统会在选择的对象中自动判断边界，如图 3-34 所示。

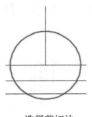
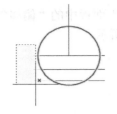

选择剪切边　　　　　　选择要修剪的对象　　　　　修剪后的结果

图 3-34　窗交选择修剪对象

3.5.3　案例实施

1. 绘制 MOS 管轮廓图

① 单击"默认"选项卡"绘图"面板中的"直线"按钮 / ，打开"正交"模式，绘制长为 32 的直线，如图 3-35 所示。

绘制 MOS 管符号

图 3-35　绘制直线

② 单击"默认"选项卡"修改"面板中的"偏移"按钮 ⟠ ，将直线分别向上平移 4、1、10，按以下命令行提示操作。

```
命令：_offset      （执行偏移命令）
当前设置：删除源=否　图层=源　OFFSETGAPTYPE=0
指定偏移距离或 [通过(T)/删除(E)/图层(L)] <通过>：4 ✓
选择要偏移的对象，或 [退出(E)/放弃(U)] <退出>：（选择直线为偏移对象）
指定要偏移的那一侧上的点，或 [退出(E)/多个(M)/放弃(U)] <退出>：（选择直线上侧）
选择要偏移的对象，或 [退出(E)/放弃(U)] <退出>：✓
```

偏移后的直线如图 3-36 所示。

注意　　AutoCAD 中，可以使用"偏移"命令，对指定的直线、圆弧、圆等对象进行定距离偏移复制。在实际应用中，常利用"偏移"命令的特性创建平行线或等距离分布图形，效果同"阵列"。默认情况下，需要指定偏移距离，再选择要偏移复制的对象，然后指定偏移方向，以复制出对象。

③ 单击"默认"选项卡"修改"面板中的"镜像"按钮 ⬠ ，将②中上面三条线镜像到下方，如图 3-37 所示。

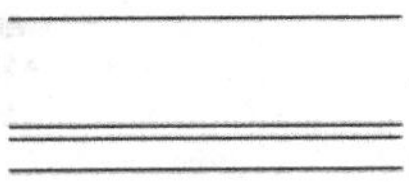

图 3-36　偏移直线 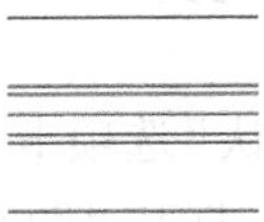　　　　　　　　　　　　　图 3-37　镜像效果

④ 单击"默认"选项卡"绘图"面板中的"直线"按钮 / ，开启"极轴追踪"方式，捕捉直线中点画竖直线，如图 3-38 所示。

⑤ 单击"默认"选项卡"修改"面板中的"偏移"按钮🖳，将竖直线向左边平移 4、1、8 个单位，偏移后的直线如图 3-39 所示。

图 3-38　画直线　　　　　　　　　　　　图 3-39　偏移直线

⑥ 单击"默认"选项卡"修改"面板中的"修剪"按钮🖊，修剪图形，命令行提示与操作如下。

```
命令：_trim
当前设置：投影=UCS，边=无
选择剪切边...
选择对象或 <全部选择>：（选择全部图形）
选择对象：✓
选择要修剪的对象，或按住 Shift 键选择要延伸的对象，或[栏选(F)/窗交(C)/投影(P)/边(E)/删除(R)/放弃(U)]：
选择要修剪的对象，或按住 Shift 键选择要延伸的对象，或[栏选(F)/窗交(C)/投影(P)/边(E)/删除(R)/放弃(U)]：✓
```

继续修剪直线，最终结果如图 3-40 所示。

2. 绘制引出端及箭头

① 单击"默认"选项卡"绘图"面板中的"多段线"按钮➔，开启"极轴追踪"方式，并捕捉直线中点，结果如图 3-41 所示。

图 3-40　修剪效果　　　　　　　　　　图 3-41　"多段线"画直线

② 单击"默认"选项卡"绘图"面板中的"多段线"按钮➔，并启用"极轴追踪"方式，并将增量角设为 15，如图 3-42 所示。

③ 单击"默认"选项卡"绘图"面板中的"直线"按钮✏，捕捉交点，绘制箭头，如图 3-43 所示。

④ 单击"默认"选项卡"绘图"面板中的"图案填充"按钮▨，打开"图案填充创建"选项卡，用"SOLID"填充箭头，如图 3-44 所示。

⑤ 单击"默认"选项卡"绘图"面板中的"圆"按钮⊙，画输入输出端子，并剪切掉多余的线段。

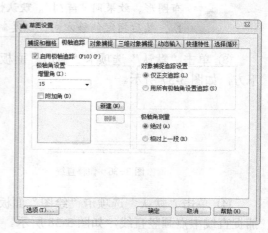

图 3-42　草图设置

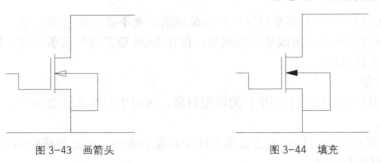

图 3-43 画箭头   图 3-44 填充

⑥ 单击"默认"选项卡"绘图"面板中的"直线"按钮，在输入输出端子处标上正负号。

⑦ 单击"默认"选项卡"注释"面板中的"多行文字"按钮 A ，在适当位置中标上符号，结果如图 3-45 所示。

3.5.4 拓展知识

"圆角/倒角"命令与"修剪"命令功能相类似，下面简要介绍。

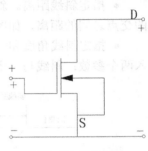

图 3-45 标注文字

1. 圆角命令

圆角是指用指定的半径决定的一段平滑的圆弧连接两个对象。AutoCAD 2016 规定可以圆滑连接一对直线段、非圆弧的多义线段、样条曲线、双向无限长线、射线、圆、圆弧和椭圆。可以在任何时刻圆滑连接多义线的每个节点。

（1）执行方式

"圆角"命令有 4 种不同的执行方式，这 4 种方式执行效果相同。具体内容如下。

☑ 命令行：FILLET

☑ 菜单：修改→圆角

☑ 工具栏：修改→圆角 □

☑ 功能区："默认"选项卡→"修改"面板→"圆角"按钮 □

（2）操作格式

```
命令：FILLET✔
当前设置：模式 = 修剪，半径 = 0.0000
选择第一个对象或 [放弃(U)/多段线(P)/半径(R)/修剪(T)/多个(M)]：（选择第一个对象或别的选项）
选择第二个对象，或按住 Shift 键选择对象以应用角点或 [半径(R)]：（选择第二个对象）
```

（3）选项说明

下面对上面命令行中出现的相关提示选项进行说明。

① 多段线（P）：在一条二维多段线的两段直线段的节点处插入圆滑的弧。选择多段线后系统会根据指定的圆弧的半径把多段线各顶点用圆滑的弧连接起来。

② 修剪（T）：决定在圆滑连接两条边时，是否修剪这两条边，如图 3-46 所示。

修剪方式   不修剪方式

图 3-46 圆角连接

③ 多个（M）：同时对多个对象进行圆角编辑。而不必重新起用命令。

④ 快速创建零距离倒角或零半径圆角：按住 Shift 键并选择两条直线，可以快速创建零距离倒角或零半径圆角。

2. 倒角命令

倒角是指用斜线连接两个不平行的线型对象。可以用斜线连接直线段、双向无限长线、射线和多义线。

AutoCAD 采用两种方法确定连接两个线型对象的斜线：指定斜线距离和指定斜线角度。下面分别介绍这两种方法。

● 指定斜线距离。斜线距离是指从被连接的对象与斜线的交点到被连接的两对象的可能的交点之间的距离，如图 3-47 所示。

● 指定斜线角度和一个斜距离连接选择的对象。采用这种方法斜线连接对象时，需要输入两个参数：斜线与一个对象的斜线距离和斜线与该对象的夹角，如图 3-48 所示。

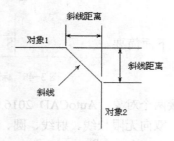

图 3-47 斜线距离

图 3-48 斜线距离与夹角

（1）执行方式

"倒角"命令有 4 种不同的执行方式，这 4 种方式执行效果相同。具体内容如下。

☑ 命令行：CHAMFER

☑ 菜单：修改→倒角

☑ 工具栏：修改→倒角

☑ 功能区："默认"选项卡→"修改"面板→"倒角"按钮

（2）操作格式

命令：CHAMFER✓
（"不修剪"模式）当前倒角距离 1 = 0.0000，距离 2 = 0.0000
　　选择第一条直线或 [放弃(U)/多段线(P)/距离(D)/角度(A)/修剪(T)/方式(E)/多个(M)]：（选择第一条直线或别的选项）
　　选择第二条直线，或按住 Shift 键选择直线以应用角点或 [距离(D)/角度(A)/方法(M)]：（选择第二条直线）

有时用户在执行圆角和倒角命令时，发现命令不执行或执行没什么变化，那是因为系统默认圆角半径和倒角距离均为 0，如果不事先设定圆角半径或斜角距离，系统就以默认值执行命令，所以看起来好象没有执行命令。

（3）选项说明

下面对上面命令行中出现的相关提示选项进行说明。

① 多段线（P）：对多段线的各个交叉点倒斜角。为了得到最好的连接效果，一般设置斜线是相等的值。系统根据指定的斜线距离把多义线的每个交叉点都作斜线连接，连接的斜线成为多段线新添加的构成部分，如图 3-49 所示。

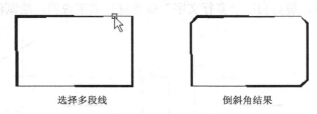

選擇多段線　　　　　　　　倒斜角結果

图 3-49　斜线连接多段线

② 距离（D）：选择倒角的两个斜线距离。这两个斜线距离可以相同或不相同，若二者均为 0，则系统不绘制连接的斜线，而是把两个对象延伸至相交并修剪超出的部分。

③ 角度（A）：选择第一条直线的斜线距离和第一条直线的倒角角度。

④ 修剪（T）：与圆角连接命令 FILLET 相同，该选项决定连接对象后是否剪切原对象。

⑤ 方式（E）：决定采用"距离"方式还是"角度"方式来倒斜角。

⑥ 多个（M）：同时对多个对象进行倒斜角编辑。

3.5.5　上机操作

绘制图 3-50 所示的桥式电路。

绘制桥式电路

图 3-50　桥式电路

1．目的要求

本上机案例主要利用"修剪"命令，熟练掌握编辑命令的操作。

2．操作提示

① 利用"直线"命令绘制框架。

② 利用"矩形"和"复制"命令绘制电阻。

③ 利用"修剪"命令修剪多余的线段。

3.6　延伸功能应用——绘制动断按钮

在绘制电气符号时，有时候绘制的图线没有达到需要的范围，这时候可以利用"延伸"命令把不够的图线补充上。

3.6.1 案例分析

本案例利用"圆""直线"命令绘制交接点符号的大体结构，再利用"延伸"命令将外部导线延伸到图形边界，最后利用"多行文字"命令进行文字说明，绘制流程如图 3-51 所示。

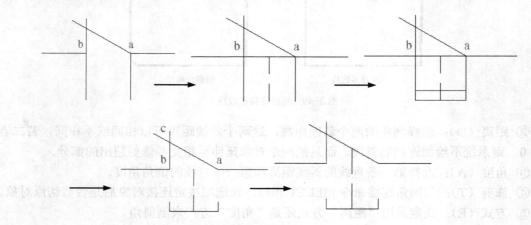

图 3-51 绘制动断按钮流程图

3.6.2 相关知识

本案例主要应用 AutoCAD 中的"延伸"命令，延伸对象是指延伸对象直至到另一个对象的边界线，如图 3-52 所示。关于该命令的相关知识如下。

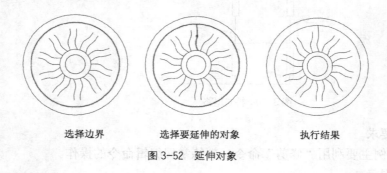

选择边界　　　　　选择要延伸的对象　　　　执行结果

图 3-52 延伸对象

1．执行方式

"延伸"命令有 4 种不同的执行方式，这 4 种方式执行效果相同。具体内容如下。

☑ 命令行：EXTEND

☑ 菜单：修改→延伸

☑ 工具栏：修改→延伸┅╱

☑ 功能区："默认"选项卡→"修改"面板→"延伸"按钮┅╱

2．操作格式

命令：EXTEND↙
当前设置:投影=UCS，边=无

选择边界的边...
　　选择对象或 <全部选择>:（选择边界对象）

此时可以选择对象来定义边界。若直接按 Enter 键，则选择所有对象作为可能的边界
对象。

AutoCAD 规定可以用作边界对象的对象有：直线段、射线、双向无限长线、圆弧、圆、
椭圆、二维和三维多义线、样条曲线、文本、浮动的视口、区域。如果选择二维多义线作边
界对象，系统会忽略其宽度而把对象延伸至多义线的中心线。

选择边界对象后，系统继续提示以下内容。

选择要延伸对象，或按 Shift 键选择要修剪的对象，或[栏选(F)/窗交(C)/投影(P)/边(E)/放弃(U)]:

3．选项说明

下面对上面命令行中出现的相关提示选项进行说明。

① 如果要延伸的对象是适配样条多段线，则延伸后会在多段线的控制框上增加新节点。
如果要延伸的对象是锥形的多义线，AutoCAD 2016 会修正延伸端的宽度，使多义线从起始
端平滑地延伸至新终止端。如果延伸操作导致终止端的宽度可能为负值，则取宽度值为 0，
如图 3-53 所示。

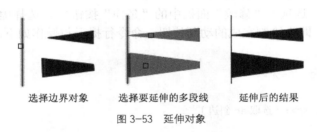

选择边界对象　　选择要延伸的多段线　　延伸后的结果

图 3-53　延伸对象

② 选择对象时，如果按住 Shift 键，系统自动将"延伸"命令转换成"修剪"命令。

3.6.3　案例实施

绘制动断按钮

① 设置两个图层：实线层和虚线层，线型分别设置为 Continuous 和
ACAD_ISO02W100。其他属性按默认设置。

② 单击"默认"选项卡"绘图"面板中的"直线"按钮，绘制基
本图形，如图 3-54 所示。

③ 单击"默认"选项卡"绘图"面板中的"直线"按钮，分别以图 3-51 中 a 点和 b
点为起点，竖直向下绘制长为 4.5mm 的直线，效果如图 3-55 所示。

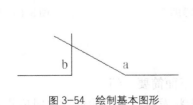

图 3-54　绘制基本图形

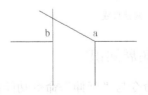

图 3-55　绘制竖直线

④ 单击"默认"选项卡"绘图"面板中的"直线"按钮 ，分别以图 3-56 中 a 点为起点，b 点为终点，绘制直线 ab，效果如图 3-57 所示。

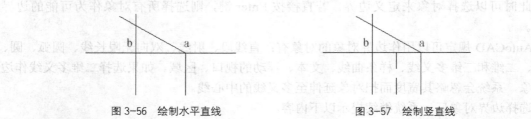

| 图 3-56 绘制水平直线 | 图 3-57 绘制竖直线 |

⑤ 单击"默认"选项卡"绘图"面板中的"直线"按钮 ，捕捉直线 ab 的中点，以其为起点，竖直向下绘制长度为 4.5mm 的直线，并将其图形属性更改为"虚线层"，效果如图 3-58 所示。

⑥ 单击"默认"选项卡"修改"面板中的"偏移"按钮 ，以直线 ab 为起始，绘制两条水平直线，偏移长度分别为 3.5mm 和 4.5mm，效果如图 3-58 所示。

⑦ 单击"默认"选项卡"修改"面板中的"修剪"按钮 和"删除"按钮 ，对图形进行修剪，并删除掉直线 ab，效果如图 3-59 所示。

⑧ 单击"默认"选项卡"修改"面板中的"延伸"按钮 ，选择虚线作为延伸的对象，将其延伸到斜线 ac，即为绘制完成的动断按钮，命令行提示与操作如下。

```
命令: _extend↙
当前设置:投影=UCS，边=无
选择边界的边...
选择对象或 <全部选择>：(选取 ac 斜边)
选择对象：↙
选择要延伸的对象，或按住 Shift 键选择要修剪的对象，或[栏选(F)/窗交(C)/投影(P)/边(E)/放弃(U)]：(选取虚线)
选择要延伸的对象，或按住 Shift 键选择要修剪的对象，或[栏选(F)/窗交(C)/投影(P)/边(E)/放弃(U)]：↙
```

效果如图 3-60 所示。

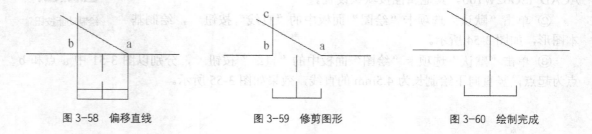

| 图 3-58 偏移直线 | 图 3-59 修剪图形 | 图 3-60 绘制完成 |

3.6.4 拓展知识

"拉伸"命令与"延伸"命令功能相类似，下面简要介绍。

拉伸对象是指拖拉选择的对象，且对象的形状发生改变。拉伸对象时应指定拉伸的基点和移置点。利用一些辅助工具如捕捉、钳夹功能及相对坐标等可以提高拉伸的精度。

1．执行方式

"拉伸"命令有 4 种不同的执行方式，这 4 种方式执行效果相同。具体内容如下。

- ☑ 命令行：STRETCH
- ☑ 菜单：修改→拉伸
- ☑ 工具栏：修改→拉伸 □
- ☑ 功能区："默认"选项卡→"修改"面板→"拉伸"按钮 □

2．操作格式

```
命令：_stretch
以交叉窗口或交叉多边形选择要拉伸的对象...
选择对象：C↙
指定第一个角点：指定对角点：找到 2 个（采用交叉窗口的方式选择要拉伸的对象）
指定基点或 [位移(D)]<位移>：（指定拉伸的基点）
指定第二个点或 <使用第一个点作为位移>：（指定拉伸的移至点）
```

此时，若指定第二个点，系统将根据这两点决定的矢量拉伸对象。若直接按 Enter 键，系统会把第一个点的坐标值作为 X 和 Y 轴的分量值。

注意　用交叉窗口选择拉伸对象后，落在交叉窗口内的端点被拉伸，落在外部的端点保持不动。

3.6.5　上机操作

绘制图 3-61 所示的力矩式自整角发送机符号。

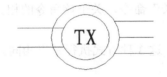

图 3-61　力矩式自整角发送机符号

绘制力矩式自整
角发送机符号

1．目的要求

本上机案例主要利用"延伸"命令，熟练掌握编辑命令的操作。

2．操作提示

① 利用"圆""直线"命令绘制交接点符号的大体结构。

② 利用"延伸"命令将外部导线延伸到图形边界。

③ 利用"多行文字"命令进行文字说明。

3.7　拉长功能应用——绘制 λ 探测器符号

在绘制电气符号时，有时候绘制的图线长度不够，这时可以利用"拉长"命令将图线进行拉长。

3.7.1 案例分析

本案例利用"圆""直线""拉长""偏移"和"镜像"命令绘制大体结构，再利用"直线"和"拉长"命令将斜直线，最后利用"多行文字"命令进行文字说明，绘制流程如图 3-62 所示。

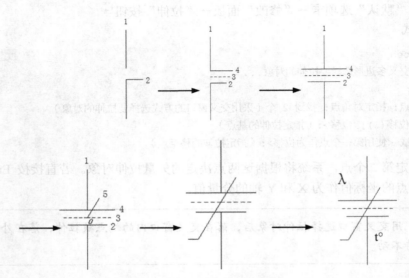

图 3-62 绘制 λ 探测器符号流程图

3.7.2 相关知识

本案例主要应用 AutoCAD 中的"拉长"命令，关于该命令的相关知识如下。

1. 执行方式

"拉长"命令有 3 种不同的执行方式，这 3 种方式执行效果相同。具体内容如下。

☑ 命令行：LENGTHEN
☑ 菜单：修改→拉长
☑ 功能区："默认"选项卡→"修改"面板→"拉长"按钮

2. 操作格式

命令：LENGTHEN↙
选择要测量的对象或 [增量(DE)/百分比(P)/总计(T)/动态(DY)] <总计(T)>：（选定对象）

3. 选项说明

下面对上面命令行中出现的相关提示选项进行说明。

① 增量（DE）：用指定增加量的方法改变对象的长度或角度。

② 百分比（P）：用指定占总长度的百分比的方法改变圆弧或直线段的长度。

③ 总计（T）：用指定新的总长度或总角度值的方法来改变对象的长度或角度。

④ 动态（DY）：打开动态拖拉模式。在这种模式下，可以使用拖拉鼠标的方法来动态地改变对象的长度或角度。

3.7.3　案例实施

① 单击"默认"选项卡"绘图"面板中的"直线"按钮 ✐，绘制断开的直线 1，其端点坐标分别为{(100,30)，(100,42)}和{(100,46)，(100,57)}。

② 单击"默认"选项卡"绘图"面板中的"直线"按钮 ✐，绘制直线 2{(100,42)，(105,42)}，如图 3-63 所示。

③ 单击"默认"选项卡"修改"面板中的"偏移"按钮 ⚑，将直线 2 分别向上偏移 2mm 和 4mm，如图 3-64 所示。

图 3-63　绘制直线　　　　图 3-64　偏移直线

绘制 λ 探测器符号

④ 单击"默认"选项卡"修改"面板中的"拉长"按钮 ✐，将直线 3 和直线 4 分别向右延长 1mm 和 2mm，命令行提示与操作如下。

```
命令：_lengthen
选择要测量的对象或 [增量(DE)/百分比(P)/总计(T)/动态(DY)] <增量(DE)>: de↙
输入长度增量或 [角度(A)] <1.0000>: 1↙
选择要修改的对象或 [放弃(U)]:（选择直线 3）
选择要修改的对象或 [放弃(U)]: ↙
命令：
LENGTHEN
选择要测量的对象或 [增量(DE)/百分比(P)/总计(T)/动态(DY)] <增量(DE)>: de↙
输入长度增量或 [角度(A)] <1.0000>: 2↙
选择要修改的对象或 [放弃(U)]:（选择直线 4）
选择要修改的对象或 [放弃(U)]: ↙
```

⑤ 新建一个名为"虚线层"的图层，线型为"ACAD_ISO02W100"。选中直线 3，在"图层"下拉列表中选择"虚线层"选项，将其图层属性设置为"虚线层"，如图 3-65 所示。

⑥ 单击"默认"选项卡"修改"面板中的"镜像"按钮 ⚐，选择直线 2、直线 3 和直线 4 为镜像对象，直线 1 为镜像线，进行镜像操作，得到的效果如图 3-66 所示。

⑦ 单击"默认"选项卡"绘图"面板中的"直线"按钮 ✐，开启"对象捕捉追踪"与"极轴追踪"模式，捕捉 0 点为起点，绘制一条与水平方向成 60°夹角，长度为 6mm 的倾斜直线 5，如图 3-67 所示。

⑧ 单击"默认"选项卡"修改"面板中的"拉长"按钮 ✐，将直线 5 向下拉长 6mm，命令行提示与操作如下。

```
命令：LENGTHEN↙
选择要测量的对象或 [增量(DE)/百分比(P)/总计(T)/动态(DY)] <增量(DE)>: ↙
输入长度增量或 [角度(A)] <0.0000>: 6↙
```

选择要修改的对象或 ［放弃(U)］:（选择直线 5 的左端）
选择要修改的对象或 ［放弃(U)］: ↙

结果如图 3-68 所示。

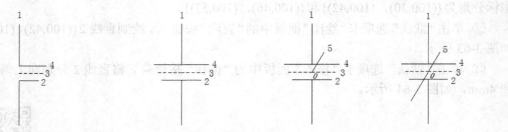

图 3-65　更改线型　　　图 3-66　镜像直线　　　图 3-67　绘制斜线　　　图 3-68　拉长直线

⑨ 关闭"极轴追踪"模式，开启"正交模式"。单击"默认"选项卡"绘图"面板中的"直线"按钮 ／，以直线 5 的下端点为起点，向左绘制长度为 2mm 的水平直线，如图 3-69 所示。

⑩ 单击"默认"选项卡"注释"面板中的"多行文字"按钮 **A**，在图形中添加文字"λ"和"t°"，如图 3-70 所示，完成 λ 探测器符号的绘制。

图 3-69　绘制水平直线　　　　　　图 3-70　λ 探测器符号

3.7.4　拓展知识

"打断/打断于点"命令与"拉长"命令功能相类似，下面进行简要介绍。

1. 打断命令

（1）执行方式

"打断"命令有 4 种不同的执行方式，这 4 种方式执行效果相同。具体内容如下。

☑ 命令行：BREAK
☑ 菜单：修改→打断
☑ 工具栏：修改→打断 □
☑ 功能区："默认"选项卡→"修改"面板→"打断"按钮 □

（2）操作格式

命令：BREAK↙
选择对象：（选择要打断的对象）
指定第二个打断点或 ［第一点(F)］:（指定第二个断开点或键入 F）

（3）选项说明

下面对上面命令行中出现的相关提示选项进行说明。

如果选择"第一点(F)"，AutoCAD 将丢弃前面的第一个选择点，重新提示用户指定两个断开点。

2．打断于点命令

打断于点命令是指在对象上指定一点从而把对象在此点拆分成两部分。此命令与打断命令类似。

（1）执行方式

"打断于点"命令有两种不同的执行方式，这两种方式执行效果相同。

☑　工具栏：修改→打断于点 ⌐

☑　功能区："默认"选项卡→"修改"面板→"打断于点"按钮 ⌐

（2）操作格式

输入此命令后，命令行提示如下。

> 选择对象：（选择要打断的对象）
> 指定第二个打断点或 [第一点(F)]：_f（系统自动执行"第一点(F)"选项）
> 指定第一个打断点：（选择打断点）
> 指定第二个打断点：@（系统自动忽略此提示）

3.7.5　上机操作

绘制图 3-71 所示的变压器绕组。

图 3-71　变压器绕组

绘制变压器绕组

1．目的要求

本上机案例主要利用"拉长"命令，熟练掌握编辑命令的操作。

2．操作提示

① 利用圆、复制、直线、拉长、移动和修剪等命令绘制一侧图形。

② 利用"镜像"命令得到另一侧图形。

③ 利用"多行文字"命令进行文字说明。

自测题

1．使用复制命令时，正确的情况是（　　）。

　　A．复制一个就退出命令　　　　　　　　B．最多可复制三个

　　C．复制时，选择放弃，则退出命令

　　D．可复制多个，直到选择退出，才结束复制

2．已有一个画好的圆，绘制一组同心圆可以用哪个命令来实现？（　　　）

    A．LENGTHEN 拉长　　　　　　　　B．OFFSET 偏移

    C．EXTEND 延伸　　　　　　　　　D．MOVE 移动

3．下面图形不能偏移的是（　　　）。

    A．构造线　　　B．多线　　　　　C．多段线　　　　D．样条曲线

4．如果对图 3-72 中的正方形沿两个点打断，打断之后的长度为（　　　）。

    A．150　　　　B．100　　　　C．150 或 50　　　D．随机

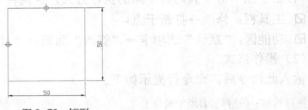

图 3-72　矩形

5．关于分解命令（Explode）的描述正确的是（　　　）。

    A．对象分解后颜色、线型和线宽不会改变

    B．图案分解后图案与边界的关联性仍然存在

    C．多行文字分解后将变为单行文字

    D．构造线分解后可得到两条射线

6．对两条平行的直线倒圆角（Fillet），圆角半径设置为 20，其结果是（　　　）。

    A．不能倒圆角

    B．按半径 20 倒圆角

    C．系统提示错误

    D．倒出半圆，其直径等于直线间的距离

7．使用偏移命令时，下列说法正确的是（　　　）。

    A．偏移值可以小于 0，这是向反向偏移

    B．可以框选对象进行一次偏移多个对象

    C．一次只能偏移一个对象

    D．偏移命令执行时不能删除原对象

8．使用 COPY 复制一个圆，指基点为（0,0），再提示指定第二个点时回车以第一个点作为位移，则下面说法正确的是（　　　）。

    A．没有复制图形

    B．复制的图形圆心与"0,0"重合

    C．复制的图形与原图形重合

    D．操作无效

9．对于一个多段线对象中的所有角点进行圆角，可以使用圆角命令中的什么命令选项？（　　　）

    A．多段线（P）　　　　　　　　　B．修剪（T）

    C．多个（U）　　　　　　　　　　D．半径（R）

10．绘制图 3-73 所示的三相变压器符号。

11. 绘制图 3-74 所示的加热器符号。

图 3-73 三相变压器符号

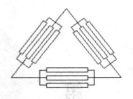

图 3-74 加热器符号

第 4 章 灵活运用辅助绘图工具

在电气设计绘图过程中经常会遇到一些重复出现的图形，如果每次都重新绘制这些图形，不仅造成大量的重复工作，而且存储这些图形及其信息要占据相当大的磁盘空间。图块、设计中心和工具选项板，提出了模块化作图的问题，这样不仅避免了大量的重复工作，提高绘图速度和工作效率，而且可大大节省磁盘空间。本章将学习这些知识。

能力目标

➢ 掌握尺寸标注基本方法
➢ 熟悉图块相关操作
➢ 灵活应用设计中心
➢ 了解工具选项板

课时安排

3 课时（讲课 2 课时，练习 1 课时）

4.1 尺寸标注功能应用——变电站避雷针布置图尺寸标注

尺寸标注是电气绘图设计过程中相当重要的一个环节。由于图形的主要作用是表达物体的形状，而物体各部分的真实大小和各部分之间的确切位置只能通过尺寸标注来表达。因此，没有正确的尺寸标注，绘制出的图纸对于加工制造和设计安装就没有意义。

4.1.1 案例分析

本案例将用到尺寸样式设置、线性尺寸标注、对齐尺寸标注、直径尺寸标注以及文字标注等知识。其绘制流程图如图 4-1 所示。

4.1.2 相关知识

1. 标注样式

在进行尺寸标注之前，要建立尺寸标注的样式。如果用户不建立尺寸样式而直接进行标注, 系统使用默认的名称为 STANDARD 的样式。用户如果认为使用的标注样式某些设置不合适, 也可以修改标注样式。

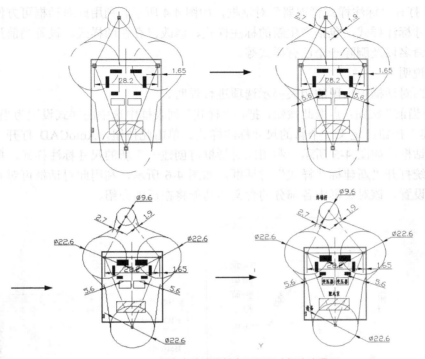

图 4-1 变电站避雷针布置图尺寸标注流程图

（1）执行方式

"标注样式"命令有 4 种不同的执行方式, 这 4 种方式执行效果相同。具体内容如下。

☑ 命令行: DIMSTYLE

☑ 菜单: 格式→标注样式或标注→标注样式

☑ 工具栏: 标注→标注样式

☑ 功能区: "默认"选项卡→"注释"面板→"标注样式"按钮（如图 4-2 所示）或"注释"选项卡→"标注"面板→"标注样式"下拉菜单→"管理标注样式"按钮（如图 4-3 所示）或"注释"选项卡→"标注"面板→"对话框启动器"按钮 。

图 4-2 "注释"面板　　　　　　　　　　　图 4-3 "标注"面板

（2）操作格式

命令：DIMSTYLE✓

AutoCAD 打开"标注样式管理器"对话框，如图 4-4 所示。利用此对话框可方便直观地定制和浏览尺寸标注样式，包括产生新的标注样式、修改已存在的样式、设置当前尺寸标注样式、样式重命名以及删除一个已有样式等。

（3）选项说明

下面对上面对话框中出现的相关提示选项进行说明。

① "置为当前"按钮：点取此按钮，把在"样式"列表框中选中的样式设置为当前样式。

② "新建"按钮：定义一个新的尺寸标注样式。单击此按钮，AutoCAD 打开"创建新标注样式"对话框，如图 4-5 所示，利用此对话框可创建一个新的尺寸标注样式，单击"继续"按钮，系统打开"新建标注样式"对话框，如图 4-6 所示，利用此对话框可对新样式的各项特性进行设置。该对话框中各部分的含义和功能将在后面介绍。

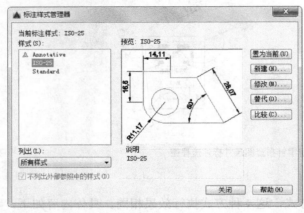

图 4-4 "标注样式管理器"对话框　　　　　　图 4-5 "创建新标注样式"对话框

③ "修改"按钮：修改一个已存在的尺寸标注样式。单击此按钮，AutoCAD 弹出"修改标注样式"对话框，该对话框中的各选项与"新建标注样式"对话框中完全相同，可以对已有标注样式进行修改。

④ "替代"按钮：设置临时覆盖尺寸标注样式。单击此按钮，AutoCAD 打开"替代当前样式"对话框，该对话框中各选项与"新建标注样式"对话框完全相同，用户可改变选项的设置覆盖原来的设置，但这种修改只对指定的尺寸标注起作用，而不影响当前尺寸变量的设置。

⑤ "比较"按钮：比较两个尺寸标注样式在参数上的区别或浏览一个尺寸标注样式的参数设置。单击此按钮，AutoCAD 打开"比较标注样式"对话框，如图 4-7 所示。可以把比较结果复制到剪切板上，然后再粘贴到其他的 Windows 应用软件上。

在"新建标注样式"对话框中有 7 个选项卡，说明如下。

① 线：该选项卡对尺寸的尺寸线和尺寸界线的各个参数进行设置。包括尺寸线的颜色、线型、线宽、超出标记、基线间距、隐藏等参数，尺寸界线的颜色、线宽、超出尺寸线、起点偏移量、隐藏等参数。

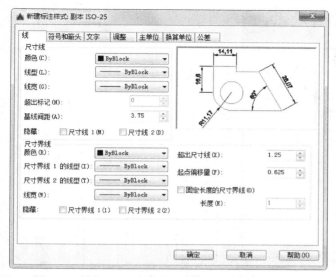

图 4-6 "新建标注样式"对话框   图 4-7 "比较标注样式"对话框

② 箭头和符号：该选项卡对箭头、圆心标记、弧长符号和半径标注折弯的各个参数进行设置，如图 4-8 所示。包括箭头的大小、引线、形状等参数，圆心标记的类型大小等参数、弧长符号位置、半径折弯标注的折弯角度、线性折弯标注的折弯高度因子以及折断标注的折断大小等参数。

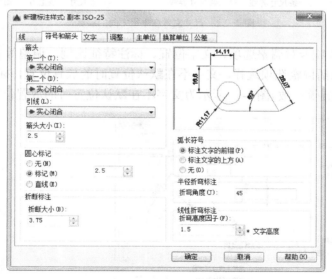

图 4-8 "符号和箭头"选项卡

③ 文字：该选项卡对文字的外观、位置、对齐方式等各个参数进行设置，如图 4-9 所示。包括文字外观的文字样式、颜色、填充颜色、文字高度、分数高度比例、是否绘制文字边框等参数，文字位置的垂直、水平和从尺寸线偏移量等参数。对齐方式有水平、与尺寸线对齐、ISO 标准 3 种方式。图 4-10 所示为尺寸在垂直方向放置的 4 种不同情形，图 4-11 所示为尺寸在水平方向放置的 5 种不同情形。

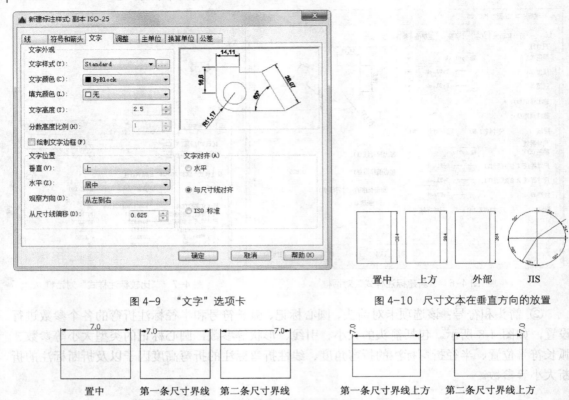

图 4-9　"文字"选项卡

图 4-10　尺寸文本在垂直方向的放置

置中　　　　第一条尺寸界线　　　第二条尺寸界线　　　第一条尺寸界线上方　　第二条尺寸界线上方

图 4-11　尺寸文本在水平方向的放置

　　④ 调整：该选项卡对调整选项、文字位置、标注特征比例、调整等各个参数进行设置，如图 4-12 所示。包括调整选项选择，文字不在默认位置时的放置位置，标注特征比例选择以及调整尺寸要素位置等参数。图 4-13 所示为文字不在默认位置时的放置位置的 3 种不同情形。

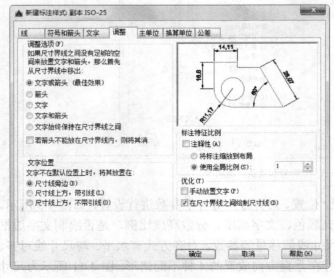

图 4-12　"调整"选项卡

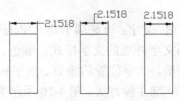

图 4-13　尺寸文本的位置

⑤ 主单位：该选项卡用来设置尺寸标注的主单位和精度，以及给尺寸文本添加固定的前缀或后缀。本选项卡含两个选项组，分别对长度型标注和角度型标注进行设置，如图4-14所示。

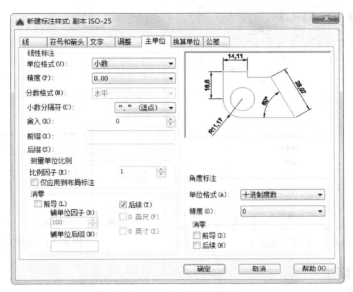

图4-14　"主单位"选项卡

⑥ 换算单位：该选项卡用于对换算单位进行设置，如图4-15所示。

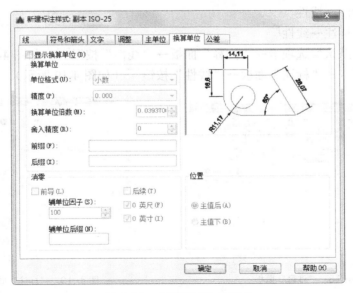

图4-15　"换算单位"选项卡

⑦ 公差：该选项卡用于对尺寸公差进行设置，如图4-16所示。其中"方式"下拉列表框列出了 AutoCAD 提供的5种标注公差的形式，用户可从中选择。这5种形式分别是"无""对称""极限偏差""极限尺寸"和"基本尺寸"，其中"无"表示不标注公差，即我们上面

的通常标注情形。其余 4 种标注情况如图 4-17 所示。在"精度""上偏差""下偏差""高度比例""垂直位置"等文本框中输入或选择相应的参数值。

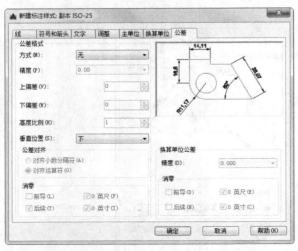

图 4-16　"公差"选项卡

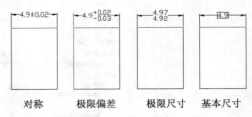

图 4-17　公差标注的形式

2．线性尺寸标注

（1）执行方式

"线性标注"命令有 4 种不同的执行方式，这 4 种方式执行效果相同。具体内容如下。

☑ 命令行：DIMLINEAR（缩写名 DIMLIN）

☑ 菜单：标注→线性

☑ 工具栏：标注→线性□

☑ 功能区：默认"选项卡→"注释"面板→"线性"按钮□（如图 4-18 所示）或"注释"选项卡→"标注"面板→"线性"按钮□（如图 4-19 所示）

图 4-18　"注释"面板

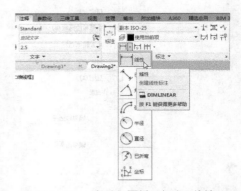

图 4-19　"标注"面板 1 标注→线性

（2）操作格式

命令：DIMLIN↙

选择相应的菜单项或工具图标，或在命令行输入 DIMLIN 后回车，AutoCAD 提示：

指定第一个尺寸界线原点或 <选择对象>：

（3）选项说明

在此提示下有两种选择，直接回车选择要标注的对象或确定尺寸界线的起始点，说明如下。

① 直接回车：光标变为拾取框，并且在命令行提示以下内容。

选择标注对象：

用拾取框点取要标注尺寸的线段，AutoCAD 提示如下。

指定尺寸线位置或[多行文字(M)/文字(T)/角度(A)/水平(H)/垂直(V)/旋转(R)]：

各项的含义如下。

A．指定尺寸线位置：确定尺寸线的位置。用户可移动鼠标选择合适的尺寸线位置，然后回车或单击鼠标左键，AutoCAD 则自动测量所标注线段的长度并标注出相应的尺寸。

B．多行文字（M）：用多行文本编辑器确定尺寸文本。

C．文字（T）：在命令行提示下输入或编辑尺寸文本。选择此选项后，AutoCAD 提示：

输入标注文字 <默认值>：

其中的默认值是 AutoCAD 自动测量得到的被标注线段的长度，直接按 Enter 键即可采用此长度值，也可输入其他数值代替默认值。当尺寸文本中包含默认值时，可使用尖括号"<>"表示默认值。

D．角度（A）：确定尺寸文本的倾斜角度。

E．水平（H）：水平标注尺寸，不论标注什么方向的线段，尺寸线均水平放置。

F．垂直（V）：垂直标注尺寸，不论被标注线段沿什么方向，尺寸线总保持垂直。

注意

要在公差尺寸前或后添加某些文本符号，必须输入尖括号"<>"表示默认值。比如，要将图 4-20（a）所示原始尺寸改为图 4-20（b）所示尺寸，在进行线性标注时，在执行 M 或 T 命令后，在"输入标注文字<默认值>:"提示下应该这样输入：%%c<>。如果要将图 4-20（a）的尺寸文本改为图 4-20（c）所示的文本则比较麻烦。因为后面的公差是堆叠文本，这时可以用多行文字命令 M 选项来执行，在多行文字编辑器中输入：5.8+0.1^-0.2，然后堆叠处理一下即可。

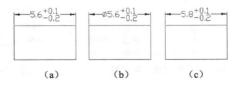

（a）　　　　　（b）　　　　　（c）

图 4-20　在公差尺寸前或后添加某些文本符号

G．旋转(R)：输入尺寸线旋转的角度值，旋转标注尺寸。

② 指定第一条尺寸界线原点：指定第一条与第二条尺寸界线的起始点。

3．直径尺寸标注

（1）执行方式

"直径标注"命令有 4 种不同的执行方式，这 4 种方式执行效果相同。具体内容如下。

☑ 命令行：**DIMDIAMETER**

☑ 功能区：单击"默认"选项卡"注释"面板中的"直径"按钮或单击"注释"选项卡"标注"面板中的"直径"按钮

☑ 菜单：标注→直径

☑ 工具栏：标注→直径

（2）操作格式

> 命令：**DIMDIAMETER✓**
> 选择圆弧或圆：（选择要标注直径的圆或圆弧）
> 指定尺寸线位置或 ［多行文字(M)/文字(T)/角度(A)］：（确定尺寸线的位置或选某一选项）

用户可以选择"多行文字（M）"项、"文字（T）"项或"角度（A）"项来输入、编辑尺寸文本或确定尺寸文本的倾斜角度，也可以直接确定尺寸线的位置标注出指定圆或圆弧的直径。

4.1.3 案例实施

为方便操作，本书将用到的实例保存到源文件中，打开随书光盘中"源文件\第4章\变电站避雷针布置图尺寸标注"，进行以下操作。

1. 标注样式设置

① 选择菜单栏中的"格式"→"标注样式"命令，打开"标注样式管理器"对话框，如图4-21所示。单击"新建"按钮，打开"创建新标注样式"对话框，设置"新样式名"为"避雷针布置图标注样式"，如图 4-22 所示。

变电站避雷针布置图尺寸标注

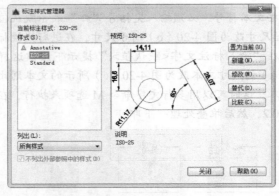

图 4-21　"标注样式管理器"对话框　　　　图 4-22　"创建新标注样式"对话框

② 单击"继续"按钮，打开"新建标注样式"对话框。其中有 7 个选项卡，可对新建的"避雷针布置图标注样式"的风格进行设置。"线"选项卡设置如图 4-23 所示，"基线间距"设置为 3.75，"超出尺寸线"设置为 2。

③ "符号和箭头"选项卡设置如图 4-24 所示，"箭头大小"设置为 2.5。

④ "文字"选项卡设置如图 4-25 所示，"文字高度"设置为 2.5，"从尺寸线偏移"设置为 0.625，"文字对齐"采用"与尺寸线对齐"方式。

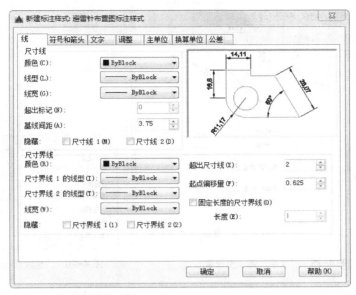

图 4-23　"线"选项卡设置

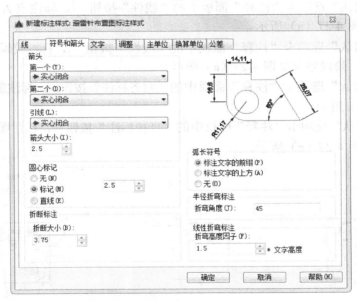

图 4-24　"符号和箭头"选项卡设置

⑤ 设置完毕后，回到"标注样式管理器"对话框，单击"置为当前"按钮，将新建的"避雷针布置图标注样式"设置为当前使用的标注样式。单击"新建"按钮，打开"创建新标注样式"对话框，如图 4-26 所示，在"用于"下拉列表框中选择"直径标注"选项。

⑥ 单击"新建"按钮，打开"新建标注样式"对话框。其中有 7 个选项卡，可对新建的直径标注样式的风格进行设置。

⑦ 设置完毕后，回到"标注样式管理器"对话框，选择"避雷针布置图标注样式"，单击"置为当前"按钮，将"避雷针布置图标注样式"设置为当前使用的标注样式。

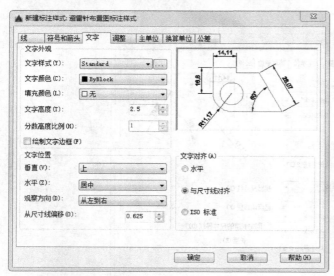

图 4-25 "文字"选项卡设置   图 4-26 "创建新标注样式"对话框

2. 标注尺寸

① 单击"默认"选项卡"注释"面板中的"线性"按钮▭，标注点 A 与点 B 之间的距离，阶段效果如图 4-27（a）所示。

② 单击"默认"选项卡"注释"面板中的"线性"按钮▭，标注终端杆中心到矩形外边框之间的距离，阶段效果如图 4-27（a）所示。

③ 单击"默认"选项卡"注释"面板中的"对齐标注"按钮⬎，标注图中的各个尺寸，结果如图 4-27（b）所示。

④ 单击"默认"选项卡"注释"面板中的"直径标注"按钮◎，标注图形中各个圆的直径尺寸，结果如图 4-27（c）所示。

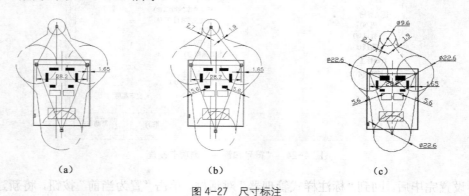

（a）   （b）   （c）

图 4-27 尺寸标注

3. 添加文字

① 创建文字样式。单击"默认"选项卡"注释"面板中的"文字样式"按钮A，打开"文字样式"对话框，创建一个样式名为"避雷针布置图"的文字样式。设置"字体名"为"仿宋_GB2312"，"字体样式"为"常规"，"高度"为 1.5，"宽度因子"为 0.7，如图 4-28 所示。

图 4-28 "文字样式"对话框

② 添加注释文字。单击"默认"选项卡"注释"面板中的"多行文字"按钮 A，一次输入几行文字，然后调整其位置，以对齐文字。调整位置时，可结合使用"正交"功能。

③ 使用文字编辑命令修改文字，得到需要的文字。

添加注释文字后，即完成了整张图纸的绘制，如图 4-1 所示。

4.1.4 拓展知识

和本案例主要应用的"尺寸标注"命令相关的命令，还有"文本编辑""编辑标注"等命令，下面进行简要介绍。

1. 文本编辑命令

（1）执行方式

"文本编辑"命令有 4 种不同的执行方式，这 4 种方式执行效果相同。具体内容如下。

☑ 命令行：DDEDIT

☑ 菜单：修改→对象→文字→编辑

☑ 工具栏：文字→编辑 🖉

☑ 右键快捷菜单："修改多行文字"或"编辑文字"

（2）操作格式

选择相应的菜单项，或在命令行输入 DDEDIT 命令后按 Enter 键，AutoCAD 提示如下。

```
命令：DDEDIT✓
选择注释对象或 [放弃(U)]:
```

要求选择想要修改的文本，同时光标变为拾取框。用拾取框单击对象，如果选取的文本是用 TEXT 命令创建的单行文本，则显示该文本，可对其进行修改。如果选取的文本是用 MTEXT 命令创建的多行文本，选取后则打开多行文字编辑器，可根据前面的介绍对各项设置或内容进行修改。

2. 编辑尺寸标注

通过 DIMEDIT 命令用户可以修改已有尺寸标注的文本内容、把尺寸文本倾斜一定的角度，还可以对尺寸界线进行修改，使其旋转一定角度从而标注一段线段在某一方向上的投影的尺寸。DIMEDIT 命令可以同时对多个尺寸标注进行编辑。

（1）执行方式

"编辑标注"命令有 3 种不同的执行方式，这 3 种方式执行效果相同。具体内容如下。

☑ 命令行：DIMEDIT

☑ 菜单：标注→对齐文字→默认

☑ 工具栏：标注→编辑标注 ⬚

（2）操作格式

命令：DIMEDIT✓
输入标注编辑类型 [默认(H)/新建(N)/旋转(R)/倾斜(O)] <默认>:

（3）选项说明

下面对上面命令行中出现的相关提示选项进行说明。

① <默认>：按尺寸标注样式中设置的默认位置和方向放置尺寸文本。如图 4-29（a）所示。选择此选项，AutoCAD 提示：

选择对象：（选择要编辑的尺寸标注）

② 新建（N）：执行此选项，AutoCAD 打开多行文字编辑器，可利用此编辑器对尺寸文本进行修改。

③ 旋转（R）：改变尺寸文本行的倾斜角度。尺寸文本的中心点不变，使文本沿给定的角度方向倾斜排列，如图 4-29（b）所示。若输入角度为 0 则按"新建标注样式"对话框"文字"页中设置的默认方向排列。

④ 倾斜（O）：修改长度型尺寸标注尺寸界线，使其倾斜一定角度，与尺寸线不垂直，如图 4-29（c）所示。

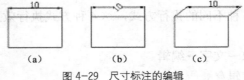

图 4-29　尺寸标注的编辑

4.1.5　上机操作

对图 4-30 所示的耐张铁帽图进行三视图尺寸标注。

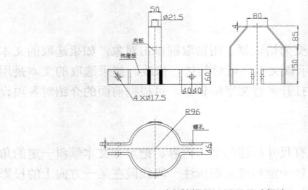

耐张铁帽三视图
尺寸标注

图 4-30　耐张铁帽图三视图尺寸标注

1．目的要求

本上机案例主要利用各种尺寸标注命令，熟练尺寸样式的设置和各种尺寸的标注方法。

2．操作提示

① 设置标注样式。

② 对图形进行尺寸标注。

③ 标注文字。

4.2 图块功能应用——手动串联电阻启动控制电路图 1

在电气制图的过程中，如果遇到需要重复绘制的单元，尤其是在不同的图形中都要重复用到的单元，为了提高绘图效率，避免重复劳动，AutoCAD 提供了图块功能。

在利用块功能进行电气制图的过程中，如果需要对插入的图块进行调整，可以利用动态块功能。

动态块具有灵活性和智能性。用户在操作时可以轻松地更改图形中的动态块参照，可以通过自定义夹点或自定义特性来操作动态块参照中的几何图形。这使得用户可以根据需要在位调整块，而不用搜索另一个块以插入或重定义现有的块。

4.2.1 案例分析

本案例主要讲解利用图块辅助快速绘制电气图的一般方法。手动串联电阻启动控制电路图。其基本原理是：当启动电动机时，按下按钮开关 SB2，电动机串联电阻启动，待电动机转速达到额定转速时，再按下 SB3，电动机电源改为全压供电，使电动机正常运行，手动串联电阻启动控制电路图如图 4-31 所示。

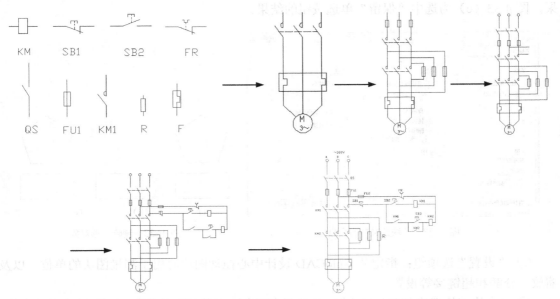

图 4-31　手动串联电阻启动控制电路图

4.2.2 相关知识

本案例主要应用 AutoCAD 中的"图块"相关功能，关于这些功能的相关知识如下。

1. 创建块

在使用图块时，首先要定义图块。

（1）执行方式

"创建块"命令有 4 种不同的执行方式，这 4 种方式执行效果相同。具体内容如下。

☑ 命令行：BLOCK

☑ 菜单：绘图→块→创建

☑ 工具栏：绘图→创建块⊡

☑ 功能区："默认"选项卡→"块"面板→"创建"按钮⊡或"插入"选项卡→"块定义"面板→"创建块"按钮⊡

（2）操作格式

执行上述命令后，AutoCAD 打开图 4-32 所示的"块定义"对话框，利用该对话框可定义图块并为之命名。

（3）选项说明

下面对上面对话框中出现的相关提示选项进行说明。

① "基点"选项组：确定图块的基点，默认值是（0,0,0）。也可以在下面的 X（Y、Z）文本框中输入块的基点坐标值。单击"拾取点"按钮，AutoCAD 临时切换到作图屏幕，用鼠标在图形中拾取一点后，返回"块定义"对话框，把所拾取的点作为图块的基点。

② "对象"选项组：该选项组用于选择制作图块 的对象以及对象的相关属性。如图 4-33 所示，把图 4-33（a）中的正五边形定义为图块，图 4-33（b）为选中"删除"单选按钮的结果，图 4-33（c）为选中"保留"单选按钮的结果。

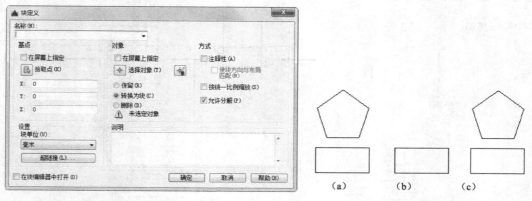

图 4-32　"块定义"对话框　　　　　　　　　图 4-33　删除图形对象

③ "设置"选项组：指定从 AutoCAD 设计中心拖动图块时用于测量图块的单位，以及缩放、分解和超链接等设置。

④ "在块编辑器中打开"复选框：选中该复选框，系统打开块编辑器，可以定义动态块，后面详细讲述。

⑤ "方式"选项组：该选项组包括 4 个复选框，介绍分别如下。

A."注释性"复选框：指定块为注释性。

B."使块方向与布局匹配"复选框：指定在图纸空间视口中的块参照的方向与布局的方向匹配。

C."按统一比例缩放"复选框：如果未选中"注释性"复选框，则该选项不可用。指定是否阻止块参照不按统一比例缩放。

D."允许分解"复选框：指定块参照是否可以被分解。

2. 图块的存盘

用 BLOCK 命令定义的图块保存在其所属的图形当中，该图块只能在该图中插入，而不能插入到其他的图中，但是有些图块在许多图中要经常用到，这时可以用"写块"命令把图块以图形文件的形式（后缀为.DWG）写入磁盘，图形文件可以在任意图形中用 INSERT 命令插入。

（1）执行方式

"写块"命令有两种不同的执行方式，这两种方式执行效果相同。具体内容如下。

命令行：WBLOCK

功能区："插入"选项卡→"块定义"面板→"写块"按钮

（2）操作格式

命令：WBLOCK✓

在命令行输入 WBLOCK 后回车，AutoCAD 打开"写块"对话框，如图 4-34 所示，利用此对话框可把图形对象保存为图形文件或把图块转换成图形文件。

图 4-34 "写块"对话框

3. 图块的插入

在用 AutoCAD 绘图的过程当中，可根据需要随时把已经定义好的图块或图形文件插入到当前图形的任意位置，在插入的同时还可以改变图块的大小、旋转一定角度或把图块炸开等。插入图块的方法有多种，本节逐一进行介绍。

（1）执行方式

"插入图块"命令有 4 种不同的执行方式，这4 种方式执行效果相同。具体内容如下。

☑ 命令行：INSERT

☑ 功能区："默认"选项卡→"块"面板→"插入"按钮（或"插入"选项卡→"块"面板→"插入"按钮）

☑ 菜单：插入→块

☑ 工具栏：插入→插入块或绘图→插入块

（2）操作格式

命令：INSERT✓

AutoCAD 打开"插入"对话框，如图 4-35 所示，可以指定要插入的图块及插入位置。

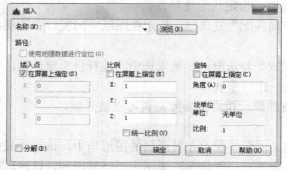

图 4-35 "插入"对话框

如图 4-36 所示，图 4-36（a）是被插入的图块，图 4-36（b）取比例系数为 1.5 插入该图块的结果，图 4-36（c）是取比例系数为 0.5 的结果，X 轴方向和 Y 轴方向的比例系数也可以取不同，如图 4-36（d）所示，X 轴方向的比例系数为 1，Y 轴方向的比例系数为 1.5。另外，比例系数还可以是一个负数，当为负数时表示插入图块的镜像，其效果如图 4-37 所示。

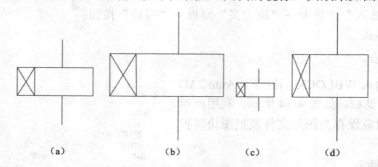

(a) (b) (c) (d)

图 4-36 取不同比例系数插入图块的效果

X 比例=1，Y 比例=1　　X 比例=-1，Y 比例=1　　X 比例=1，Y 比例=-1　　X 比例=-1，Y 比例=-1

图 4-37 取比例系数为负值插入图块的效果

图 4-38（b）是图 4-38（a）所示的图块旋转 30° 插入的效果，图 4-38（c）是旋转-30° 插入的效果。

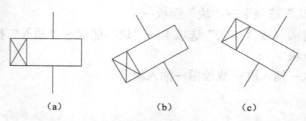

（a） （b） （c）

图 4-38 以不同旋转角度插入图块的效果

4．动态块

动态块具有灵活性和智能性。用户在操作时可以轻松地更改图形中的动态块参照。可以通过自定义夹点或自定义特性来操作动态块参照中的几何图形。这使得用户可以根据需要在位调整块，而不用搜索另一个块以插入或重定义现有的块。

（1）执行方式

"动态块"命令有 5 种不同的执行方式，这 5 种方式执行效果相同。具体内容如下。

☑　命令行：BEDIT

☑　功能区："默认"选项卡→"块"面板→"编辑"按钮 或"插入"选项卡→"块定义"面板→"块编辑器"按钮

☑　菜单：工具→块编辑器

☑　工具栏：标准→块编辑器

☑　快捷菜单：选择一个块参照。在绘图区域中单击鼠标右键。选择"块编辑器"项

（2）操作格式

```
命令：BEDIT✓
```

系统打开"编辑块定义"对话框，如图 4-39 所示，在"要创建或编辑的块"文本框中输入块名或在列表框中选择已定义的块或当前图形。确认后，系统打开块编写选项板和"块编辑器"选项卡，如图 4-40 所示。

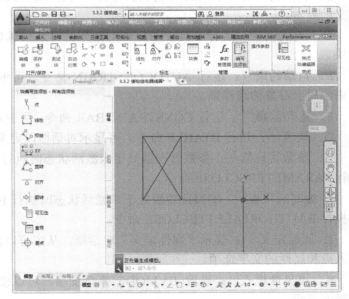

图 4-39　"编辑块定义"对话框　　　　　　图 4-40　块编辑状态绘图平面

（3）选项说明

下面对上面对话框中出现的相关提示选项进行说明。

① 块编写选项板

A．"参数"选项卡：提供用于向块编辑器中的动态块定义中添加参数的工具。参数用于指定几何图形在块参照中的位置、距离和角度。将参数添加到动态块定义中时，该参数将定

义块的一个或多个自定义特性。此选项卡也可以通过命令 BPARAMETER 来打开。提供用于向块编辑器中的动态块定义中添加参数的工具。参数用于指定几何图形在块参照中的位置、距离和角度。将参数添加到动态块定义中时，该参数将定义块的一个或多个自定义特性。

B．"动作"选项卡：提供用于向块编辑器中的动态块定义中添加动作的工具。动作定义了在图形中操作块参照的自定义特性时，动态块参照的几何图形将如何移动或变化。应将动作与参数相关联。此选项卡也可以通过命令 BACTIONTOOL 来打开。

C．"参数集"选项卡：提供用于在块编辑器中向动态块定义中添加一个参数和至少一个动作的工具。将参数集添加到动态块中时，动作将自动与参数相关联。将参数集添加到动态块中后，请双击黄色警示图标（或使用 BACTIONSET 命令），然后按照命令行上的提示将动作与几何图形选择集相关联。此选项卡也可以通过命令 BPARAMETER 来打开。

D．"约束"选项卡：提供用于将几何约束和约束参数应用于对象的工具。将几何约束应用于一对对象时，选择对象的顺序以及选择每个对象的点可能影响对象相对于彼此的放置方式。

② "块编辑器"选项卡

该选项卡提供了在块编辑器中使用、创建动态块以及设置可见性状态的工具。

A．编辑块：显示"编辑块定义"对话框。

B．保存块：保存当前块定义。

C．将块另存为：显示"将块另存为"对话框，可以在其中用一个新名称保存当前块定义的副本。

D．测试块：运行 BTESTBLOCK 命令，可从块编辑器打开一个外部窗口以测试动态块。

E．自动约束：运行 AUTOCONSTRAIN 命令，可根据对象相对于彼此的方向将几何约束应用于对象的选择集。

F．显示/隐藏：运行 CONSTRAINTBAR 命令，可显示或隐藏对象上的可用几何约束。

G．块表：运行 BTABLE 命令，可显示对话框以定义块的变量。

H．参数管理器 fx：参数管理器处于未激活状态时执行 PARAMETERS 命令。否则，将执行 PARAMETERSCLOSE 命令。

I．编写选项板：编写选项板处于未激活状态时执行 BAUTHORPALETTE 命令。否则，将执行 BAUTHORPALETTECLOSE 命令。

J．属性定义：显示"属性定义"对话框，从中可以定义模式、属性标记、提示、值、插入点和属性的文字选项。

K．可见性模式：设置 BVMODE 系统变量，可以使当前可见性状态下不可见的对象变暗或隐藏。

L．使可见：运行 BVSHOW 命令，可以使对象在当前可见性状态或所有可见性状态下均可见。

M．使不可见：运行 BVHIDE 命令，可以使对象在当前可见性状态或所有可见性状态下均不可见。

N．可见性状态：显示"可见性状态"对话框。从中可以创建、删除、重命名和设置当前可见性状态。在列表框中选择一种状态，单击鼠标右键，选择快捷菜单中"新状态"项，打开"新建可见性状态"对话框，可以设置可见性状态。

O．关闭块编辑器✕：运行 BCLOSE 命令，可关闭块编辑器，并提示用户保存或放弃对当前块定义所做的任何更改。

4.2.3 案例实施

手动串联电阻启动控制电路图 1

① 分别单击"默认"选项卡"绘图"面板中的"圆"按钮◎和"注释"面板中的"多行文字"按钮A，绘制图 4-41 所示的电动机图形。

② 在命令行中输入"WBLOCK"命令，打开"写块"对话框，如图 4-42 所示。拾取上面圆心为基点，以上面图形为对象，输入图块名称并指定路径，确认退出。

图 4-41 绘制电动机

图 4-42 "写块"对话框

③ 用同样的方法，绘制其他电气符号，并保存为图块，如图 4-43 所示。

④ 单击"默认"选项卡"块"面板中的"插入"按钮，打开图 4-44 所示的"插入"对话框，单击"浏览"按钮，找到刚才保存的电动机图块，在屏幕上指定插入点、比例和旋转角度，将图块插入到一个新的图形文件中。

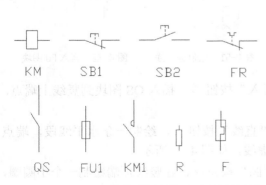

图 4-43 绘制电气图块

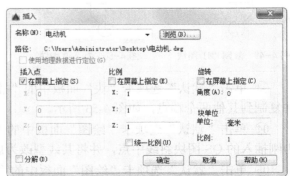

图 4-44 "插入"对话框

⑤ 单击"默认"选项卡"绘图"面板中的"直线"按钮✐，在插入的电动机图块上绘制图 4-45 所示的导线。

⑥ 单击"默认"选项卡"块"面板中的"插入"按钮🗐，将 F 图块插入到图形中，插入比例为 1，角度为 0，并对 F 图块进行整理修改，结果如图 4-46 所示。

⑦ 单击"默认"选项卡"绘图"面板中的"直线"按钮✐，在插入的 F 图块上端点绘制两条竖线，与中间竖线平齐，如图 4-47 所示。

⑧ 单击"默认"选项卡"块"面板中的"插入"按钮🗐，插入 KM1 图块到竖线上端点，并复制到其他两个端点，如图 4-48 所示。

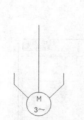  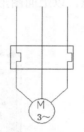 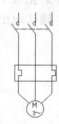

图 4-45　绘制导线　　图 4-46　插入 F 图块　　图 4-47　绘制导线　　图 4-48　插入并复制 KM1 图块

⑨ 将插入并复制的 3 个 KM1 图块向上复制到 KM1 图块的上端点，如图 4-49 所示。

⑩ 单击"默认"选项卡"块"面板中的"插入"按钮🗐，插入 R 图块到第 1 次插入的 KM1 图块的右边适当位置，并向右水平复制两次，如图 4-50 所示。

⑪ 单击"默认"选项卡"绘图"面板中的"直线"按钮✐，绘制电阻 R 与主干竖线之间的连接线，如图 4-51 所示。

⑫ 单击"默认"选项卡"块"面板中的"插入"按钮🗐，插入 FU 图块到竖线上端点，并复制到其他两个端点，如图 4-52 所示。

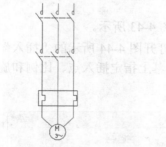 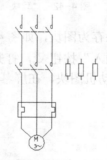 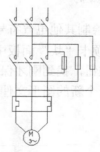 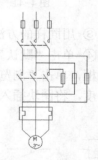

图 4-49　复制 KM1 图块　　图 4-50　插入 R 图块　　图 4-51　绘制连接线　　图 4-52　插入 FU 图块

⑬ 单击"默认"选项卡"块"面板中的"插入"按钮🗐，插入 QS 图块到竖线上端点，并复制到其他两个端点，如图 4-53 所示。

⑭ 单击"默认"选项卡"绘图"面板中的"直线"按钮✐，绘制一条水平线段，端点为刚插入的 QS 图块斜线中点，并将其线型改为虚线，如图 4-54 所示。

⑮ 单击"默认"选项卡"绘图"面板中的"圆"按钮⊙，在竖线顶端绘制一个小圆圈，并复制到另两个竖线顶端，如图 4-55 所示。此处表示线路与外部的连接点。

⑯ 单击"默认"选项卡"绘图"面板中的"直线"按钮 ╱，从主干线上引出两条水平线，如图 4-56 所示。

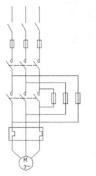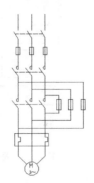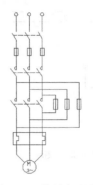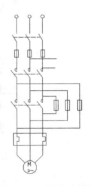

图 4-53　插入 QS 图块　　　　图 4-54　绘制水平功能线　　　　图 4-55　绘制小圆圈　　　　图 4-56　引出水平线

⑰ 单击"默认"选项卡"块"面板中的"插入"按钮 ，插入 FU 图块到上面水平引线右端点，指定旋转角为-90°。这时系统打开提示框，提示是否更新 FU 图块定义（因为前面已经插入过 FU 图块），选择"是"，插入 FU 图块，效果如图 4-57 所示。

⑱ 在 FU 图块右端绘制一条短水平线，单击"默认"选项卡"块"面板中的"插入"按钮 ，插入 FR 图块到水平短线右端点，如图 4-58 所示。

⑲ 单击"默认"选项卡"块"面板中的"插入"按钮 ，连续插入图块 SB1、SB2、KM 到下面一条水平引线右端，如图 4-59 所示。

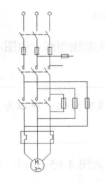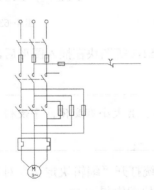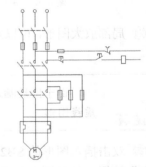

图 4-57　再次插入 FU 图块　　　　图 4-58　插入 FR 图块　　　　图 4-59　插入 SB1、SB2、KM 图块

⑳ 在插入的 SB1 和 SB2 图块之间水平线上向下引出一条竖直线，单击"默认"选项卡"块"面板中的"插入"按钮 ，插入 KM1 图块到竖直引线下端点，指定插入时的旋转角度为-90°，结果如图 4-60 所示。

㉑ 单击"默认"选项卡"块"面板中的"插入"按钮 ，在刚插入的 KM1 图块右端依次插入图块 SB2、KM，结果如图 4-61 所示。

㉒ 参考步骤⑳，向下绘制竖直引线，并插入图块 KM1，如图 4-62 所示。

㉓ 单击"默认"选项卡"绘图"面板中的"直线"按钮 ╱，补充绘制相关导线，如图 4-63 所示。

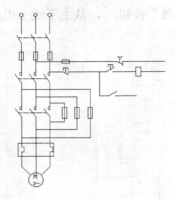

图 4-60 插入 KM1 图块

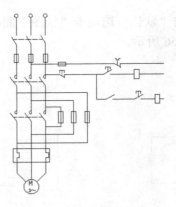

图 4-61 插入 SB2、KM 图块

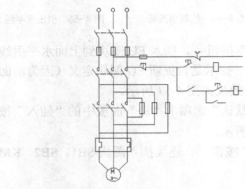

图 4-62 再次插入 KM1 图块

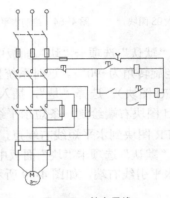

图 4-63 补充导线

㉔ 局部放大图形，可以发现 SB1、SB2 等图块在插入图形后，看不见虚线图线，如图 4-64 所示。

由于图块插入到图形后，其大小有变化，导致相应的图线有变化，所以看不见虚线图形。

㉕ 双击插入图形的 SB2 图块，系统打开"编辑块定义"对话框，如图 4-65 所示。单击"确定"按钮，打开图 4-66 所示的动态块编辑界面。

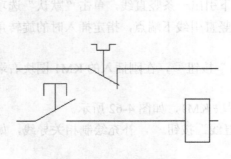

图 4-64 放大显示局部

图 4-65 "编辑块定义"对话框

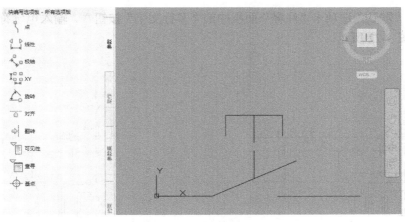

图 4-66　动态块编辑界面

㉖ 选取 SB2 图块中间竖线，单击鼠标右键，在弹出的快捷菜单中选择"特性"选项，打开"特性"选项板，将"线型比例"改为 0.4，如图 4-67 所示。修改后的图块如图 4-68 所示。

㉗ 单击"块编辑器"选项卡上的"关闭块编辑器"按钮✕，退出动态块编辑界面，系统提示是否保存块的修改，如图 4-69 所示。单击"是"按钮，系统返回到绘图界面。

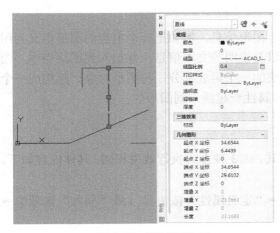

图 4-67　修改线型比例

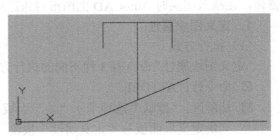

图 4-68　修改后的图块

㉘ 继续选择要修改的图块进行编辑，编辑完成后，可以看到图形中图块对应图线已经变成了虚线，如图 4-70 所示。整个图形如图 4-71 所示。

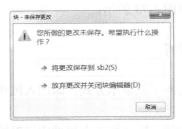

图 4-69　提示框

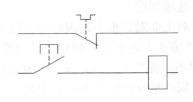

图 4-70　修改后的图块

㉙ 单击"默认"选项卡"注释"面板中的"多行文字"按钮 **A**，输入电气符号代表文字，最终结果如图 4-72 所示。

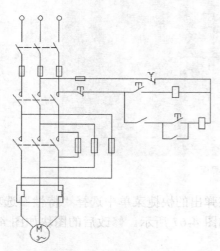

图 4-71　整个图形

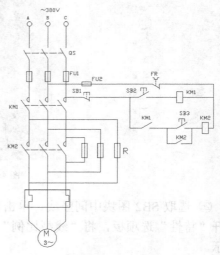

图 4-72　标注文字

4.2.4　拓展知识

图块除了包含图形对象以外，还可以具有非图形信息，例如把一个电容的图形定义为图块后，还可把电容的型号、材料、重量、价格以及说明等文本信息一并加入到图块当中。图块的这些非图形信息叫做图块的属性，它是图块的一个组成部分，与图形对象一起构成一个整体，在插入图块时 AutoCAD 把图形对象连同属性一起插入到图形中。

1．定义图块属性

（1）执行方式

"定义图块属性"命令有 3 种不同的执行方式，这 3 种方式执行效果相同。具体内容如下。

☑ 命令行：ATTDEF

☑ 功能区："默认"选项卡→"块"面板→"定义属性"按钮 ✎（或"插入"选项卡→"块定义"面板→"定义属性"按钮 ✎）

☑ 菜单：绘图→块→定义属性

（2）操作格式

命令：ATTDEF✓

执行上述操作后，打开"属性定义"对话框，如图 4-73 所示。

（3）选项说明

下面对上面对话框中出现的相关提示选项进行说明。

① "模式"选项组：确定属性的模式。

A．"不可见"复选框：选中此复选框。则属性为不可见显示方式，即插入图块并输入属性值后，属性值在图中并不显示出来。

B．"固定"复选框：选中此复选框则属性值为常量，即属性值在属性定义时给定，在插入图块时 AutoCAD 不再提示输入属性值。

C."验证"复选框：选中此复选框，当插入图块时 AutoCAD 重新显示属性值让用户验证该值是否正确。

D."预设"复选框：选中此复选框，当插入图块时 AutoCAD 自动把事先设置好的默认值赋予属性，而不再提示输入属性值。

E."锁定位置"复选框：选中此复选框，锁定块参照中属性的位置。解锁后，属性可以相对于使用夹点编辑的块的其他部分移动，并且可以调整多行文字属性的大小。

F."多行"复选框：指定属性值可以包含多行文字，选择此复选框可以指定属性的边界宽度。

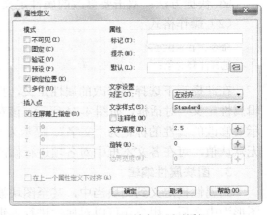

图 4-73　"属性定义"对话框

② "属性"选项组：用于设置属性值。在每个文本框中 AutoCAD 允许输入不超过 256 个字符。

A."标记"文本框：输入属性标签。属性标签可由除空格和感叹号以外的所有字符组成，AutoCAD 自动把小写字母改为大写字母。

B."提示"文本框：输入属性提示。属性提示是插入图块时 AutoCAD 要求输入属性值的提示，如果不在此文本框内输入文本，则以属性标签作为提示。如果在"模式"选项组选中"固定"复选框，即设置属性为常量，则不需设置属性提示。

C."默认"文本框：设置默认的属性值。可把使用次数较多的属性值作为默认值，也可不设默认值。

③ "插入点"选项组：确定属性文本的位置。可以在插入时由用户在图形中确定属性文本的位置，也可在 X、Y、Z 文本框中直接输入属性文本的位置坐标。

④ "文字设置"选项组：设置属性文本的对齐方式、文本样式、字高和倾斜角度。

⑤ "在上一个属性定义下对齐"复选框：选中此复选框表示把属性标签直接放在前一个属性的下面，而且该属性继承前一个属性的文本样式、字高和倾斜角度等特性。

注意　　在动态块中，由于属性的位置包括在动作的选择集中，因此必须将其锁定。

2．修改属性的定义

在定义图块之前，可以对属性的定义加以修改，不仅可以修改属性标签，还可以修改属性提示和属性默认值。

（1）执行方式

"修改属性定义"命令有 3 种不同的执行方式，这 3 种方式执行效果相同。具体内容如下。

☑ 命令行：DDEDIT

☑ 菜单：修改→对象→文字→编辑

☑ 快捷方法：双击要修改的属性定义

（2）操作格式

命令：DDEDIT↙
选择注释对象：

在此提示下选择要修改的属性定义，打开"编辑属性定义"对话框，如图 4-74 所示，该对话框表示要修改的属性的标记为"文字"，提示为"数值"，无默认值，可在各文本框中对各项进行修改。

图 4-74　"编辑属性定义"对话框

3. 图块属性编辑

当属性被定义到图块当中，甚至图块被插入到图形当中之后，用户还可以对属性进行编辑。利用 ATTEDIT 命令可以通过对话框对指定图块的属性值进行修改，利用-ATTEDIT 命令不仅可以修改属性值，而且可以对属性的位置、文本等其他设置进行编辑。

（1）执行方式

"属性编辑"命令有 4 种不同的执行方式，这 4 种方式执行效果相同。具体内容如下。

☑ 命令行：ATTEDIT
☑ 菜单：修改→对象→属性→单个
☑ 工具栏：修改 II→编辑属性 ✎
☑ 功能区："默认"选项卡→"块"面板→"编辑属性"按钮 ✎

（2）操作格式

命令：ATTEDIT↙
选择块参照：

同时光标变为拾取框，选择要修改属性的图块，AutoCAD 打开图 4-75 所示的"编辑属性"对话框，对话框中显示出所选图块中包含的前 8 个属性的值，用户可对这些属性值进行修改。如果该图块中还有其他的属性，可单击"上一个"和"下一个"按钮对它们进行观察和修改。

当用户通过菜单或工具栏执行上述命令时，系统打开"增强属性编辑器"对话框，如图 4-76 所示。该对话框不仅可以编辑属性值，还可以编辑属性的文字选项和图层、线型、颜色等特性值。

图 4-75　"编辑属性"对话框

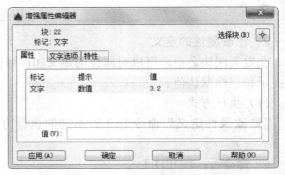

图 4-76　"增强属性编辑器"对话框

另外，还可以通过"块属性管理器"对话框来编辑属性，方法是在"功能区"单击"插入"选项卡"块定义"面板中的"管理属性"按钮 。执行此命令后，系统打开"块属性管理器"对话框，如图 4-77 所示。单击"编辑"按钮，系统打开"编辑属性"对话框，如图 4-78 所示。可以通过该对话框编辑属性。

图 4-77　"块属性管理器"对话框

图 4-78　"编辑属性"对话框

4.2.5　上机操作

绘制图 4-79 所示的三相电机启动控制电路图 1。

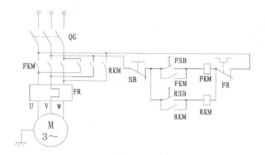

图 4-79　三相电机启动控制电路图 1

三相电机启动控制电路图 1

1.　目的要求

本上机案例主要利用"写块"和"插入块"命令，熟练图块的操作技巧。

2.　操作提示

① 绘制各种电气元件，并保存成图块。

② 插入各个图块并连接。

③ 标注文字。

4.3　设计中心与工具选项板功能应用——手动串联电阻启动控制电路图 2

在电气制图的过程中，为了进一步提高绘图的效率，对绘图过程进行智能化管理和控制，AutoCAD 提供了设计中心和工具选项板两种辅助绘图工具。

利用 AutoCAD 提供的设计中心，可以很容易地组织设计内容，并把它们拖动到自己的图形中。

4.3.1 案例分析

本案例主要讲解利用图块辅助快速绘制电气图的一般方法。手动串联电阻启动控制电路图。其基本原理是：当启动电动机时，按下按钮开关 SB2，电动机串联电阻启动，待电动机转速达到额定转速时，再按下 SB3，电动机电源改为全压供电，使电动机正常运行，绘制流程图如图 4-80 所示。

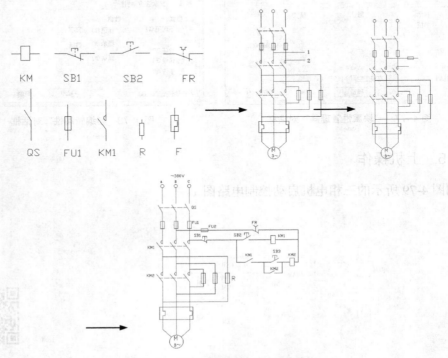

图 4-80 手动串联电阻启动控制电路图

4.3.2 相关知识

本案例和上面案例所绘制的电气图一样，这里准备采用 AutoCAD 中的"设计中心"和"工具选项板"功能来完成。读者可以对比学习这两种方法。下面先简要介绍"设计中心"和"工具选项板"功能。

1. 设计中心

AutoCAD 设计中心相当于一个高度集成的工具库，使用 AutoCAD 设计中心可以方便高效地组织设计内容，并把它们拖动到自己的图形中，变成图形的一部分。这样就可以利用现成的或者标准化的资源来帮助快速绘图。

（1）执行方式

"设计中心"命令有 5 种不同的执行方式，这 5 种方式执行效果相同。具体内容如下。

☑ 命令行：ADCENTER

☑ 功能区："视图"选项卡→"选项板"面板→"设计中心"按钮

☑ 菜单：工具→选项板→设计中心
☑ 工具栏：标准→设计中心▦
☑ 快捷键：Ctrl+2

（2）操作格式

命令：ADCENTER✓

系统打开设计中心。第一次启动设计中心时，它的默认打开的选项卡为"文件夹"。容显示区采用大图标显示，左边的资源管理器采用树形显示方式显示系统的树形结构，浏览资源的同时，在内容显示区显示所浏览资源的有关细目或内容，如图 4-81 所示。

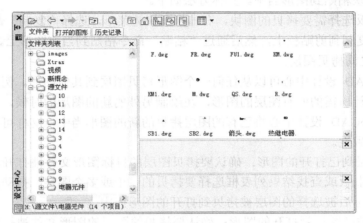

图 4-81　设计中心

可以依靠鼠标拖动边框来改变 AutoCAD 2016 设计中心资源管理器和内容显示区以及 AutoCAD 2016 绘图区的大小，但内容显示区的最小尺寸应能显示两列大图标。

如果要改变 AutoCAD 2016 设计中心的位置，可在 AutoCAD 2016 设计中心工具条的上部用鼠标拖动它，松开鼠标后，AutoCAD 2016 设计中心便处于当前位置，到新位置后，仍可以用鼠标改变各窗口的大小。也可以通过设计中心边框左边下方的"自动隐藏"按钮自动隐藏设计中心。

（3）利用设计中心中插入图块

AutoCAD DesignCenter 提供了插入图块的两种方法："利用鼠标指定比例和旋转方式"和"精确指定坐标、比例和旋转角度方式"。

① 利用鼠标指定比例和旋转方式插入图块。

采用此方法时，AutoCAD 根据鼠标拉出的线段的长度与角度确定比例与旋转角度。采用该方法插入图块的步骤如下。

A．从文件夹列表或查找结果列表选择要插入的图块，按住鼠标左键，将其拖动到打开的图形。松开鼠标左键，此时，被选择的对象被插入到当前被打开的图形当中。利用当前设置的捕捉方式，可以将对象插入到任何存在的图形当中。

B．按下鼠标左键，指定一点作为插入点，移动鼠标，鼠标位置点与插入点之间距离为缩放比例。按下鼠标左键确定比例。同样方法移动鼠标，鼠标指定位置与插入点连线与水平线角度为旋转角度。被选择的对象就根据鼠标指定的比例和角度插入到图形当中。

② 精确指定的坐标、比例和旋转角度插入图块。

利用该方法可以设置插入图块的参数，具体方法如下。

A．从文件夹列表或查找结果列表框选择要插入的对象，拖动对象到打开的图形。

B．在相应的命令行提示下输入比例和旋转角度等数值。被选择的对象根据指定的参数插入到图形当中。

（4）利用设计中心复制图形

① 在图形之间拷贝图块。

利用 AutoCAD 设计中心可以浏览和装载需要拷贝的图块，然后将图块拷贝到剪贴板，利用剪贴板将图块粘贴到图形当中。具体方法如下。

A．在控制板选择需要拷贝的图块，右击打开快捷菜单，选择"复制"命令。

B．将图块复制到剪贴板上，然后通过"粘贴"命令粘贴到当前图形上。

② 在图形之间拷贝图层。

利用 AutoCAD 设计中心可以从任何一个图形拷贝图层到其他图形。例如，如果已经绘制了一个包括设计所需的所有图层的图形，在绘制另外的新的图形的时候，可以新建一个图形，并通过 AutoCAD 设计中心将已有的图层拷贝的新的图形当中，这样可以节省时间，并保证图形间的一致性。

A．拖动图层到已打开的图形：确认要拷贝图层的目标图形文件被打开，并且是当前的图形文件。在控制板或查找结果列表框选择要拷贝的一个或多个图层。拖动图层到打开的图形文件。松开鼠标后被选择的图层被拷贝到打开的图形当中。

B．拷贝或粘贴图层到打开的图形：确认要拷贝的图层的图形文件被打开，并且是当前的图形文件。在控制板或查找结果列表框选择要拷贝的一个或多个图层。右击打开快捷菜单，在快捷菜单中选择"复制到粘贴板"命令。如果要粘贴图层，确认粘贴的目标图形文件被打开，并为当前文件。右击打开快捷菜单，在快捷菜单选择"粘贴"命令。

2．工具选项板

工具选项板是选项卡形式的区域，提供组织、共享和放置块及填充图案的有效方法。工具选项板还可以包含由第三方开发人员提供的自定义工具。

（1）执行方式

"工具选项板"命令有 5 种不同的执行方式，这 5 种方式执行效果相同。具体内容如下。

☑ 命令行：TOOLPALETTES

☑ 菜单栏：工具→选项板→工具选项板

☑ 工具栏：标准→工具选项板窗口

☑ 功能区："视图"选项卡→"选项板"面板→"工具选项板"按钮

☑ 快捷键：Ctrl+3

（2）操作格式

命令：TOOLPALETTES↙

系统自动打开工具选项板窗口，如图 4-82 所示。

（3）选项说明

在工具选项板中，系统设置了一些常用图形选项卡，这些常用图形可以方便用户绘图。

① 移动和缩放工具选项板窗口。

用户可以用光标按住工具选项板窗口深色边框，拖动光标，即可移动工具选项板窗口。将光标指向工具选项板窗口边缘，出现双向伸缩箭头，按住鼠标左键拖动即可缩放工具选项板窗口。

② 自动隐藏。

在工具选项板窗口深色边框上单击"自动隐藏"按钮 ，可自动隐藏工具选项板窗口，再次单击，则自动打开工具选项板窗口。

③ "透明度"控制。

在工具选项板窗口深色边框上单击"特性"按钮 ，打开快捷菜单，如图 4-83 所示。选择"透明度"命令，系统打开"透明度"对话框，如图 4-84 所示。

图 4-82 工具选项板窗口

图 4-83 快捷菜单

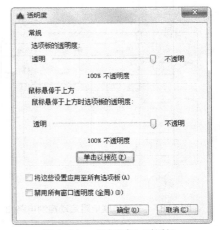

图 4-84 "透明度"对话框

④ "视图"控制。

将光标放在工具选项板窗口的空白地方，单击鼠标右键，打开快捷菜单，选择其中的"视图选项"命令，如图 4-85 所示。打开"视图选项"对话框，如图 4-86 所示。

图 4-85 快捷菜单

图 4-86 "视图选项"对话框

⑤ 向工具选项板添加内容。

A．将图形、块和图案填充从设计中心拖动到工具选项板上。

B．使用"剪切""复制"和"粘贴"将一个工具选项板中的工具移动或复制到另一个工具选项板中。

手动串联电阻启
动控制电路图 2

4.3.3 案例实施

① 利用各种绘图和编辑命令绘制如图 4-87 所示的各个电气元件图形，并按图 4-88 所示代号将其分别保存到"电气元件"文件夹中。

这里绘制的电气元件只作为 DWG 图形保存，不必保存成图块。

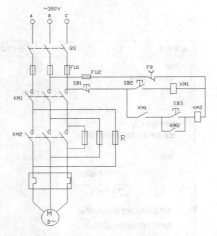

图 4-87 手动串联电阻启动控制电路图

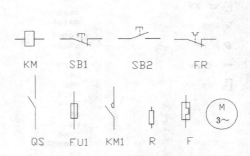

图 4-88 电气元件图形

② 单击"视图"选项卡"选项板"面板中的"设计中心"按钮，并打开"工具选项板"对话框，打开设计中心和工具选项板，如图 4-89 所示。

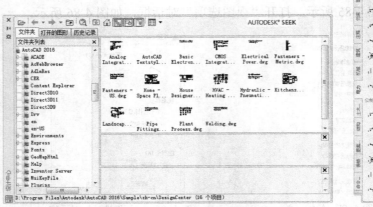

图 4-89 设计中心和工具选项板

③ 在设计中心的"文件夹"选项卡下找到刚才绘制电器元件时保存的"电气元件"文件夹，在该文件夹上单击鼠标右键，打开快捷菜单，选择"创建块的工具选项板"命令，如图 4-90 所示。

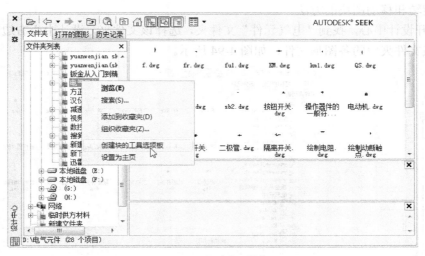

图 4-90　设计中心操作

④ 系统自动在工具选项板上创建一个名为"电气元件"的工具选项板，如图 4-91 所示，该选项板上列出了"电气元件"文件夹中的各图形，并将每一个图形自动转换成图块。

⑤ 按住鼠标左键，将"电气元件"工具选项板中的 M 图块拖动到绘图区域，电动机图块就插入到新的图形文件中了，如图 4-92 所示。

图 4-91　"电气元件"工具选项板

图 4-92　插入电动机图块

⑥ 在工具选项板中插入的图块不能旋转，对需要旋转的图块，单击"默认"选项卡"修改"面板中的"旋转"按钮○和"移动"按钮✥，进行旋转和移动操作，也可以采用直接从设计中心拖动图块的方法实现，现以图 4-93 所示绘制水平引线后需要插入旋转的 FU 图块为例，讲述旋转和移动图块的方法。

⑦ 打开设计中心，找到"电气元件"文件夹，选择该文件夹，设计中心右边的显示框列表内显示该文件夹中的各图形文件，如图 4-94 所示。

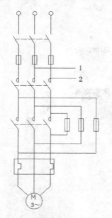

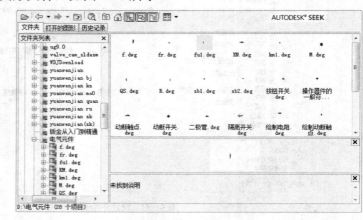

图 4-93　绘制水平引线　　　　　　　　　　　　图 4-94　设计中心

⑧ 选择其中的 **FU1.dwg** 文件，按住鼠标左键，拖动到当前绘制的图形中，命令行提示与操作如下。

```
命令: _-INSERT
输入块名或 [?]: "D:\电气元件\FU1.dwg"
单位: 毫米　转换:　1.000
指定插入点或 [基点(B)/比例(S)/X/Y/Z/旋转(R)]: （捕捉图 4-93 中的 1 点）
输入 X 比例因子，指定对角点，或 [角点(C)/XYZ(XYZ)] <1>: 1↙
输入 Y 比例因子或 <使用 X 比例因子>:↙
指定旋转角度 <0>: -90↙（也可以通过拖动鼠标动态控制旋转角度，如图 4-95 所示）
```

插入结果如图 4-96 所示。

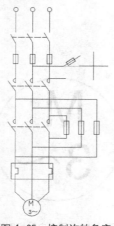

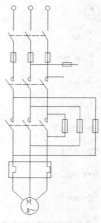

图 4-95　控制旋转角度　　　　　　　　　　　　图 4-96　插入结果

继续利用工具选项板和设计中心插入各图块，最终结果如图 4-81 所示。

⑨ 如果不想保存"电气元件"工具选项板，可以在"电气元件"工具选项板上单击鼠标右键，打开快捷菜单，选择"删除选项板"命令，如图 4-97 所示，系统打开提示框，如图 4-98 所示，单击"确定"按钮，系统自动将"电气元件"工具选项板删除。

删除后的工具选项板如图 4-99 所示。

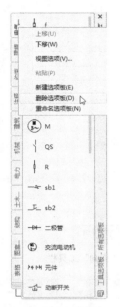

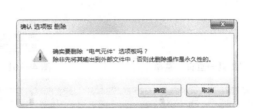

图 4-97 快捷菜单   图 4-98 提示框   图 4-99 删除后的工具选项板

4.3.4 拓展知识

在绘制图形或阅读图形的过程中，有时需要即时查询图形对象的相关数据，比如对象之间的距离等。为了方便这些查询工作，AutoCAD 提供了相关的查询命令。

对象查询的菜单命令集中在"工具"→"查询"菜单中，如图 4-100 所示。而其工具栏命令则主要集中在"查询"工具栏中，如图 4-101 所示。

1．查询距离

（1）执行方式

"距离"命令有 4 种不同的执行方式，这 4 种方式执行效果相同。具体内容如下。

☑ 命令行：DIST

☑ 功能区："默认"选项卡→"实用工具"面板→"测量"下拉菜单→"距离"按钮 ▤
（如图 4-102 所示）

☑ 菜单：工具→查询→距离

☑ 工具栏：查询→距离 ▤

（2）操作格式

命令：DIST✓
指定第一点：（指定第一点）

图 4-100 "工具→查询"菜单

图 4-101 "查询"工具栏

图 4-102 "测量"下拉菜单

指定第二个点或 [多个点(M)]：（指定第二点）
距离=5.2699, XY 平面中的倾角=0， 与 XY 平面的夹角 = 0
X 增量=5.2699， Y 增量=0.0000， Z 增量=0.0000

面积、面域/质量特性的查询与距离查询类似，不再赘述。

2. 查询对象状态

（1）执行方式

"状态"命令有两种不同的执行方式，这两种方式执行效果相同。具体内容如下。

☑ 命令行：STATUS

☑ 菜单：工具→查询→状态

（2）操作格式

命令：STATUS✓

系统自动切换到文本显示窗口，显示所当前文件的状态，包括文件中的各种参数状态以及文件所在磁盘的使用状态，如图 4-103 所示。

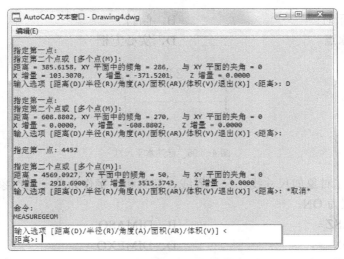

图 4-103　文本显示窗口

列表显示、点坐标、时间、系统变量等查询工具与查询对象状态方法和功能相似。

4.3.5　上机操作

绘制图 4-104 所示的三相电机启动控制电路图 2。

1. 目的要求

本上机案例主要利用"设计中心"和"工具选项板"命令绘制三相电机启动控制电路图。

2. 操作提示

① 绘制图 4-105 所示的各电气元件并保存。

② 在设计中心中找到各电气元件保存的文件夹，在右边的显示框中选择需要的元件，拖动到所绘制的图形中，并指定其缩放比例和旋转角度。

三相电机启动控制电路图 2

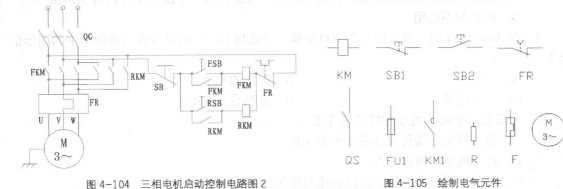

图 4-104　三相电机启动控制电路图 2　　　　　图 4-105　绘制电气元件

自测题

1. 图 4-106 所示的标注在"符号和箭头"选项卡中"箭头"选项组下，应该如何设置？
（　　　）

A. 建筑标记　　　　　　　　　B. 倾斜
C. 指示原点　　　　　　　　　D. 实心方框

图 4-106　标注水平尺寸

2. 将尺寸标注对象如尺寸线、尺寸界线、箭头和文字作为单一的对象，必须将（　　）尺寸标注变量设置为 ON。

A. DIMASZ　　　　　　　　　B. DIMASO
C. DIMON　　　　　　　　　D. DIMEXO

3. 下列尺寸标注中公用一条基线的是（　　）。

A. 基线标注　　　B. 连续标注　　　C. 公差标注　　　D. 引线标注

4. 将图和已标注的尺寸同时放大 2 倍，其结果是（　　）。

A. 尺寸值是原尺寸的 2 倍
B. 尺寸值不变，字高是原尺寸的 2 倍
C. 尺寸箭头是原尺寸的 2 倍
D. 原尺寸不变

5. 尺寸公差中的上下偏差可以在线性标注的哪个选项中堆叠起来？（　　）

A. 多行文字　　　B. 文字　　　　C. 角度　　　　D. 水平

6. 用 BLOCK 命令定义的内部图块，下列哪个说法是正确的？（　　）

A. 只能在定义它的图形文件内自由调用
B. 只能在另一个图形文件内自由调用
C. 既能在定义它的图形文件内自由调用，又能在另一个图形文件内自由调用
D. 两者都不能用

7. 在 AutoCAD 的"设计中心"窗口的哪一项选项卡中，可以查看当前图形中的图形信息？（　　）

A. 文件夹　　　　　　　　　B. 打开的图形
C. 历史记录　　　　　　　　D. 联机设计中心

8. 利用设计中心不可能完成的操作是（　　）。

A. 根据特定的条件快速查找图形文件
B. 打开所选的图形文件
C. 将某一图形中的块通过鼠标拖放添加到当前图形中
D. 删除图形文件中未使用的命名对象，例如块定义、标注样式、图层、线型和文字样式等

9. 下列哪些方法能插入创建好的块？（　　）

A. 从 Windows 资从源管理器中将图形文件图标拖放到 AutoCAD 绘图区域插入块
B. 从设计中心插入块

C．用粘贴命令"pasteclip"插入块

D．用插入命令"insert"插入块

10．下列关于块的说法正确的是（　　）。

A．块只能在当前文档中使用

B．只有用 Wblock 命令写到盘上的块才可以插入另一图形文件中

C．任何一个图形文件都可以作为块插入另一幅图中

D．用 Block 命令定义的块可以直接通过 Insert 命令插入到任何图形文件中

第 <big>**5**</big> 章　**电路图设计**

在前面的章节中，读者通过一些案例系统学习了 AutoCAD 绘制简单电气图形符号时用到的 AutoCAD 各种命令的使用技巧。掌握这些绘图命令后，就可以利用这些知识来绘制具体的电气工程图了。

随着电子技术的高速发展，电子技术和电子产品已经深入到生产、生活和社会活动的各个领域，正确、熟练地识读，绘制电子电路图，是对从事电气工程技术人员的基本要求。本章通过几个具体案例来帮助读者掌握电路图的绘制方法。

能力目标

➢ 掌握电路图的具体绘制方法
➢ 灵活应用各种 AutoCAD 命令
➢ 提高电气绘图的速度和效率

课时安排

2 课时（讲课 1 课时，练习 1 课时）

5.1　绘制微波炉电路图

电子线路是最常见、应用最为广泛的一类电气线路。在工业领域中，电子线路占据了重要的位置。在日常生活中，几乎每个环节都和电子线路有着或多或少的联系，如电视机、收音机、电冰箱、电话、微波炉、热水器等都是电子线路应用的例子，可以说电子线路在人们的生活中必不可少。

5.1.1　案例分析

本案例将讲述微波炉电路图绘制基本思路和方法。绘制的大致思路如下：首先观察并分析图样的结构，绘制出大体的结构框图，即绘制出主要的电路图导线，然后绘制出各个电子元件，接着将各个电子元件"安装"插入到结构图中相应的位置中，最后在电路图的适当位置添加相应文字和注释说明，即可完成电路图的绘制。本案例绘制流程如图 5-1 所示。

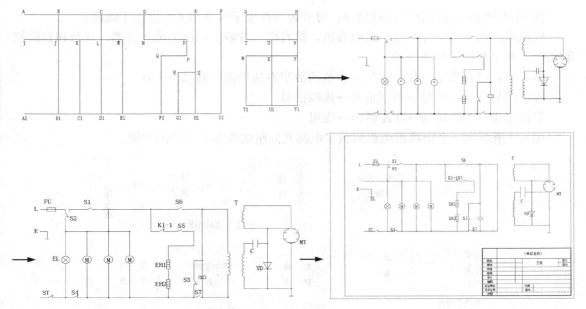

图 5-1　微波炉电路图绘制流程

5.1.2　相关知识

下面介绍电子线路相关基本理论知识。

1．电子线路的基本概念

电子技术是研究电子器件、电子电路及其应用的科学技术。

以信息科学技术为中心的电子技术的应用，包括计算机技术、生物基因工程、光电子技术、军事电子技术、生物电子学、新型材料、新型能源、海洋开发工程技术等高新技术群的兴起，已经引起人类从生产到生活各个方面的巨大变革。

电子线路是由电子器件（又称有源器件，如电子管、半导体二极管、晶体管、集成电路等）和电子元件（又称无源器件，如电阻器、电容器、电感器、变压器等）组成的具有一定功能的电路。

电子器件是电子线路的核心，其发展促进了电子技术的发展。

2．电子线路的分类

（1）信号

电子信号可分为以下两类。

① 数字信号。数字信号指在时间和数值上都是离散的信号。

② 模拟信号。除数字外的所有形式的信号统称为模拟信号。

（2）电路

根据不同的划分标准，电路可以分为不同的类别。

① 根据工作信号划分，可分为以下两类。

A．模拟电路：工作信号为模拟信号的电路。

B．数字电路：工作信号为数字信号的电路。

② 根据信号的频率范围划分，可分为低频电子线路和高频电子线路。

③ 根据核心元件的伏安特性划分，可分为线性电子线路和非线性电子线路。

模拟电路的应用十分广泛，从收音机、扩音机、音响到精密的测量仪器、复杂和自动控制系统、数字数据采集系统等。

尽管现在已是数字时代，但绝大多数的数字系统仍需做到以下过程。

模拟信号→数字信号→数字信号→模拟信号

数据采集→A/D 转换→D/A 转换→应用

图 5-2 所示为一个由模拟电路和数字电路共同组成的电子系统的实例。

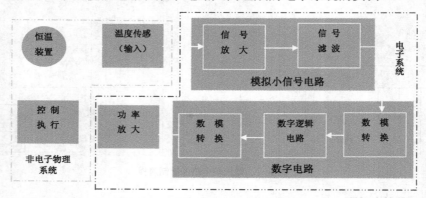

图 5-2 电子系统的组成框图

5.1.3 案例实施

1. 设置绘图环境

① 建立新文件。单击"快速访问"工具栏中的"新建"按钮 ，系统打开"选择样板"对话框，用户在该对话框中选择需要的样板图。

在"创建新图形"对话框中选择已经绘制好的样板图，然后单击"打开"按钮，则会返回绘图区域，同时选择的样板图也会出现在绘图区域内，其中样板图左下端点坐标为（0,0）。本例选用 A3 样板图，如图 5-3 所示。

绘制微波炉电路图

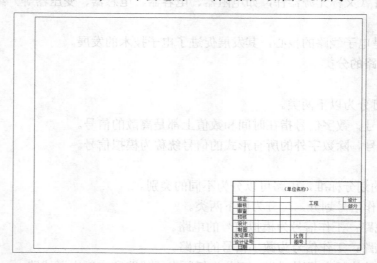

图 5-3 插入的 A3 样板图

② 设置图层。单击"图层"工具栏中的"图层特性管理器"按钮⚏，新建两个图层，分别命名为"连线图层"和"实体符号层"，图层的颜色、线型、线宽等属性状态设置如图 5-4 所示。

图 5-4　新建图层

2．绘制线路结构图

如图 5-5 所示为最后在 A3 样板中绘制成功的线路结构图。

① 单击"默认"选项卡"绘图"面板中的"直线"按钮╱，绘制若干条水平直线和竖直直线，在绘制的过程中，打开"对象捕捉"和"正交"绘图功能。绘制相邻直线时，可以用光标捕捉直线的端点作为起点。

② 单击"默认"选项卡"修改"面板中的"偏移"按钮⚌，将已经绘制好的直线进行平移并复制，同时保留原直线。观察图 5-4 可知，线路结构图中有多条折线，如连接线 NOPQ，这是可以先绘制水平和竖直直线。

③ 单击"默认"选项卡"修改"面板中的"修剪"按钮⊬，有效地得到这些折线。

④ 另外在绘制接地线时，可先绘制处左边的一小段直线，单击"默认"选项卡"修改"面板中的"镜像"按钮⚎，绘制出与左边直线对称的直线。

在图 5-5 所示的结构图中，各连接线段的长度分别为：AB=40mm，BC=50mm，CD=50mm，DE=60mm，EF=30mm，GH=60mm，JK=25mm，LM=25mm，NO=50mm，TU=30mm，PQ=30mm，RS=20mm，E1F1=45mm，F1G1=20mm，BJ=30mm，JB1=90mm，DN=30mm，OP=20mm，ES=70mm，GT=30mm，WT1=60mm。

3．绘制各实体符号

（1）画熔断器

① 单击"默认"选项卡"绘图"面板中的"矩形"按钮▭，绘制一个长度为 10mm，宽度为 5mm 的矩形，如图 5-6 所示。

② 单击"默认"选项卡"修改"面板中的"分解"按钮⬚，将矩形分解成为直线 1、2、3 和 4，如图 5-7 所示。

③ 打开状态栏中的"对象捕捉"功能，单击"默认"选项卡"绘图"面板中的"直线"按钮╱，捕捉直线 2 和 4 的中点作为直线 5 的起点和终点，如图 5-8 所示。

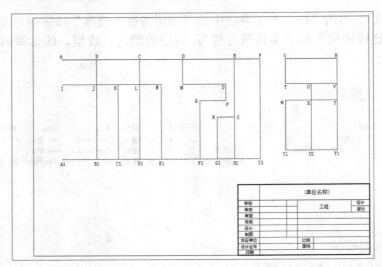

图 5-5　在 A3 样板中绘制的线路结构图

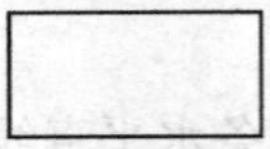

图 5-6　矩形 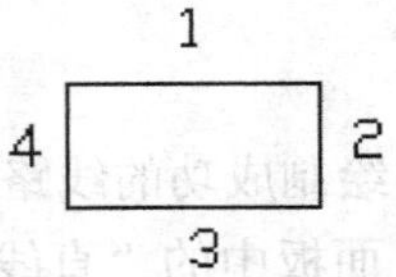　　　　　　　　　　图 5-7　分解矩形 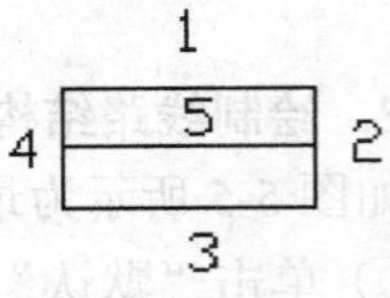　　　　　　　　　　图 5-8　绘制直线 5

④ 单击"默认"选项卡"修改"面板中的"拉长"按钮，将直线 5 分别向左和向右拉长 5mm。得到的熔断器如图 5-9 所示。

（2）绘制功能选择开关

① 单击"默认"选项卡"绘图"面板中的"直线"按钮，绘制一条长为 5mm 的直线 1；重复"直线"命令，打开"对象捕捉"功能，捕捉直线 1 的右端点作为新绘制直线的左端点，绘制出长度为 5mm 的直线 2，按照同样的方法绘制出长度为 5mm 的直线 3，绘制结果如图 5-10 所示。

② 单击"默认"选项卡"修改"面板中的"旋转"按钮，在"对象捕捉"绘图方式下，关闭"正交"功能，捕捉直线 2 的右端点，输入旋转的角度为 30，得到图 5-11 所示的功能开关的符号。

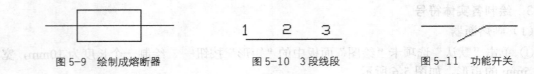

图 5-9　绘制成熔断器　　　　　　　图 5-10　3 段线段　　　　　　　图 5-11　功能开关

（3）绘制门联锁开关

绘制门联锁开关的过程与绘制功能选择开关基本相似。

① 单击"默认"选项卡"绘图"面板中的"直线"按钮，绘制一条长为 5mm 的直线 1；重复"直线"命令，在"对象捕捉"绘图方式下，捕捉直线 1 的右端点作为新绘制直线的左端点，绘制出长度为 6mm 的直线 2，按照同样的方法绘制出长度为 4mm 的直线 3，绘制

结果如图 5-12 所示。

② 单击"默认"选项卡"修改"面板中的"旋转"按钮 ⟳，在"对象捕捉"绘图方式下，关闭"正交"功能，捕捉直线 2 的右端点，输入旋转的角度为 30º，结果如图 5-13 所示。

图 5-12 3 段直线   图 5-13   将直线 2 旋转 30º

③ 单击"默认"选项卡"修改"面板中的"拉长"按钮 ⟋，将旋转后的直线 2 沿着左端点方向拉长 2mm，如图 5-14 所示。

④ 单击"默认"选项卡"绘图"面板中的"直线"按钮 ⟋，同时打开"对象捕捉"和"正交"功能，用鼠标左键捕捉直线 1 的右端点，向下绘制一条长为 5mm 的直线，如图 5-15 所示，即为绘制成的门联锁开关。

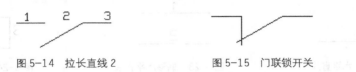

图 5-14   拉长直线 2   图 5-15   门联锁开关

（4）绘制炉灯

① 单击"默认"选项卡"绘图"面板中的"圆"按钮 ⊙，绘制一个半径为 5mm 的圆形，如图 5-16 所示。

② 单击"默认"选项卡"绘图"面板中的"直线"按钮 ⟋，打开"对象捕捉"和"正交"功能，用鼠标左键捕捉圆心作为直线的端点，输入直线的长度为 5mm，使得该直线的另外一个端点落在圆周上，如图 5-17 所示。

③ 按照步骤②中的方法，绘制另外 3 条正交的线段，如图 5-18 所示。

图 5-16 圆   图 5-17   绘制线段   图 5-18   绘制 4 条线段

④ 单击"默认"选项卡"修改"面板中的"旋转"按钮 ⟳，选择圆和 4 条线段为旋转对象，输入旋转角度为 45º，得到炉灯的图形符号，如图 5-19 所示。

（5）绘制电动机

① 绘制圆。单击"默认"选项卡"绘图"面板中的"圆"按钮 ⊙，绘制一个半径为 5mm 的圆形，如图 5-20 所示。

② 输入文字。单击"默认"选项卡"注释"面板中的"多行文字"按钮 A，在圆的中心位置划定一个矩形框，在合适的位置输入大写字母 M，图 5-21 所示的电动机就画成了。

（6）绘制石英发热管

① 绘制水平直线。单击"默认"选项卡"绘图"面板中的"直线"按钮 ⟋，在"正交"绘图方式下，绘制一条长为 12mm 的水平直线 1，如图 5-22 所示。

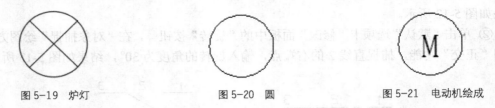

图 5-19　炉灯　　　　　　　　　图 5-20　圆　　　　　　　　图 5-21　电动机绘成

②　偏移水平直线。单击"默认"选项卡"修改"面板中的"偏移"按钮 ⬡，选择直线 1 作为偏移对象，输入偏移的距离为 4mm，在直线 1 的下方绘制一条长度同样为 5mm 的水平直线 2，如图 5-23 所示。

③　绘制竖直直线 3。单击"默认"选项卡"绘图"面板中的"直线"按钮 ╱，在"对象捕捉"绘图方式下，用光标分别捕捉直线 1 和 2 的左端点作为竖直直线 3 的起点和终点，如图 5-24 所示。

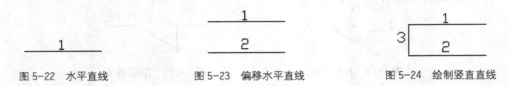

图 5-22　水平直线　　　　　图 5-23　偏移水平直线　　　　图 5-24　绘制竖直直线

④　偏移竖直直线。单击"默认"选项卡"修改"面板中的"偏移"按钮 ⬡，选择直线 3 作为偏移对象，输入偏移的距离为 3mm，在直线 3 的右方绘制一条长度同样为 5mm 的竖直直线，重复"偏移"命令，依次再向右偏移 3 条竖直直线，如图 5-25 所示。

⑤　绘制水平直线。单击"默认"选项卡"绘图"面板中的"直线"按钮 ╱，用光标捕捉直线 3 的中点，输入长度 5mm，向左边绘制一条水平直线；重复"直线"命令，在直线 4 的右边绘制一条长度为 5mm 的水平直线，如图 5-26 所示。

图 5-25　偏移竖直直线　　　　　　　图 5-26　石英发热管符号

（7）绘制烧烤控制继电器

①　绘制矩形。单击"默认"选项卡"绘图"面板中的"矩形"按钮 ▭，绘制一个长为 4mm，宽为 8mm 的矩形，如图 5-27 所示。

②　绘制水平直线。单击"默认"选项卡"绘图"面板中的"直线"按钮 ╱，在"对象捕捉"绘图方式下，用光标捕捉矩形的两条竖直直线的中点作为水平直线的起点，分别向左边和右边绘制一条长度为 5mm 的水平直线，如图 5-28 所示，即为绘成的烧烤继电器。

图 5-27　矩形　　　　　　　图 5-28　烧烤继电器

（8）绘制高压变压器

在绘制高压变压器之前，先大概了解一下变压器的结构。

变压器压器由套在一个闭合铁心上的两个或多个线圈（绕组）构成，铁心和线圈是变压器的基本组成部分。铁心构成了电磁感应所需的磁路。为了减少磁通变化时所引起的涡流损失，变压器的铁心要用厚度为 0.35～0.5mm 的硅钢片叠成。片间用绝缘漆隔开。铁心分为心式和客式两种。

变压器和电源相连的线圈称为原绕组（或原边，或初级绕组），其匝数为 N_1，和负载相连的线圈称为副绕组（或副边，或次级绕组），其匝数为 N_2。绕组与绕组及绕组与铁心之间都是互相绝缘的。

由变压器的组成结构看出，只需要单独绘制出线圈绕组和铁心即可，然后根据需要将它们安装在前面绘制的结构线路图中即可。这里分别绘制一个匝数为 3 和 6 的线圈。

① 绘制阵列圆。单击"默认"选项卡"绘图"面板中的"圆"按钮⊘，绘制一个半径为 2.5mm 的圆；单击"默认"选项卡"修改"面板中的"矩形阵列"按钮▦，设置"行数"为 1，"列数"为 3，"列间距"为 5mm，并选择之前画的圆作为阵列对象。结果如图 5-29 所示。

② 绘制水平直线。单击"默认"选项卡"绘图"面板中的"直线"按钮╱，在"正交"和"对象捕捉"方式下，分别用光标捕捉第一个圆和第三个圆的圆心作为水平直线的起点和终点，如图 5-30 所示。

③ 拉长水平直线。单击"默认"选项卡"修改"面板中的"拉长"按钮╱，选择水平直线作为拉长对象，分别将直线向左和向右拉长 2.5mm，命令行中的提示与操作如下：

```
命令：_lengthen✓
选择要测量的对象或 [增量(DE)/百分比(P)/总计(T)/动态(DY)] <总计(T)>：DE
输入长度增量或 [角度(A)] <0.0000>：2.5✓
选择要修改的对象或 [放弃(U)]：（用鼠标左键单击水平直线的左端点）
选择要修改的对象或 [放弃(U)]：（用鼠标左键单击水平直线的右端点）
选择要修改的对象或 [放弃(U)]：✓
```

绘制成的图形如图 5-31 所示。

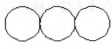

图 5-29　阵列圆

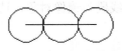

图 5-30　水平直线

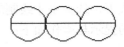

图 5-31　拉长直线

④ 修剪图形。单击"默认"选项卡"修改"面板中的"修剪"按钮╱，将图中的多余部分进行修剪，修剪结果如图 5-32 所示。匝数为 3 的线圈绕组即画成了。

⑤ 绘制匝数为 6 的线圈。单击"默认"选项卡"修改"面板中的"复制"按钮％，选择已经画好的如图 5-33 所示的线圈绕组，确定后进行复制，绘成的阵列线圈如图 5-33 所示。

图 5-32　匝数为 3 的线圈

图 5-33　匝数为 6 的线圈

（9）绘制高压电容器

单击"默认"选项卡"绘图"面板中的"直线"按钮 ∕，绘制高压电容器，如图 5-34 所示。

（10）绘制高压二极管

单击"默认"选项卡"绘图"面板中的"直线"按钮 ∕，绘制高压二极管，如图 5-35 所示。

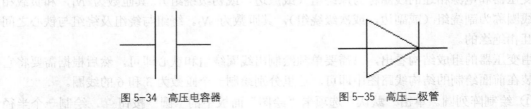

图 5-34　高压电容器　　　　　　　图 5-35　高压二极管

（11）绘制磁控管

① 绘制圆。单击"默认"选项卡"绘图"面板中的"圆"按钮 ⊘，绘制一个半径为 10mm 的圆，如图 5-36 所示。

② 绘制竖直直线。单击"默认"选项卡"绘图"面板中的"直线"按钮 ∕，在"正交"和"对象捕捉"绘图方式下，用鼠标左键捕捉圆心作为直线的起点，分别向上和向下绘制一条长为 10mm 的直线，直线的另一个端点则落在圆周上，如图 5-37 所示。

图 5-36　圆　　　　　　　图 5-37　两条竖直直线

③ 绘制若干条短小线段。单击"默认"选项卡"绘图"面板中的"直线"按钮 ∕，关闭"正交"和"对象捕捉"功能，绘制 4 条短小直线，如图 5-38 所示。

④ 镜像直线。单击"默认"选项卡"修改"面板中的"镜像"按钮 ⚊，在"捕捉对象"绘图方式下，选择刚才绘制的 4 条小线段为镜像对象，选择竖直直线为镜像线进行镜像，命令行中的提示与操作如下：

```
命令: _mirror↙
选择对象:（用鼠标左键单击选择需要做镜像的直线）
选择对象:↙
指定镜像线的第一点： <对象捕捉开>
指定镜像线的第二点:（用鼠标左键捕捉竖直直线的端点）
要删除源对象吗？[是(Y)/否(N)] <否>:↙
```

绘制出的结果如图 5-39 所示。

⑤ 修剪图形。单击"默认"选项卡"修改"面板中的"修剪"按钮 ⊬，选择需要修剪的对象，确定后，用鼠标单击需要修剪的部分，修剪后的结果如图 5-40 所示。

图 5-38　绘制小线段　　　　图 5-39　镜像线段　　　　图 5-40　磁控管绘成

4．将实体符号插入到线路结构图中

根据微波炉的原理图，将前面绘制好的实体符号插入到结构线路图合适的位置上，由于在单独绘制实体符号的时候，大小以方便能看清楚为标准，所以插入到结构线路中时，可能会出现不协调，这个时候，可以根据实际需要调用"缩放"功能来及时调整。在插入实体符号的过程中，结合打开"对象捕捉""对象追踪"或"正交"等功能，选择合适的插入点。下面选择 5 个典型的实体符号插入结构线路图来介绍具体的操作步骤。

（1）插入熔断器。将图 5-41 所示的熔断器插入到图 5-42 所示的导线 AB 的合适的位置中去。具体步骤如下。

图 5-41　熔断器　　　　　　　　　　　　　图 5-42　导线 AB

① 移动实体符号。在"对象捕捉"绘图方式下，单击"默认"选项卡"修改"面板中的"移动"按钮✥，将熔断器以 A2 作为基点，用光标捕捉导线 AB 的左端点 A 作为移动熔断器时 A2 点的插入点，插入结果如图 5-43 所示。

② 调整平移位置。图 5-43 所示的熔断器插入位置不够协调，这时需要将上一步的平移结果继续向右移动少许距离。单击"默认"选项卡"修改"面板中的"移动"按钮✥，将熔断器水平移动 5，命令行中的提示与操作如下：

```
命令：_move↙
选择对象：（用鼠标左键选择熔断器）
选择对象：↙
指定基点或 [位移(D)] <位移>：（用鼠标左键选择熔断器上任意一点）
指定第二个点或 <使用第一个点作为位移>：@5,0（这里只是水平方向的移动）
```

调整移动距离后的结果如图 5-44 所示。

图 5-43　插入熔断器　　　　　　　　　图 5-44　插入实体符号后的结果

（2）插入定时开关。将图 5-45 所示的定时开关插入到图 5-46 所示的导线 BJ 中。

① 旋转定时开关。单击"修改"工具栏中的"旋转"按钮⟳，选择开关作为旋转对象，选择开关的 B2 点作为基点，输入旋转角度为 90。命令行中的提示与操作如下：

```
命令：_rotate↙
UCS 当前的正角方向：ANGDIR=逆时针  ANGBASE=0
```

选择对象：（用鼠标左键选定开关）

选择对象：↙

指定基点：（用鼠标左键捕捉 B2 点作为旋转基点）

指定旋转角度，或 [复制(C)/参照(R)] <0>:90↙

旋转后的开关符号如图 5-47 所示。

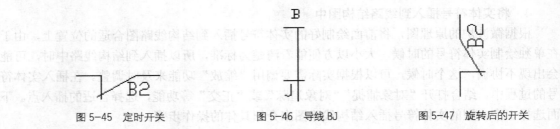

图 5-45　定时开关　　　　　图 5-46　导线 BJ　　　　　图 5-47　旋转后的开关

② 平移图形。单击"默认"选项卡"修改"面板中的"移动"按钮，在"对象捕捉"绘图方式下，首先选择开关符号为平移对象，然后选定移动基点 B2，最后用光标捕捉导线 BJ 的端点 B 作为插入点，插入图形后的结果如图 5-48 所示。

③ 修剪图形。单击"默认"选项卡"修改"面板中的"修剪"按钮，修剪多余的部分，修剪结果如图 5-49 所示。

按照同样的步骤，可以将其他门联锁开关、功能选择开关等插入到结构线路图中。

（3）插入炉灯。将图 5-50 所示的炉灯插入到图 5-51 所示的导线 JB1 中。

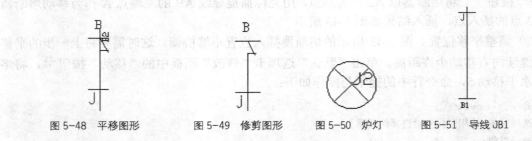

图 5-48　平移图形　　　图 5-49　修剪图形　　　图 5-50　炉灯　　　图 5-51　导线 JB1

① 平移图形。单击"默认"选项卡"修改"面板中的"移动"按钮，在"对象捕捉"绘图方式下，首先选择炉灯符号为平移对象，然后选定移动基点 J2，最后用光标捕捉竖直导线的中点作为插入点，插入图形后的结果如图 5-52 所示。

② 修剪图形。单击"默认"选项卡"修改"面板中的"修剪"按钮，修剪掉多余的线段，修剪结果如图 5-53 所示。

图 5-52　插入符号　　　　　　　　图 5-53　修剪图形

按照同样的方法，可以插入电动机。

（4）插入高压变压器。前面专门介绍过变压器的组成，在实际的绘图中，可以根据需要，将不同匝数的线圈插入到结构线路图的合适的位置即可。下面以将图 5-54 所示的匝数为 3 的线圈插入到图 5-55 所示的导线 GT 为例子，详细介绍其操作步骤。

插入图形后的结果如图 5-52 所示。

① 旋转图形。单击"默认"选项卡"修改"面板中的"旋转"按钮○，选择开关作为旋转对象，选择开关的 G2 点作为基点，输入旋转角度为 90。旋转后的结果如图 5-56 所示。

② 平移图形。单击"默认"选项卡"修改"面板中的"移动"按钮✛，在"对象捕捉"绘图方式下，首先选择线圈符号为平移对象，然后选定移动基点 G2，最后用光标捕捉竖直导线 GT 的端点 G 作为插入点，插入图形后的结果如图 5-57 所示。

图 5-54 线圈　　　图 5-55 导线 GT　　　图 5-56 旋转图形　　　图 5-57 平移图形

③ 平移图形。单击"默认"选项卡"修改"面板中的"移动"按钮✛，选择线圈符号为平移对象，然后选定移动基点 G2，输入竖直向下平移的距离为 7mm，命令行中的提示与操作如下：

```
命令：_move↙
选择对象：（用鼠标左键框定线圈作为平移对象）
选择对象：↙
指定基点或 [位移(D)] <位移>：d（选择输入平移距离）
指定位移 <5.0000, 0.0000, 0.0000>：0,-7,0（即只在竖直方向向下平移 7mm）
```

平移结果如图 5-58 所示。

④ 修剪图形。单击"默认"选项卡"修改"面板中的"修剪"按钮✂，修剪掉多余的线段，修剪结果如图 5-59 所示。

按照同样的方法，可以插入匝数为 6 的线圈。

（5）插入磁控管。将图 5-60 所示的磁控管插入到图 5-61 所示的导线 HV 中。

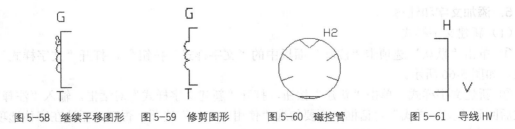

图 5-58 继续平移图形　　图 5-59 修剪图形　　图 5-60 磁控管　　图 5-61 导线 HV

① 平移图形。单击"默认"选项卡"修改"面板中的"移动"按钮✛，在"对象捕捉"绘图方式下，关闭"正交"功能，选择磁控管为平移对象，用光标捕捉点 H2 为平移基点，

将图形移动，另捕捉导线 HV 的端点 V 作为 H2 点的插入点。平移结果如图 5-62 所示。

② 修剪图形。单击"默认"选项卡"修改"面板中的"修剪"按钮，修剪掉多余的线段，修剪结果如图 5-63 所示。

应用类似的方法将其他电气符号平移到合适的位置，并结合"移动""修剪"等命令对结果进行调整。

将所有实体符号插入到结构线路图后的结果如图 5-64 所示。

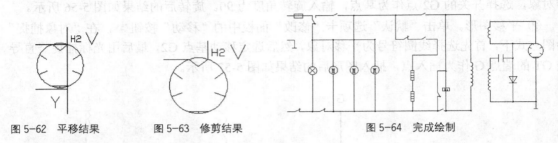

图 5-62　平移结果　　　　图 5-63　修剪结果　　　　图 5-64　完成绘制

在绘制过程当中，需要特别强调绘制导线交叉实心点。

在 A3 图形样板中的绘制结果如图 5-65 所示。

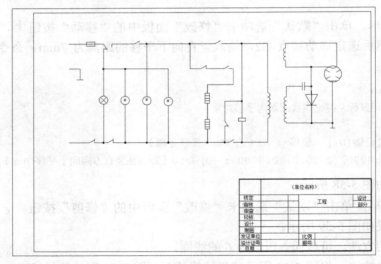

图 5-65　A3 样板中绘制成的图

5．添加文字和注释

（1）新建文字样式

① 单击"默认"选项卡"注释"面板中的"文字样式"按钮，打开"文字样式"对话框，如图 5-66 所示。

② 新建文字样式。单击"新建"按钮，打开"新建文字样式"对话框，输入"注释"。确定后回到"文字样式"对话框。不要勾选"使用大字体"选项，否则，无法在字体选项中选择汉字字体。在"字体"下拉框中选择"仿宋"，设置"宽度因子"为 1，倾斜角度为默认值 0。将"注释"置为当前文字样式，单击"应用"按钮以后回到绘图区。

图 5-66　"文字样式"对话框

（2）添加文字和注释到图中

① 单击"默认"选项卡"注释"面板中的"多行文字"按钮 **A**，在需要注释的地方划定一个矩形框，弹出图 5-67 所示的选项卡。

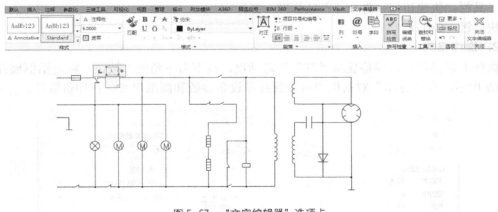

图 5-67　"文字编辑器"选项卡

② 选择"注释"作为文字样式，根据需要可以调整文字的高度，还可以结合应用"左对齐""居中"和"右对齐"等功能。

③ 按照以上的步骤给图 5-65 所示的图添加文字和注释，得到的结果如图 5-68 所示。

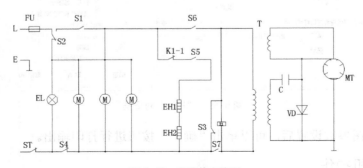

图 5-68　完整的电路图

5.1.4 拓展知识

在利用 AutoCAD 建立了图形文件后，通常要进行绘图的最后一个环节，即输出图形。在这个过程中，要想在一张图纸上得到一幅完整的图形，必须恰当地规划图形的布局，合适地安排图纸规格和尺寸，正确地选择打印设备及各种打印参数。

在进行绘图输出时，将用到一个重要的命令 PLOT（打印），该命令将图形输出到绘图机、打印机或图形文件中。AutoCAD 的打印和绘图输出非常方便，其中打印预览功能非常有用，所见即所得。AutoCAD 支持所有的标准 Windows 输出设备。下面分别介绍 PLOT 命令的有关参数设置的知识。

1．执行方式

"创建块"命令有 4 种不同的执行方式，这 4 种方式执行效果相同。

命令行：PLOT

功能区：单击"主页"选项卡中的"打印"按钮🖨

菜单：文件→打印

工具栏：快速访问→打印 🖨 或标准→打印🖨

快捷键：Ctrl+P

2．操作格式

执行上述操作后，屏幕显示"打印"对话框，按下右下角的⊙按钮，将对话框展开，如图 5-69 所示。在"打印"对话框中可设置打印设备参数和图纸尺寸、打印份数等。

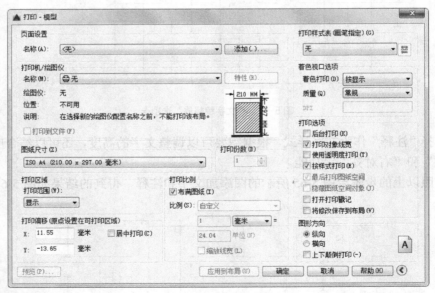

图 5-69   "打印"对话框

完成上述绘图参数设置后，可以单击"确定"按钮进行打印输出。

5.1.5 上机操作

绘制图 5-70 所示的日光灯的调节器电路图。

1．目的要求

本上机案例绘制的是一个相对简单电路图，通过本案例，使读者进一步掌握和巩固电路图绘制的基本思路和方法。

绘制日光灯的
调光器电路图

2．操作提示

① 绘制停电来电自动告知线路的结构图。

② 绘制各图形符号。

③ 将所有图形组合插入到结构图中。

④ 添加注释文字及标注，完成绘图。

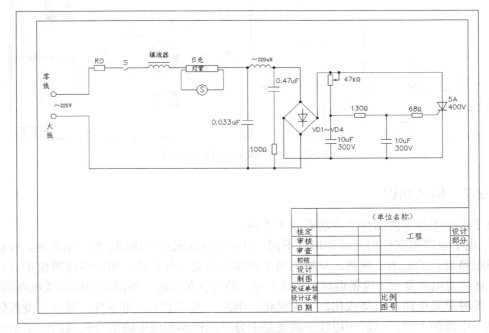

图 5-70　日光灯的调节器电路图

5.2　绘制照明灯延时关断线路图

电子电路一般是由电压较低的直流电源供电，通过电路中的电子元件（例如电阻、电容、电感等）、电子器件（例如二极管、晶体管、集成电路等）的工作，实现一定功能的电路。

5.2.1　案例分析

本案例绘制由光和振动控制的走廊照明灯延时关断线路图。在夜晚有客人来访敲门或主人回家用钥匙开门时，该线路均会自动控制走廊照明灯点亮，延时约 40 秒后自动熄灭。绘制此线路图的大致思路如下：首先绘制线路结构图，然后分别绘制各个元器件，再将各个元器件按照顺序依次插入到线路结构图中，最后添加注释文字，完成整张线路图的绘制。绘制流程如图 5-71 所示。

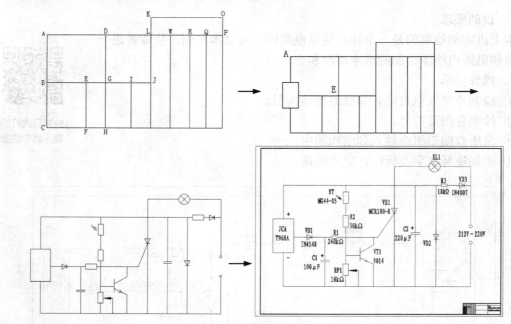

图 5-71　绘制照明灯延时关断线路图

5.2.2　相关知识

电子电路图按不同的分类方法有以下 3 种。

① 电子电路根据使用元器件形式不同，可分为分立元件电路图、集成电路图、分立元件和集成电路混合构成的电路图。早期的电子设备由分立元件构成，所以电路图也按分立元件绘制，这使得电路复杂，设备调试、检修不便。随着各种功能、不同规模的集成电路的产生、发展，各种单元电路得以集成化，大大简化了电路，提高了工作可靠性，减少了设备体积，成为电子电路的主流。目前应用较多的还是由分立元件和集成电路混合构成的电子电路，这种电子电路图在家用电器、计算机、仪器仪表等设备中最为常见。

② 电子电路按电路处理的信号不同，可分为模拟信号和数字信号两种。处理模拟信号的电路称为模拟电路，处理数字信号的电路称为数字电路，由它们构成的电路图亦可称为模拟电路图和数字电路图。当然这不是绝对的，有些较复杂的电路中既有模拟电路又有数字电路，它们是一种混合电路。

③ 电子电路功能很多，但按其基本功能可分为基本放大电路、信号产生电路、功率放大电路、组合逻辑电路、时序逻辑电路、整流电路等。因此，对应不同功能的电路会有不同的电路图，如固定偏置电路图、LC 振荡电路图、桥式整流电路图等。

5.2.3　案例实施

1. 设置绘图环境

① 新建文件。以"A0.dwt"图形样板文件为模板建立新文件，将新文件命名为"照明灯延时关断线路图.dwg"并保存。

② 图层设置。单击"默认"选项卡"图层"面板中的"图层特性"按

绘制照明灯延时
关断线路图

钮 ，新建"连接线层"和"实体符号层"两个图层，各图层的颜色、线型、线宽及其他属性设置如图 5-72 所示。将"连接线层"设置为当前图层。

图 5-72　图层设置

2. 绘制线路结构图

① 绘制矩形。单击"默认"选项卡"绘图"面板中的"矩形"按钮 ，绘制长为 270mm、宽为 150mm 的矩形，如图 5-73 所示。

② 分解矩形。单击"默认"选项卡"修改"面板中的"分解"按钮 ，将绘制的矩形进行分解。

③ 偏移竖直直线。单击"默认"选项卡"修改"面板中的"偏移"按钮 ，将图 5-73 中的直线 2 向右偏移，并将偏移后的直线再进行偏移，偏移量分别为 60mm、30mm、40mm、30mm、30mm、30mm 和 25mm，如图 5-74 所示。

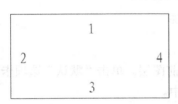

图 5-73　绘制矩形 1

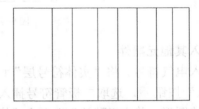

图 5-74　偏移竖直直线

④ 偏移水平直线。单击"默认"选项卡"修改"面板中的"偏移"按钮 ，将图 5-73 中的直线 3 向上偏移，并将偏移后的直线再进行偏移，偏移量分别为 73mm 和 105mm，如图 5-75 所示。

⑤ 修剪结构图。单击"默认"选项卡"修改"面板中的"修剪"按钮 和"延伸"按钮 ，对图形进行修剪，删除多余的直线，修剪后的图形如图 5-76 所示。

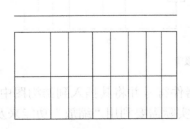

图 5-75　偏移水平直线

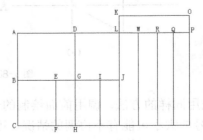

图 5-76　修剪结构图

3. 插入震动传感器

① 绘制矩形。单击"默认"选项卡"绘图"面板中的"矩形"按钮 ▭，以图 5-76 中的 A 点为起始点，绘制长为 30mm、宽为 50mm 的矩形，如图 5-77 所示。

② 移动矩形。单击"默认"选项卡"修改"面板中的"移动"按钮 ✛，将矩形向下移动 50mm，向左移动 15mm，如图 5-78 所示。

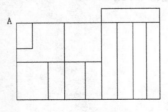

图 5-77　绘制矩形

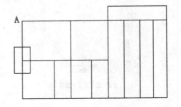

图 5-78　移动矩形

③ 修剪矩形。单击"默认"选项卡"修改"面板中的"修剪"按钮 ✂，以矩形的边为剪切边，将矩形内部直线修剪掉，如图 5-79 所示，完成震动传感器的绘制。

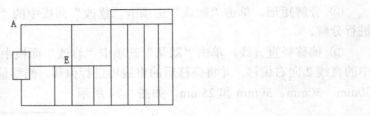

图 5-79　修剪矩形

4. 插入其他元器件

① 插入电气符号。将"实体符号层"设置为当前图层。单击"默认"选项卡"块"面板中的"插入"按钮 ▭，选取二极管符号插入到图形中。

② 平移图形。单击"默认"选项卡"修改"面板中的"移动"按钮 ✛，选择图 5-80（a）所示的二极管符号为平移对象，捕捉二极管符号中的 A 点为平移基点，以图 5-80（b）中的点 E 为目标点移动，平移效果如图 5-80（b）所示。

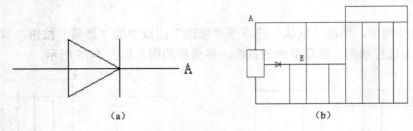

（a）　　　　　　　　　　　　　　　（b）

图 5-80　插入二极管

③ 采用同样的方法，调用前面绘制的一些元器件符号并将其插入到结构图中，注意各元器件符号的大小可能有不协调的情况，可以根据实际需要利用"缩放"功能来及时调整，插入效果如图 5-81 所示。

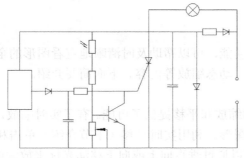

图 5-81　插入其他元器件

5．添加文字

① 创建文字样式。单击"默认"选项卡"注释"面板中的"文字样式"按钮，系统弹出"文字样式"对话框，创建一个名为"照明灯线路图"的文字样式。设置"字体名"为"仿宋_GB2312"，"字体样式"为"常规"，"高度"为 8，"宽度因子"为 0.7，如图 5-82 所示。

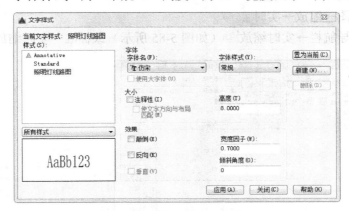

图 5-82　"文字样式"对话框

② 添加注释文字。单击"默认"选项卡"注释"面板中的"多行文字"按钮 A，在图中添加注释文字，完成照明灯延时关断线路图的绘制，效果如图 5-83 所示。

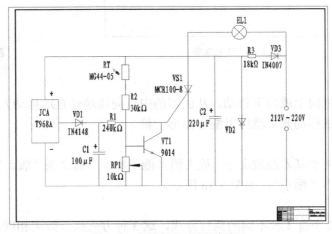

图 5-83　照明灯延时关断线路图

5.2.4 拓展知识

灵活利用图形的缩放功能，可以帮助及时清晰地查看图形的全貌和细节。图形的缩放包括实时缩放、放大和缩小、动态缩放等内容。下面简要介绍。

1. 实时缩放

AutoCAD 为交互式的缩放和平移提供了可能。有了实时缩放，就可以通过垂直向上或向下移动光标来放大或缩小图形。利用实时平移（下节介绍）单击和移动光标重新放置图形。

在实时缩放命令下，可以通过垂直向上或向下移动光标来放大或缩小图形。

（1）执行方式

"实时缩放"命令有 4 种不同的执行方式，这 4 种方式执行效果相同。具体内容如下。

☑ 命令行：Zoom

☑ 功能区："视图"选项卡→"导航"面板→"范围"下拉菜单→"实时"按钮 🔍 （如图 5-84 所示）

☑ 菜单：视图→缩放→实时

☑ 工具栏：导航栏→实时缩放 🔍 （如图 5-85 所示）或标准→实时缩放 🔍

图 5-84 下拉菜单

图 5-85 导航栏

（2）操作格式

按住选择钮垂直向上或向下移动。从图形的中点向顶端垂直地移动光标就可以放大图形一倍，向底部垂直地移动光标就可以缩小图形一倍。

2. 放大和缩小

放大和缩小是两个基本缩放命令。放大图像能观察细节称之为"放大"；缩小图像能看到大部分的图形称之为"缩小"，如图 5-86 所示。

（1）执行方式

"放大/缩小"命令有 3 种不同的执行方式，这 3 种方式执行效果相同。具体情况如下。

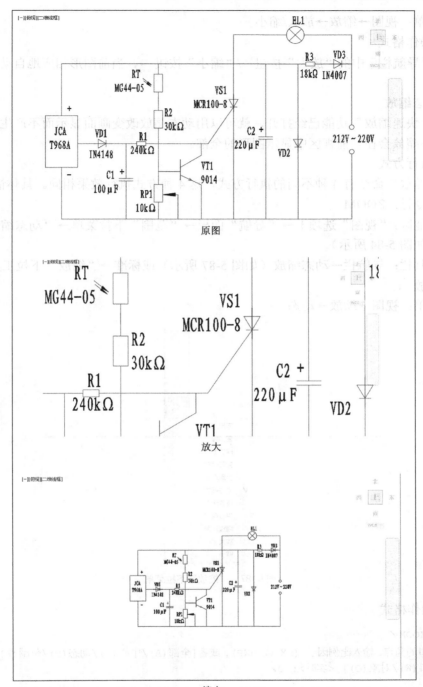

图 5-86 缩放视图

☑ 功能区："视图"选项卡→"导航"面板→"范围"下拉菜单→"放大"按钮⁺◈/"缩小"按钮ˉ◈（如图 5-84 所示）

☑ 工具栏：导航栏→放大◈/缩小◈或标准→"缩放"下拉工具栏→放大⁺◈/缩小ˉ◈

☑ 菜单：视图→缩放→放大/缩小

（2）操作格式

单击"导航栏"中的"放大"按钮⁺ᵠ/"缩小"按钮 ᵠ，当前图形相应地自动进行放大或缩小一倍。

3．动态缩放

如果"快速缩放"功能已经打开，就可以用动态缩放改变画面显示而不产生重新生成的效果。动态缩放会在当前视区中显示图形的全部。

（1）执行方式

"动态缩放"命令有 4 种不同的执行方式，这 4 种方式执行效果相同。具体情况如下。

☑ 命令行：ZOOM

☑ 功能区："视图"选项卡→"导航"面板→"范围"下拉菜单→"动态缩放"按钮ᵠ（如图 5-84 所示）

☑ 工具栏：导航栏→动态缩放（如图 5-87 所示）或标准→"缩放"下拉工具栏→动态缩放ᵠ

☑ 菜单：视图→缩放→动态

图 5-87 "缩放"下拉菜单

（2）操作格式

命令：ZOOM✓
指定窗口的角点，输入比例因子 (nX 或 nXP)，或者[全部(A)/中心(C)/动态(D)/范围(E)/上一个(P)/比例(S)/窗口(W)/对象(O)] <实时>：D✓

执行上述命令后，系统弹出一个图框。选取动态缩放前的画面呈绿色点线。如果要动态缩放的图形显示范围与选取动态缩放前的范围相同，则此框与白线重合而不可见。重生成区域的四周有一个蓝色虚线框，用以标记虚拟屏幕。

这时，如果线框中有一个×出现，如图 5-88（a）所示，就可以拖动线框而把它平移到另外一个区域。如果要放大图形到不同的放大倍数，按下选择钮，×就会变成一个箭头，如图 5-88（b）所示。这时左右拖动边界线就可以重新确定视区的大小。

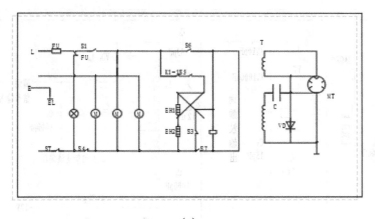

（a）

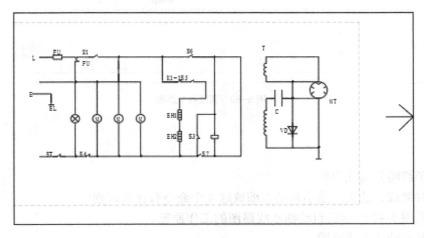

（b）

图 5-88　动态缩放

　　另外，还有窗口缩放、比例缩放、中心缩放、缩放对象、缩放上一个、全部缩放和最大图形范围缩放，其操作方法与动态缩放类似，不再赘述。

5.2.5　上机操作

绘制图 5-89 所示的调频器电路图。

1. 目的要求

　　本上机案例绘制的是一个典型电路图，通过本案例，使读者进一步掌握和巩固电路图绘制的基本思路和方法。

2. 操作提示

① 绘制连接线。

② 绘制各元器件。

③ 连接各个元器件。

④ 添加注释文字及标注，完成绘图。

绘制调频器电路图

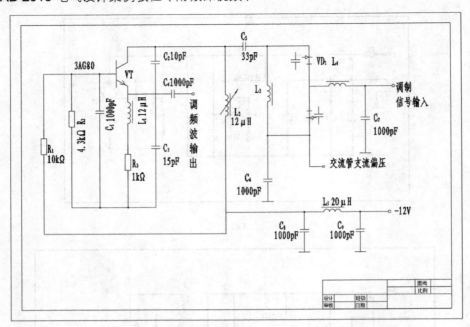

图 5-89　调频器电路图

自测题

1. 电子线路分为几类？
2. 实时缩放、放大、缩小和动态缩放这 4 个命令有什么区别？
3. 分析图 5-90 所示的自动抽水线路图的工作原理。
4. 绘制自动抽水线路图。

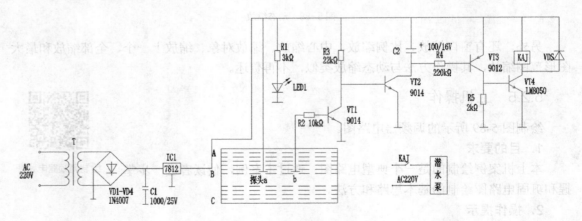

图 5-90　自动抽水线路图

第 6 章 机械电气设计

在前面的章节中，读者通过一些案例系统学习了 AutoCAD 绘制简单电气图形符号时用到的 AutoCAD 各种命令的使用技巧。掌握这些绘图命令后，就可以利用这些知识来绘制具体的电气工程图了。机械电气是电气工程的重要组成部分。随着相关技术的发展，机械电气的使用日益广泛。本章通过几个具体案例来帮助读者掌握机械电气工程图的绘制方法。

能力目标

➢ 掌握机械电气工程图的具体绘制方法
➢ 灵活应用各种 AutoCAD 命令
➢ 提高电气绘图的速度和效率

课时安排

2 课时（讲课 1 课时，练习 1 课时）

6.1 绘制某发动机点火装置电路图

6.1.1 案例分析

首先设置绘图环境，然后绘制线路结构图和主要电气元件，最后将各部分组合在一起，绘制流程图如图 6-1 所示。

6.1.2 相关知识

机械电气是一类比较特殊的电气，主要指应用在机床上的电气系统，故也可称为机床电气，包括应用在车床、磨床、钻床、铣床以及镗床上的电气。机床电气系统包括机床的电气控制系统、伺服驱动系统和计算机控制系统等。随着数控系统的发展，机床电气也成为电气工程的一个重要组成部分。

机床电气系统由电力拖动系统和电气控制系统组成。

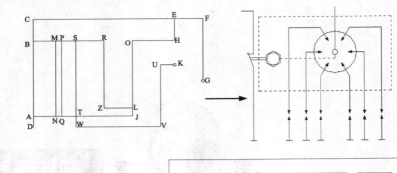

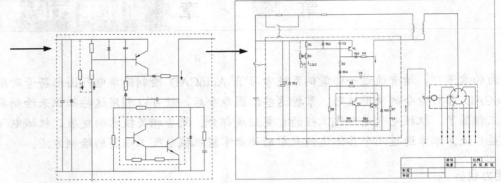

图 6-1　发动机点火装置电路图绘制流程图

1．电力拖动系统

电力拖动系统以电动机为动力驱动控制对象（工作机构）作机械运动。

（1）直流拖动和交流拖动

直流电动机具有良好的启动、制动性能和调速性能，可以方便地在很宽的范围内平滑调速，但尺寸大、价格高，特别是炭刷、换向器需要经常维修，运行可靠性差。

交流电动机具有单机容量大、转速高、体积小、价钱便宜、工作可靠和维修方便等优点，但调速困难。

（2）单电机拖动和多电机拖动

单电机拖动，每台机床上安装一台电动机，再通过机械传动机构装置将机械能传递到机床的各运动部件。

多电机拖动，一台机床上安装多台电机，分别拖动各运动部件。

2．电气控制系统

电气控制系统对各拖动电机进行控制，使它们按规定的状态、程序运动，并使机床各运动部件的运动得到合乎要求的静、动态特性。

（1）继电器—接触器控制系统

继电器—接触器控制系统由按钮开关、行程开关、继电器、接触器等电气元件组成，控制方法简单直接，价格低。

（2）计算机控制系统

计算机控制系统由数字计算机控制，具有高柔性、高精度、高效率、高成本的特点。

（3）可编程控制器控制系统

可编程控制器控制系统克服了继电器—接触器控制系统的缺点，又具有计算机控制系统的优点，并且编程方便、可靠性高、价格便宜。

6.1.3 案例实施

1. 设置绘图环境

① 建立新文件。打开 AutoCAD 2016 应用程序，选择随书光盘中的"源文件\第 6 章\A3 样板图.dwt"样板文件为模板，建立新文件，将其命名为"发动机点火装置电气原理图.dwg"。

绘制某发动机点火装置电路图

② 设置图层。单击"默认"选项卡"图层"面板中的"图层特性"按钮 🖳，在弹出的"图层特性管理器"选项板中新建"连接线层""实体符号层"和"虚线层" 3 个图层，根据需要设置各图层的颜色、线型、线宽等参数，并将"连接线层"图层设置为当前图层。

2. 绘制线路结构图

单击"默认"选项卡"绘图"面板中的"直线"按钮 ✐，在"正交"绘图方式下，连续绘制直线，得到图 6-2 所示的线路结构图。各直线段尺寸如下：AB=280，BC=80，AD=40，CE=500，EF=100，FG=225，AN=BM=80，NQ=MP=20，PS=QT=50，RS=100，TW=40，TJ=200，LJ=30，RZ=OL=250，WV=300，UV=230，UK=50，OH=150，EH=80，ZL=100。

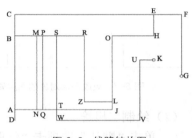

图 6-2 线路结构图

3. 绘制主要电气元件

（1）绘制蓄电池

① 单击"默认"选项卡"绘图"面板中的"直线"按钮 ✐，以坐标点{(100,0),(200,0)}绘制水平直线，如图 6-3 所示。

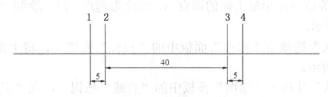

图 6-3 绘制水平直线

② 在命令行中输入 ZOOM 命令，将视图调整到易于观察的程度。

③ 单击"默认"选项卡"绘图"面板中的"直线"按钮 ✐，以坐标点{(125,0),(125,10)}绘制竖直直线，如图 6-4 所示图形中的直线 1。

④ 单击"默认"选项卡"修改"面板中的"偏移"按钮 ⧉，将直线 1 依次向右偏移 5、45 和 50，得到直线 2、直线 3 和直线 4，如图 6-4 所示。

```
    1  2              3  4



            40

    5                    5
```

图 6-4 偏移竖直直线

⑤ 单击"默认"选项卡"修改"面板中的"拉长"按钮 ✐，将直线 2 和直线 4 分别向上拉长 5，如图 6-5 所示。

⑥ 单击"默认"选项卡"修改"面板中的"修剪"按钮，以 4 条竖直直线作为修剪边，对水平直线进行修剪，结果如图 6-6 所示。

图 6-5　拉长竖直直线　　　　　　　　　　　图 6-6　修剪水平直线

⑦ 选择水平直线的中间部分，在"图层"面板的下拉列表框中选择"虚线层"选项，将该直线移至"虚线层"图层，如图 6-7 所示。

⑧ 单击"默认"选项卡"修改"面板中的"镜像"按钮，选择直线 1、2、3 和 4 作为镜像对象，以水平直线为镜像线进行镜像操作，结果如图 6-8 所示，完成蓄电池的绘制。

图 6-7　更改图形对象的图层属性　　　　　　　　　图 6-8　镜像图形

（2）绘制二极管

① 单击"默认"选项卡"绘图"面板中的"直线"按钮，以坐标点 {(100,50),(115,50)} 绘制水平直线，如图 6-9 所示。

② 单击"默认"选项卡"修改"面板中的"旋转"按钮，选择"复制"模式，将上步绘制的水平直线绕直线的左端点逆时针旋转 60°；重复"旋转"命令，将水平直线绕右端点顺时针旋转 60°，得到一个边长为 15 的等边三角形，如图 6-10 所示。

图 6-9　绘制水平直线　　　　　　　　　　　图 6-10　绘制等边三角形

③ 单击"默认"选项卡"绘图"面板中的"直线"按钮，在"正交"和"对象捕捉"绘图方式下，捕捉等边三角形最上面的顶点 A，以此为起点，向上绘制一条长度为 15 的竖直直线，如图 6-11 所示。

④ 单击"默认"选项卡"修改"面板中的"拉长"按钮，将上步绘制的直线向下拉长 27，如图 6-12 所示。

⑤ 单击"默认"选项卡"绘图"面板中的"直线"按钮，在"正交"和"对象捕捉"绘图方式下，捕捉点 A 为起点，向左绘制一条长度为 8 的水平直线。

⑥ 单击"默认"选项卡"修改"面板中的"镜像"按钮，选择上步绘制的水平直线为镜像对象，以竖直直线为镜像线进行镜像操作，结果如图 6-13 所示，完成二极管的绘制。

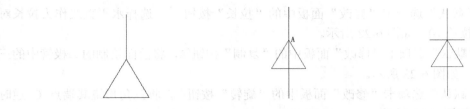

图 6-11 绘制竖直直线   图 6-12 拉长直线   图 6-13 绘制并镜像水平直线

（3）绘制晶体管

① 单击"默认"选项卡"绘图"面板中的"直线"按钮，以坐标{(50,50),(50,51)}绘制竖直直线 1，如图 6-14 所示。

② 单击"默认"选项卡"绘图"面板中的"直线"按钮，在"对象捕捉"和"正交"绘图方式下，捕捉直线 1 的下端点为起点，向右绘制长度为 5 的水平直线 2，如图 6-15 所示。

③ 单击"默认"选项卡"修改"面板中的"拉长"按钮，将直线 1 向下拉长 1，如图 6-16 所示。

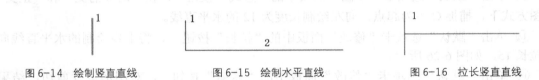

图 6-14 绘制竖直直线   图 6-15 绘制水平直线   图 6-16 拉长竖直直线

④ 关闭"正交"绘图方式，单击"默认"选项卡"绘图"面板中的"直线"按钮，分别捕捉直线 1 的上端点和直线 2 的右端点，绘制直线 3；然后捕捉直线 1 的下端点和直线 2 的右端点，绘制直线 4，如图 6-17 所示。

⑤ 单击"默认"选项卡"修改"面板中的"删除"按钮，选择直线 2 将其删除，结果如图 6-18 所示。

图 6-17 绘制斜线   图 6-18 删除直线

⑥ 单击"默认"选项卡"绘图"面板中的"图案填充"按钮，在弹出的"图案填充创建"选项卡中选择 SOLID 图案，选择三角形的 3 条边作为填充边界，如图 6-19 所示，填充结果如图 6-20 所示。

⑦ 单击"默认"选项卡"绘图"面板中的"直线"按钮，在"对象捕捉"和"正交"绘图方式下，捕捉直线 3 的右端点为起点，向右绘制一条长度为 5 的水平直线，如图 6-21 所示。

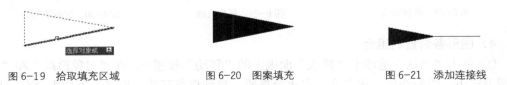

图 6-19 拾取填充区域   图 6-20 图案填充   图 6-21 添加连接线

⑧ 单击"默认"选项卡"修改"面板中的"拉长"按钮，选择水平直线作为拉长对象，将其向左拉长 10，如图 6-22 所示。

⑨ 单击"默认"选项卡"修改"面板中的"复制"按钮，将前面绘制的二极管中的三角形复制过来，如图 6-23 所示。

⑩ 单击"默认"选项卡"修改"面板中的"旋转"按钮，将三角形绕其端点 C 逆时针旋转 90°，如图 6-24 所示。

图 6-22　拉长直线　　　　　　　图 6-23　复制三角形　　　　　　图 6-24　旋转三角形

⑪ 单击"默认"选项卡"修改"面板中的"偏移"按钮，将竖直边 AB 向左偏移 10，如图 6-25 所示。

⑫ 单击"默认"选项卡"绘图"面板中的"直线"按钮，在"对象捕捉"和"正交"绘图方式下，捕捉 C 点为起点，向左绘制长度为 12 的水平直线。

⑬ 单击"默认"选项卡"修改"面板中的"拉长"按钮，将上步绘制的水平直线向右拉长 15，如图 6-26 所示。

⑭ 单击"默认"选项卡"修改"面板中的"修剪"按钮，对图形进行剪切，结果如图 6-27 所示。

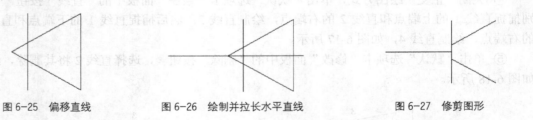

图 6-25　偏移直线　　　　　　图 6-26　绘制并拉长水平直线　　　　　图 6-27　修剪图形

⑮ 单击"默认"选项卡"修改"面板中的"移动"按钮，将前面绘制的箭头以水平直线的左端点为基点移动到图形中来，如图 6-28 所示。

⑯ 单击"默认"选项卡"修改"面板中的"删除"按钮，删除直线 5，如图 6-29 所示。

⑰ 单击"默认"选项卡"修改"面板中的"旋转"按钮，将箭头绕其左端点顺时针旋转 30°，如图 6-30 所示，完成晶体管的绘制。

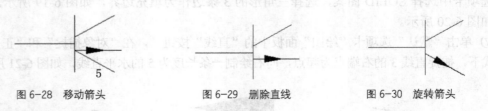

图 6-28　移动箭头　　　　　　图 6-29　删除直线　　　　　　图 6-30　旋转箭头

4. 图形各装置的组合

① 单击"默认"选项卡"修改"面板中的"移动"按钮，在"对象追踪"和"正交"绘图方式下，将断路器、火花塞、点火分离器、启动自举开关等电气元器件组合在一起，形

成启动装置，如图 6-31 所示。

② 同理，将其他元件进行组合，形成开关装置，如图 6-32 所示。

③ 最后将这两个装置组合在一起并添加注释，即可形成图 6-1 所示的结果。

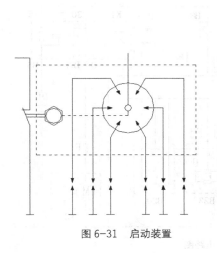 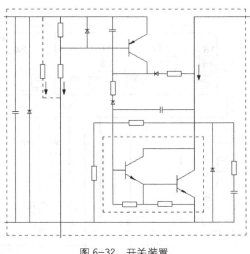

图 6-31　启动装置　　　　　　　　图 6-32　开关装置

6.1.4　拓展知识

1．不能显示汉字或输入的汉字变成问号的原因

① 对应的字型没有使用汉字字体，如 Hztxt.Shx 等。

② 当前系统中没有汉字字体型文件；应将所用到的形文件复制到 AutoCAD 的字体目录中（一般为……\Fonts\）。

③ 对于某些符号，如希腊字母等，同样必须使用对应的字体型文件，否则会显示成问号。

2．为什么输入的文字高度无法改变

使用的字型的高度值不为 0 时，用 Dtext 命令书写文本时都不提示输入高度，这样写出来的文本高度是不变的，包括使用该字型进行的尺寸标注。

3．如何改变已经存在的字体格式

如果想改变已有文字的大小、字体、高宽比例、间距、倾斜角度、插入点等，最好利用"特性（Ddmodify）"命令（前提是你已经定义好了许多文字格式）。点击"特性"命令，点击要修改的文字，按 Enter 键，出现"修改文字"窗口，选择要修改的项目进行修改即可。

6.1.5　上机操作

绘制图 6-33 所示的 KE-Jetronic 电路图。

1．目的要求

本上机案例绘制的是一个典型典型机械电气工程图，通过本案例，使读者进一步掌握和巩固机械电气工程图绘制的基本思路和方法。

2．操作提示

① 绘制图样结构图。

绘制 KE-
Jetronic 电路图

② 绘制各主要电气元件。

③ 组合图形。

④ 为线路图添加文字说明。

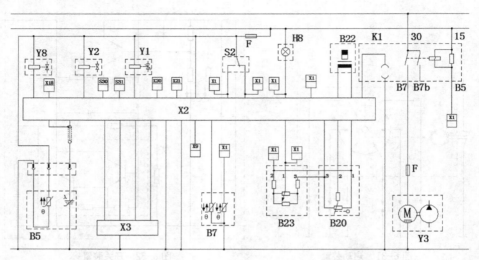

图 6-33　KE-Jetronic 电路图

6.2　绘制三相异步交流电动机控制线路图

　　三相异步电动机是工业环境中最常用的电动驱动器，具有体积小、驱动扭矩大等特点，因此，设计其控制电路，保证电动机可靠正反转启动、停止和过载保护，在工业领域具有重要意义。本节绘制的图形分为供电简图、供电系统图和控制电路图，通过 3 个逐步深入的步骤完成三相异步电动机控制电路的设计。

6.2.1　案例分析

　　三相异步电动机直接输入三相工频电，将电能转化为电动机主轴旋转的动能。其控制电路主要采用交流接触器，实现异地控制。只要交换三相异步电动机的两相就可以实现电动机的反转启动。当电动机过载时，相电流会显著增加，熔断器保险丝断开，对电动机实现过载保护。本例绘制流程如图 6-34 所示。

6.2.2　相关知识

下面简要介绍电气识图的基本方法和步骤。

1. 电气识图方法

（1）结合电工基础知识识图

　　在掌握电工基础知识的基础上，准确、迅速地识别电气图。如改变电动机电源相序，即可改变其的旋转方向的控制。

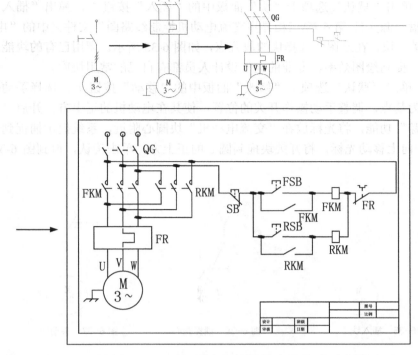

图 6-34　绘制三相异步交流电动机正反转控制线路流程图

（2）结合典型电路识图

典型电路就是常见的基本电路，如电动机的起动、制动、顺序控制等。不管多复杂的电路，几乎都是由若干基本电路组成的。因此，熟悉各种典型电路，是看懂较复杂电气图的基础。

（3）结合制图要求识图

在绘制电气图时，为了加强图纸的规范性，通用性和示意性，必须遵循一些规则和要求，利用这些制图的知识能够准确地识图。

2. 电气识图步骤

① 准备：了解生产过程和工艺对电路提出的要求；了解各种用电设备和控制电器的位置及用途；了解图中的图形符号及文字符号的意义。

② 主电路：首先要仔细看一遍电气图，弄清电路的性质，是交流电路还是直流电路，然后从主电路入手，根据各元器件的组合判断电动机啊的工作状况，如电动机的起停、正反转等。

③ 控制电路：分析完主电路后，再分析控制电路，要按动作顺序对每条小回路逐一分析研究，然后再全面分析各条回路间的联系和制约关系，要特别注意与机械、液压部件的动作关系。

④ 最后阅读保护、照明、信号指示、检测等部分。

6.2.3　案例实施

1. 绘制三相异步电动机供电简图

① 新建文件。打开随书光盘"源文件"文件夹中的"**A4.dwg**"文件，设置保存路径，命名为"电动机简图**.dwg**"并保存。

三相异步交流电动机控制线路图

② 插入块。单击"默认"选项卡"块"面板中的"插入"按钮，弹出"插入"对话框，选择随书光盘"源文件\第 6 章\三相异步交流电动机控制线路图"文件夹中的"电动机"和"手动操作开关"块，在绘图区选择块的放置点，如图 6-35 所示。调用已有的块能够大大节省绘图工作量，提高绘图效率，专业的电气设计人员都有自己的常用块库。

③ 移动块。单击"默认"选项卡"修改"面板中的"移动"按钮，选择手动操作开关块，以其端点为基点，调整手动操作开关的位置，使其在电动机的正上方。开启"对象捕捉"和"对象追踪"功能，将光标放在"交流电动机"块圆心附近，系统提示捕捉到圆心，如图 6-36 所示；向上移动光标，将开关块拖到圆心的正上方，单击确认，得到图 6-37 所示的效果。

图 6-35　插入块 1　　　　图 6-36　捕捉圆心　　　　图 6-37　移动块

④ 绘制圆。单击"默认"选项卡"绘图"面板中的"圆"按钮，以手动操作开关的端点为圆心，绘制半径为 2mm 的圆，作为电源端子符号，如图 6-38 所示。

⑤ 延伸图形。单击"默认"选项卡"修改"面板中的"分解"按钮，分解"交流电动机"和"手动操作开关"块。单击"默认"选项卡"修改"面板中的"延伸"按钮，以电机符号的圆为延伸边界，以手动操作开关的一端引线为延伸对象，将手动操作开关的一端引线延伸至圆周位置，效果如图 6-39 所示。

⑥ 绘制角度线。单击"默认"选项卡"绘图"面板中的"直线"按钮，捕捉延伸线的中点，如图 6-40 所示，绘制与 X 轴成 60°、长度为 5mm 的角度线，如图 6-41 所示。

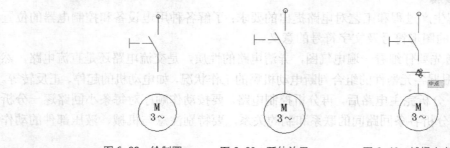

图 6-38　绘制圆　　　　图 6-39　延伸效果　　　　图 6-40　捕捉中点

⑦ 绘制反向直线。单击"默认"选项卡"绘图"面板中的"直线"按钮，捕捉角度线与手动操作开关引线的交点，绘制与角度线反向、长度为 5mm 的直线，如图 6-42 所示。

⑧ 复制角度线。单击"默认"选项卡"修改"面板中的"复制"按钮，将绘制的两段角度线分别向上和向下平移 5mm，如图 6-43 所示，表示交流电动机为三相交流供电。完成以上步骤，即可得到三相异步电动机供电简图。

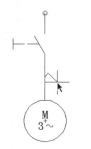

图 6-41 绘制角度线

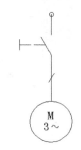

图 6-42 绘制反向直线

图 6-43 三相异步电动机供电简图

2. 绘制线路图

（1）新建三相异步电动机供电系统图文件

① 新建文件。新建绘图文件，调用 "A4.dwt" 样板，设置保存路径，命名为 "电动机供电系统图.dwg" 并保存。

② 插入块。单击 "默认" 选项卡 "块" 面板中的 "插入" 按钮 ，插入 "电动机" 和 "多极开关" 图块，如图 6-44 所示。

③ 调整块的位置。单击 "默认" 选项卡 "修改" 面板中的 "移动" 按钮 ，调整多极开关与电动机的相对位置，使多极开关位于电动机的正上方，调整后的效果如图 6-45 所示。

（2）绘制断流器符号

① 绘制矩形。单击 "绘图" 工具栏中的 "矩形" 按钮 ，捕捉多极开关最左边的端点为矩形的一个对角点，采用相对输入法绘制一个长为 70mm、宽为 20mm 的矩形，如图 6-46 所示。

② 移动矩形。单击 "默认" 选项卡 "修改" 面板中的 "移动" 按钮 ，将绘制的矩形向 X 轴负方向移动 10mm，使熔断器位于多极开关的正下方，如图 6-47 所示。

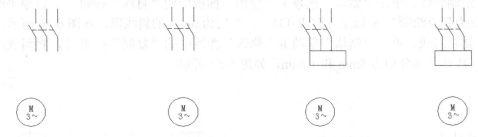

图 6-44 插入块 2　　　图 6-45 调整块的位置　　　图 6-46 绘制矩形　　　图 6-47 移动矩形

③ 绘制正方形。单击 "默认" 选项卡 "绘图" 面板中的 "矩形" 按钮 ，以矩形上侧边的中点为起点，绘制长为 10mm 的正方形，如图 6-48 所示。

④ 平移正方形。单击 "默认" 选项卡 "修改" 面板中的 "移动" 按钮 ，将绘制的正方形向 Y 轴负方向平移 5mm，如图 6-49 所示。

⑤ 分解正方形并删除边。单击 "默认" 选项卡 "修改" 面板中的 "分解" 按钮 ，分解该正方形，然后删除正方形的右侧边，如图 6-50 所示。

⑥ 绘制直线。单击 "默认" 选项卡 "绘图" 面板中的 "直线" 按钮 ，连接正方形的端点与矩形上下两边的中点，完成断流器的绘制，如图 6-51 所示。

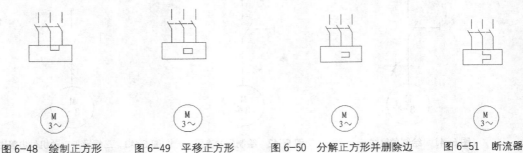

图 6-48　绘制正方形　　　　图 6-49　平移正方形　　　　图 6-50　分解正方形并删除边　　　　图 6-51　断流器

（3）绘制连接导线

① 分解块。单击"默认"选项卡"修改"面板中的"分解"按钮，分解"电动机"和"多极开关"块。

② 延伸直线。单击"默认"选项卡"修改"面板中的"延伸"按钮，以电动机符号的圆为延伸边界，以多极开关的一端引线为延伸对象，将多极开关一端引线延伸，使之与电动机相交，效果如图 6-52 所示。

③ 修剪直线。单击"默认"选项卡"修改"面板中的"复制"按钮，将绘制好的断流器向两侧复制。再单击"默认"选项卡"修改"面板中的"修剪"按钮，以矩形为剪刀线，对矩形内部的直线进行修剪，修剪效果如图 6-53 所示。

（4）绘制机壳接地线

① 绘制折线。单击"默认"选项卡"绘图"面板中的"直线"按钮，绘制图 6-54 所示的连续折线，也可以调用"多段线"命令来绘制这段折线。

② 镜像直线。单击"默认"选项卡"修改"面板中的"镜像"按钮，以竖直直线为镜像线生成另一半地平线符号，如图 6-55 所示。

③ 绘制斜线。单击"默认"选项卡"绘图"面板中的"直线"按钮，以地平线符号的右端点为起点绘制与 X 轴正方向成-135°、长度为 3mm 的斜线段，如图 6-56 所示。

④ 复制斜线。单击"默认"选项卡"修改"面板中的"复制"按钮，将斜线向左复制两份，移动距离分别为 5mm 和 10mm，如图 6-57 所示。

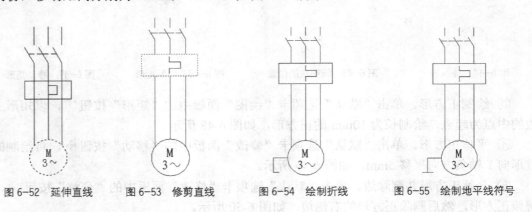

图 6-52　延伸直线　　　　图 6-53　修剪直线　　　　图 6-54　绘制折线　　　　图 6-55　绘制地平线符号

（5）绘制输入端子并添加注释文字

① 单击"默认"选项卡"绘图"面板中的"圆"按钮，在多极开关端点处绘制一个

半径为 2mm 的圆，作为电源的引入端子。

② 单击"默认"选项卡"修改"面板中的"复制"按钮，复制、移动生成另外两个接线端子，如图 6-58 所示。

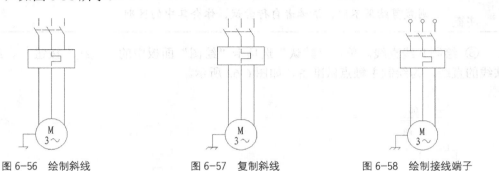

图 6-56　绘制斜线　　　　　　图 6-57　复制斜线　　　　　　图 6-58　绘制接线端子

③ 新建图层。单击"默认"选项卡"图层"面板中的"图层特性"按钮，弹出"图层特性管理器"对话框，新建图层"文字说明"，如图 6-59 所示。

④ 添加注释文字。在"文字说明"图层中添加文字说明，为各元器件和导线添加标示符号，便于图纸的阅读和校核。字体选择"仿宋_GB2312"，字号为 10 号。完成以上操作后，即可得到三相异步电动机供电系统图，如图 6-60 所示。

图 6-59　"图层特性管理器"对话框

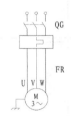

图 6-60　三相异步电动机供电系统图

3．绘制正向启动控制电路

（1）打开文件。打开绘制的"电动机供电系统图.dwg"文件，设置保存路径，另存为"电动机控制电路图.dwg"。

（2）新建图层。新建"控制线路"和"文字说明"图层，在"控制线路"图层中绘制三相交流异步电动机的控制线路，在"文字说明"图层中绘制控制线路的文字标示。分层绘制电气工程图的组成部分，有利于工程图的管理。

（3）在"控制线路"图层中绘制正向启动线路

① 绘制直线。单击"默认"选项卡"绘图"面板中的"直线"按钮，从供电线上引出两条直线，为控制系统供电，两直线的长度分别为 250mm 和 70mm。

② 平移图形。单击"默认"选项卡"修改"面板中的"移动"按钮，将交流接触器 FR 上侧的图形向上平移，为绘制交流接触器主触点留出绘图空间。再单击"修改"工具栏中的"修剪"命令，以元器件 FR 的矩形为剪切线裁剪掉其内部并删除其以上的线段，效果

如图 6-61 所示。

裁剪时先裁去矩形上的线段，再裁去矩形中间多余的线段，如果裁剪顺序不同，则裁剪结果不同，请读者自行尝试，体会其中的区别。

③ 绘制共线直线。单击"默认"选项卡"绘图"面板中的"直线"按钮 ∕，绘制两条共线的直线，为绘制主触点做准备，如图 6-62 所示。

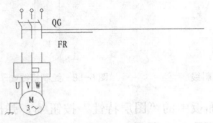

图 6-61 平移图形

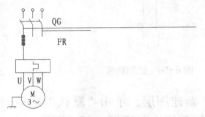

图 6-62 绘制共线直线

④ 旋转直线。单击"默认"选项卡"修改"面板中的"旋转"按钮 ○，将共线直线的上部直线绕其下方端点旋转 30°，如图 6-63 所示。

⑤ 复制直线。单击"默认"选项卡"修改"面板中的"复制"按钮 ，将绘制的常开主触点进行复制，效果如图 6-64 所示。

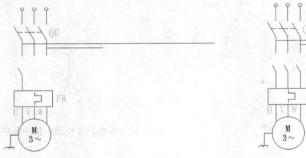

图 6-63 旋转直线

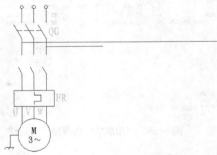

图 6-64 复制常开主触点

⑥ 单击"默认"选项卡"绘图"面板中的"直线"按钮 ∕，绘制常闭急停按钮，绘制效果如图 6-65 所示。单击"默认"选项卡"块"面板中的"创建"按钮 ，将常闭急停按钮生成块，供后面设计时调用。

⑦ 插入块。单击"默认"选项卡"块"面板中的"插入"按钮 ，插入手动单极开关作为正向启动按钮，并调整块的大小，如图 6-66 所示。

（4）绘制热继电器触点符号

① 绘制多段线。单击"默认"选项卡"绘图"面板中的"多段线"按钮 ，绘制图 6-67 所示的多段线。

② 分解多段线。单击"默认"选项卡"修改"面板中的"分解"按钮 ，分解绘制的多段线。

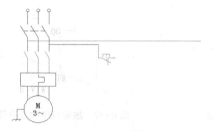

图 6-65　绘制常闭急停按钮

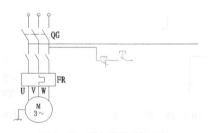

图 6-66　插入手动单极开关

③ 绘制竖直直线。单击"默认"选项卡"绘图"面板中的"直线"按钮，按住 Shift 键右击，在弹出的快捷菜单中选择"中点"命令，捕捉斜线的中点，如图 6-68 所示，以此为起点向上绘制长度为 9mm 的竖直直线，如图 6-69 所示。

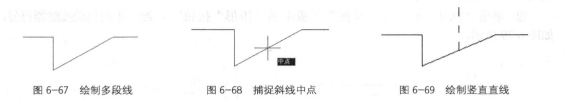

图 6-67　绘制多段线　　　　图 6-68　捕捉斜线中点　　　　图 6-69　绘制竖直直线

④ 绘制折线。单击"默认"选项卡"绘图"面板中的"多段线"按钮，绘制一条图 6-70 所示的折线。

⑤ 镜像折线。单击"默认"选项卡"修改"面板中的"镜像"按钮，将绘制的折线进行镜像，效果如图 6-71 所示。

⑥ 选择直线。关闭"对象捕捉"功能，开启"正交"功能，选择图 6-72 所示的直线。

图 6-70　绘制折线　　　　图 6-71　镜像折线　　　　图 6-72　选择直线

⑦ 拖曳直线。选择直线的下端点向下拖曳，效果如图 6-73 所示。在命令行输入"0, -2"，指定拉伸点，确认后的效果图 6-74 所示。

⑧ 拖曳斜线。选择图 6-75 所示的斜线，开启"对象捕捉"功能，选择斜线的下端点，拖曳至图 6-76 所示位置。单击确认后，热熔断器符号绘制完毕，如图 6-77 所示。

图 6-73　拖曳直线　　　　　　　　　图 6-74　拖曳效果

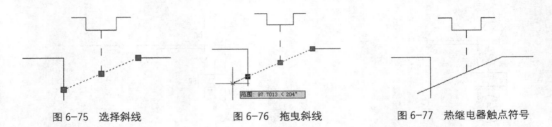

图 6-75　选择斜线　　　　　　图 6-76　拖曳斜线　　　　　　图 6-77　热继电器触点符号

⑨ 生成块。单击"默认"选项卡"块"面板中的"创建"按钮，将热继电器触点符号生成块，供后面设计时调用。

4. 插入块并添加注释文字

① 将熔断器开关块插入电路中，如图 6-78 所示，当主回路电流过大时，FR 熔断，控制线路失电，主回路失电停止运行。

② 单击"默认"选项卡"绘图"面板中的"矩形"按钮，绘制正向启动接触器符号，如图 6-79 所示。

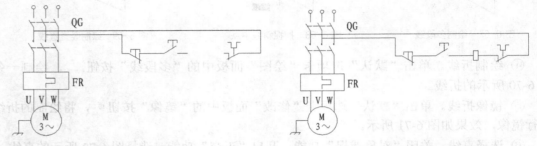

图 6-78　插入熔断器开关　　　　　　　　　图 6-79　绘制正向启动接触器

③ 绘制自锁开关。单击"默认"选项卡"修改"面板中的"复制"按钮，复制主触点，如图 6-80 所示。绘制正向启动辅助触点，作为自锁开关。

④ 在"控制线路"图层中绘制反向启动线路，绘制方法与绘制正向启动线路相同。

注意　反向启动需交换两相电压，主回路线路应该适当做出修改，只要电动机反转主触点闭合交换 U、W 相，则电动机反转，如图 6-81 所示。正反转控制电路如图 6-82 所示。

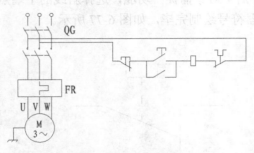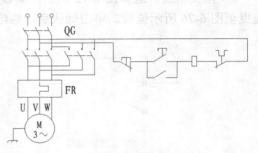

图 6-80　绘制正向启动自锁继电器开关　　　　　　图 6-81　反向启动线路

⑤ 绘制导通点。单击"默认"选项卡"绘图"面板中的"圆"按钮 ⊙，在导线交点处绘制半径为 1mm 的圆，并用 SOLID 图案进行填充，效果如图 6-83 所示。

⑥ 添加注释文字。切换至"文字说明"图层，单击"默认"选项卡"注释"面板中的"多行文字"按钮 A，字体选择"仿宋_GB2312"，字号为 10 号，在图形中输入所需的文字，得到完整的三相异步交流电动机正反转控制线路图，如图 6-84 所示。

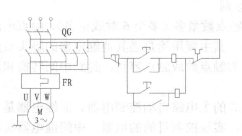

图 6-82　正反转控制电路

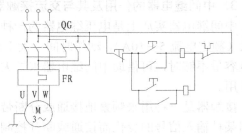

图 6-83　绘制导通点

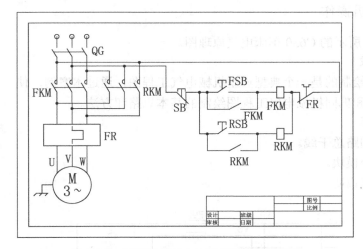

图 6-84　三相异步交流电动机正反转控制线路图

6.2.4　拓展知识

1. 三相异步电动机的起动控制采用的两种方式

三相笼型电动机有直接起动（全电压起动）和间接起动（降压起动）两种方式。直接起动是一种简单、可靠、经济的起动方式，适合小容量电动机。对于较大容量（大于 10kW）的电动机，因起动电流大（可达额定电流的 4～7 倍），一般采用减压起动方式来降低起动电流。

2. 按钮开关和行程开关的作用及确定按钮开关的选用原则

（1）按钮开关通常用作短时接通或断开小电流控制电路的开关，用于控制电路中发起启动或停止等指令，通过接触器、继电器等控制电路接通或断开主电路。

（2）行程开关又称限位开关，是根据运动部件位置而切换电路的自动控制器。动作时，由挡块与行程开关的滚轮相碰撞，使触头接通或断开用来控制运动部件的运动方向、行程大小或位置保护。

（3）按钮开关的选用原则如下。

① 根据用途选择开关的形式，如紧急式、钥匙式、指示灯式等。

② 根据使用环境选择按钮开关的种类，如开启式、防水式、防腐式等。

③ 按工作状态和工作情况的要求，选择按钮开关的颜色。

3. 中间继电器的作用及其与交流接触器的区别

中间继电器实质上是电压继电器的一种，其触点数量多（多至 6 对或更多），触点电流容量大（额定电流 5～10A），动作时间不大于 0.05s。其主要用途是当其他继电器的触头数量或触点容量不够时，可借助中间继电器来扩大它们的触点数或触点容量，起到中间转换和放大的作用。

接触器是一种用来频繁地接通或分断带有负载的主电路自动控制电器。而继电器是一种根据某种输入信号的变化而接通或断开控制电路，实现控制目的的电器。中间继电器实质上是电压继电器的一种。

6.2.5 上机操作

绘制图 6-85 所示的 C630 车床电气原理图。

1. 目的要求

本上机案例绘制的是一个典型典型机械电气工程图，通过本案例，使读者进一步掌握和巩固机械电气工程图绘制的基本思路和方法。

2. 操作提示

① 绘制出回路总干线。

② 绘制各个模块。

③ 添加文字说明。

绘制 C630 车床电气原理图

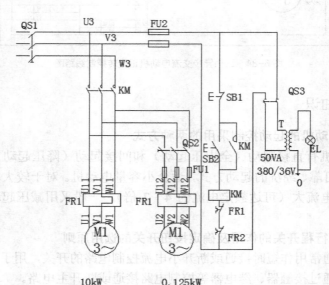

图 6-85 C630 车床电气原理图

自测题

1. 机床电气系统由哪两部分组成？
2. 简述电气识图的步骤。
3. 分析图 6-86 所示的 Z35 型摇臂钻床电气原理图的工作原理。
4. 绘制 Z35 型摇臂钻床电气原理图。

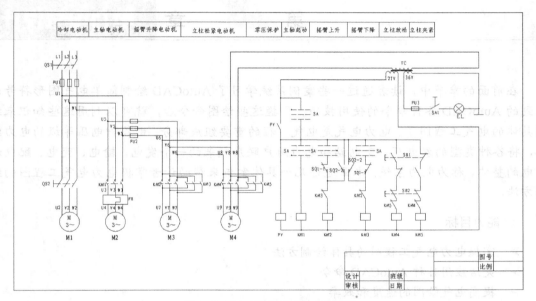

图 6-86　Z35 型摇臂钻床电气原理图

第7章 电力电气设计

在前面的章节中，读者通过一些案例系统学习了 AutoCAD 绘制简单电气图形符号时用到的 AutoCAD 各种命令的使用技巧。掌握这些绘图命令后，就可以利用这些知识来绘制具体的电气工程图了。电力电气是电气工程的重要组成部分。由各种电压等级的电力线路，将各种类型的发电厂、变电站和电力用户联系起来的一个发电、输电、变电、配电和用电的整体，称为电力系统。本章通过几个具体案例来帮助读者掌握电力电气工程图的绘制方法。

能力目标

➢ 掌握电力电气工程图的具体绘制方法
➢ 灵活应用各种 AutoCAD 命令
➢ 提高电气绘图的速度和效率

课时安排

2 课时（讲课 1 课时，练习 1 课时）

7.1 绘制绝缘端子装配图

图 7-1 所示为绝缘端子的装配图，图形看上去比较复杂，其实整个视图是由许多部件组成的，每个部件都是一个块。将某一部分绘制成块的优点在于，以后再使用该零件时就可以直接调用原来的模块，或是在原来模块的基础上进行修改，这样就可以提高画图效率，节省出图时间，对以后使用 AutoCAD 是非常有用的。

7.1.1 案例分析

下面以其中一个模块——耐张线夹为例，详细介绍模块的画法，其余的模块可仿照其画法。耐张线夹块的绘制流程如图 7-2 所示。

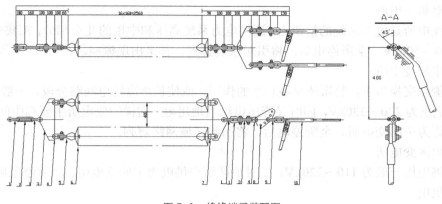

图 7-1 绝缘端子装配图

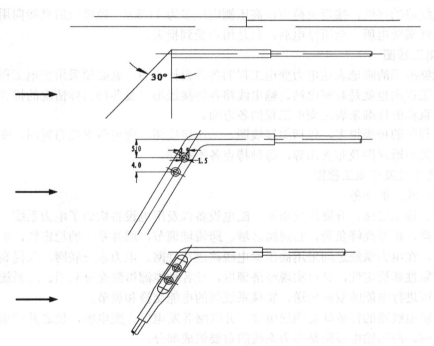

图 7-2 绘制耐张线夹

7.1.2 相关知识

由各种电压等级的电力线路，将各种类型的发电厂、变电站和电力用户联系起来的一个发电、输电、变电、配电和用电的整体，称为电力系统。电力系统由发电厂、变电所、线路和用户组成。变电所和输电线路是联系发电厂和用户的中间环节，起着变换和分配电能的作用。

1. 变电工程

为了更好地了解变电工程图，下面先对变电工程的重要组成部分——变电所做简要介绍。

系统中的变电所，通常按其在系统中的地位和供电范围，分成以下4类。

（1）枢纽变电所

枢纽变电所是电力系统的枢纽点，连接电力系统高压和中压的几个部分，汇集多个电源，电压为 330～500kV。全所停电后，将引起系统解列，甚至出现瘫痪。

（2）中间变电所

高压侧以交换为主，起系统交换功率的作用，或使长距离输电线路分段，一般汇集 2～3 个电源，电压为 220～330kV，同时又降压供给当地用电。这样的变电所主要起中间环节的作用，所以称为中间变电所。全所停电后，将引起区域网络解列。

（3）地区变电所

高压侧电压一般为 110～220kV，是对地区用户供电为主的变电所。全所停电后，仅使该地区中断供电。

（4）终端变电所

在输电线路的终端，接近负荷点，高压侧电压多为 110kV。经降压后直接向用户供电的变电所即为终端变电所。全所停电后，只是用户受到损失。

2．变电工程图

为了能够准确清晰地表达电力变电工程的各种设计意图，就必须采用变电工程图。简单来说，变电工程图也就是对变电站、输电线路各种接线形式及各种具体情况的描述。其意义在于用统一直观的标准来表达变电工程的各方面。

变电工程图的种类很多，包括主接线图、二次接线图、变电所平面布置图、变电所断面图、高压开关柜原理图及布置图等，每种特点各不相同。

3．输电工程及输电工程图

（1）输电线路的任务

发电厂、输电线路、升降压变电站、配电设备以及用电设备构成了电力系统。为了减少系统备用容量，错开高峰负荷，实现跨区域、跨流域调节，增强系统的稳定性，提高抗冲击负荷的能力，在电力系统之间采用高压输电线路进行联网。电力系统联网，既提高了系统的安全性、可靠性和稳定性，又可实现经济调度，使各种能源得到充分利用。起系统联络作用的输电线路可进行电能的双向输送，实现系统间的电能交换和调节。

因此，输电线路的任务就是输送电能，并联络各发电厂、变电所，使之并列运行，实现电力系统联网。高压输电线路是电力系统的重要组成部分。

（2）输电线路的分类

输送电能的线路通称为电力线路。电力线路有输电线路和配电线路之分。由发电厂向电力负荷中心输送电能的线路以及电力系统之间的联络线路称为输电线路；由电力负荷中心向各个电力用户分配电能的线路称为配电线路。

电力线路按电压等级分为低压、高压、超高压和特高压线路。一般来说，输送电能容量越大，线路采用的电压等级就越高。

输电线路按结构特点分为架空线路和电缆线路。架空线路由于结构简单、施工简便、建设费用低、施工周期短、检修维护方便及技术要求较低等优点，得到广泛的应用；电缆线路受外界环境因素的影响小，但需用特殊加工的电力电缆，费用高，施工及运行检修的技术要求高。

目前，我国电力系统广泛采用架空输电线路。架空输电线路一般由导线、避雷线、绝缘子、金具、杆塔、杆塔基础、接地装置和拉线 8 部分组成。

① 导线。导线是固定在杆塔上输送电流用的金属线，目前在输电线路设计中，一般采用钢芯铝绞线，局部地区采用铝合金绞线。

② 避雷线。避雷线的作用是防止雷电直接击于导线上，并把雷电流引入大地。避雷线常用镀锌钢绞线，也可采用铝包钢绞线。目前国内外均采用绝缘避雷线。

③ 绝缘子。输电线路用的绝缘子主要有针式绝缘子、悬式绝缘子和瓷横担等。

④ 金具。通常把输电线路使用的金属部件总称为金具，其类型繁多，主要有连接金具、连续金具、固定金具、防震锤、间隔棒和均压屏蔽环等几种类型。

⑤ 杆塔。线路杆塔用于支撑导线和避雷线。按照杆塔材料的不同，分为木杆、铁杆、钢筋混凝土杆，国外还采用了铝合金塔。杆塔可分为直线型和耐张型两类。

⑥ 杆塔基础。杆塔基础用来支撑杆塔，分为钢筋混凝土杆塔基础和铁塔基础两类。

⑦ 接地装置。埋没在基础土壤中的圆钢、扁钢、角钢、钢管或其组合式结构均称为接地装置。其与避雷线或杆塔直接相连，当雷击杆塔或避雷线时，能将雷电引入大地，可防止雷电击穿绝缘子串的事故发生。

⑧ 拉线。为了节省杆塔钢材，国内外广泛使用了带拉线杆塔。拉线材料一般为镀锌钢绞线。

7.1.3　案例实施

1. 设置绘图环境

① 建立新文件。以"**A4.dwt**"样板文件为模板建立新文件，将新文件命名为"绝缘端子装配图.dwg"并保存。

② 设置图层。单击"默认"选项卡"图层"面板中的"图层特性"按钮，设置"绘图线层""双点线层""中心线层"和"图框线层"4个图层，将"中心线层"设置为当前图层。设置好的各图层的属性如图 7-3 所示。

绘制绝缘端子
装配图

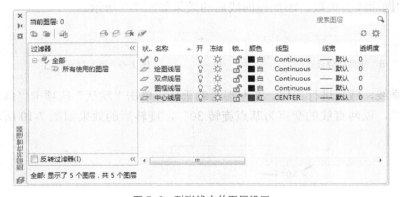

图 7-3　耐张线夹的图层设置

2. 绘制耐张线夹

① 绘制中心线。选择"中心线层"后，注意图层的状态，确认图层为打开状态，未冻结，

图层线颜色为红色，线宽选择默认宽度。单击"默认"选项卡"绘图"面板中的"直线"按钮 ／，绘制长度为 33mm 的直线，然后选取直线，单击鼠标右键，在弹出的快捷菜单中选择"特性"命令，系统弹出"特性"对话框，修改线型比例，如图 7-4 所示。

② 绘制直线。选择"绘图线层"为当前层，单击"默认"选项卡"绘图"面板中的"直线"按钮 ／，绘制距离中心线分别为 2mm 和 1mm，长度为 15mm 的直线，如图 7-5 所示。

③ 镜像直线。选择所有绘图线，单击"默认"选项卡"修改"面板中的"镜像"按钮 ⚏，选择中心线上的两点来确定对称轴，按 Enter 键后可得到图 7-6 所示的效果。

④ 绘制云线。单击"默认"选项卡"绘图"面板中的"徒手画修订云线"按钮 ⚇，以右端的上端点和右端中心点为两端点绘制云线，再以右端下端点和中心点绘制另一条云线，绘制效果如图 7-7 所示。

图 7-4　图线属性设置

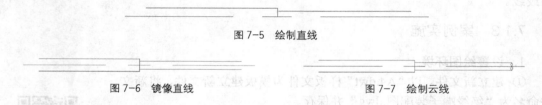

图 7-5　绘制直线

图 7-6　镜像直线　　　　　　　　　图 7-7　绘制云线

⑤ 分解云线。单击"默认"选项卡"修改"面板中的"分解"按钮 ⚏，将两条云线分解。单击"默认"选项卡"修改"面板中的"删除"按钮 ⚏，将多余的半条云线删除，效果如图 7-8 所示。

⑥ 绘制抛面线。单击"默认"选项卡"绘图"面板中的"图案填充"按钮 ⚏，打开"图案填充创建"选项卡，选择"ANSI31"图案，选择要添加抛面线的区域，注意区域一定要闭合，否则添加抛面线会失败。添加抛面线后的效果如图 7-9 所示。

图 7-8　删除部分云线后　　　　　　　　図 7-9　添加抛面线

⑦ 绘制垂线，然后进行旋转。在左端绘制垂线，单击"默认"选项卡"修改"面板中的"旋转"按钮 ⚲，以两直线的交点为基点旋转 30°，旋转后的效果如图 7-10 所示。

图 7-10　垂线旋转图

⑧ 绘制旋转垂线的平行线。选择步骤⑦中绘制的直线，绘制一条平行线，两条平行线之间的距离为 5mm，单击"默认"选项卡"修改"面板中的"矩形阵列"按钮，设置行数为 1、列数为 2、列间距为 5 mm。

⑨ 倒圆角。单击"默认"选项卡"修改"面板中的"圆角"按钮，然后选择修剪模式为"半径(R)"模式，然后输入修剪半径为 4mm，最后连续选择要修剪的两条直线，选择过程中注意状态栏命令提示，命令行中的提示与操作如下。

```
命令: fillet ↙
当前设置: 模式=修剪，半径=3.0
选择第一个对象或 [放弃(U)/多段线(P)/半径(R)/修剪(T)/多个(M)]:R↙
指定圆角半径<3.0>:4 ↙
选择第一个对象或 [放弃(U)/多段线(P)/半径(R)/修剪(T)/多个(M)]:
选择第二个对象，或按住 Shift 键选择对象以应用角点或 [半径(R)]:
```

用同样的过程修剪另外两条相交直线，选择修剪半径为 3mm，修剪后的效果如图 7-11 所示。

⑩ 绘制两个同心圆。绘制一条弯轴的中心线，由图上的尺寸确定两个圆的中心，单击"默认"选项卡"绘图"面板中的"圆"按钮，绘制直径分别为 2.5mm 和 1.5mm 的同心圆。选中两个同心圆，单击"默认"选项卡"修改"面板中的"复制"按钮，在另一个圆心复制出两个相同的同心圆，效果如图 7-12 所示。

图 7-11 倒圆角

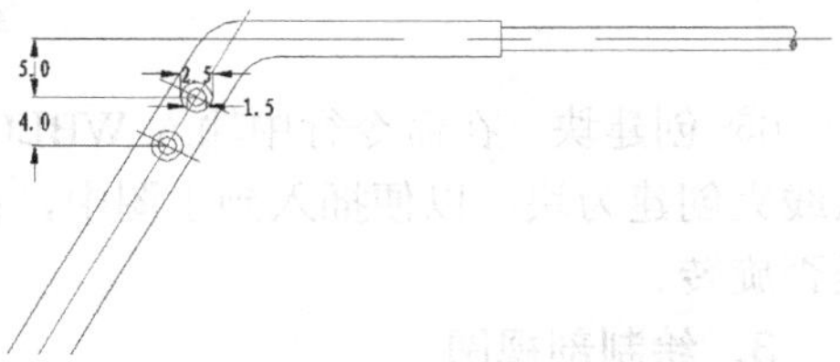

图 7-12 绘制同心圆

⑪ 绘制矩形。单击"默认"选项卡"绘图"面板中的"矩形"按钮，绘制 10mm×3.5mm 的矩形，并旋转-120°，放置在图 7-13 所示的位置，单击"默认"选项卡"修改"面板中的"修剪"按钮，删去多余的线段，绘制效果如图 7-13 所示。

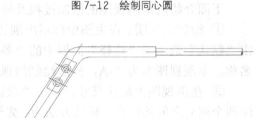

图 7-13 绘制矩形

⑫ 绘制两个半圆。单击"默认"选项卡"绘图"面板中的"圆"按钮，分别在矩形的两个边绘制圆，单击"默认"选项卡"修改"面板中的"修剪"按钮，将多余的半圆删去，效果如图 7-14 所示。

⑬ 绘制另一抛面线部分。单击"默认"选项卡"修改"面板中的"复制"按钮，复制图 7-13 所示的右端抛面线部分，单击"默认"选项卡"修改"面板中的"旋转"按钮，以复制部分的左端中心为端点，旋转至抛面线部分的中心线与倾斜部分的中心线重合，效果如图 7-14 所示。

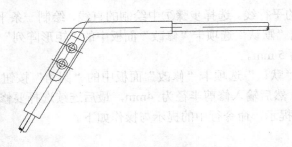

图 7-14　旋转抛面线部分后

⑭ 绘制其余部分。单击"默认"选项卡"绘图"面板中的"直线"按钮 ╱，绘制中心线一侧的两条线，单击"默认"选项卡"修改"面板中的"镜像"按钮 ⚏，镜像出另一侧的对称线，最后删除多余的线段，效果如图 7-15 所示。

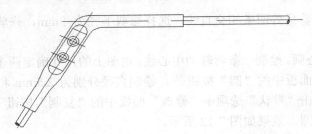

图 7-15　耐张线夹

⑮ 创建块。在命令行中输入 WBLOCK 命令，系统弹出"写块"对话框，将绘制好的耐张线夹创建为块，以便插入到主图中，在插入的过程中可设置插入点的位置、插入的比例及是否旋转。

3．绘制剖视图

下面介绍局部剖视图的绘制过程及标注引出线的方法。

① 绘制剖视图。在主图中标示出剖切截面的位置，然后在图的空闲部分绘制剖视图，单击"默认"选项卡"注释"面板中的"多行文字"按钮 A，在剖视图的最上端标示抛视图的名称，本剖视图名为 A-A，然后绘制剖视图。

② 在剖视图上标注尺寸。单击"默认"选项卡"注释"面板中的"线性"按钮 ⊢，标注两个圆心之间的距离，标注方法为：先选择标注命令，然后选择两个中心点，出现尺寸后，调整到适当位置，单击"确定"按钮。单击"默认"选项卡"注释"面板中的"角度"按钮 △，标注角度，标注方法为：依次选中要标注角度的两条边，出现尺寸后，单击"确定"按钮。另外，在剖开的部分要绘制剖面线，局部剖视图如图 7-16 所示。

至此，主图的全部图线绘制完毕，绘制完成后，还需要做以下工作。

① 单击"默认"选项卡"注释"面板中的"线性"按钮 ⊢，标注主图中的重要位置尺寸及装配尺寸。

② 单击"默认"选项卡"注释"面板中的"多重引线"按钮 ⌐，标示出各部分的名称。

③ 绘制各部分的明细栏。

④ 单击"默认"选项卡"注释"面板中的"多行文字"按钮 A，标示出本图的特殊安装

要求，或者特殊的加工工艺以及一些无法在图样上表示的特殊要求。

⑤ 最后给图样加上图框及标题栏，至此，一张完整的装配图已绘制完毕，效果如图 7-17
所示。

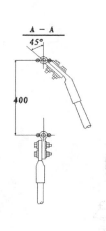

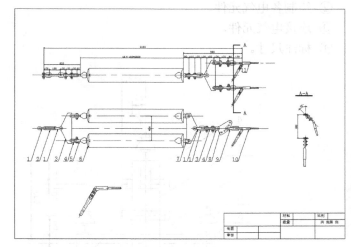

图 7-16　局部剖视图　　　　　　　　　　　　　图 7-17　绝缘端子装配图

7.1.4　拓展知识

1. 制图比例的操作技巧

为获得制图比例图纸，一般绘图是先插入按 1:1 尺寸绘制的标准图框，再按"SCALE"
按钮，利用图样与图框的数值关系，将图框按"制图比例的倒数"进行缩放，则可绘制 1:1
的图形，而不必通过缩放图形的方法来实现。实际工程制图中，也多为此法，如果通过缩放
图形的方法来实现，往往会对"标注"尺寸带来影响。每个公司都有不同的图幅规格的图框，
在制作图框时，大多都会按照 1:1 的比例绘制 A0、A1、A2、A3、A4 图框。其中，A1 和
A2 图幅还经常用到立式图框。另外，如果需要用到加长图框，应该在图框的长边方向，按照
图框长边 1/4 的倍数增加。把不同大小的图框按照应出图的比例放大，将图框"套"住图样
即可。

2. 线型的操作技巧

通过全局修改或单个修改每个对象的线型比例因子,可以以不同的比例使用同一个线型。
默认情况下，全局线型和单个线型比例均设置为1.0。比例越小，每个绘图单位中生成的重复
图案就越多。例如，设置为 0.5 时，每一个图形单位在线型定义中显示重复两次的同一图案。
不能显示完整线型图案的短线段显示为连续线；对于太短甚至不能显示
一个虚线小段的线段，可以使用更小的线型比例。

7.1.5　上机操作

绘制图 7-18 所示的电杆安装的三视图。

1. 目的要求

本上机案例绘制的是一个典型电力电气工程图，通过本案例，使读

绘制电杆安装
的三视图

者进一步掌握和巩固电力电气工程图绘制的基本思路和方法。

2．操作提示

① 绘制杆塔。

② 绘制各电气元件。

③ 连接电气元件。

④ 标注尺寸。

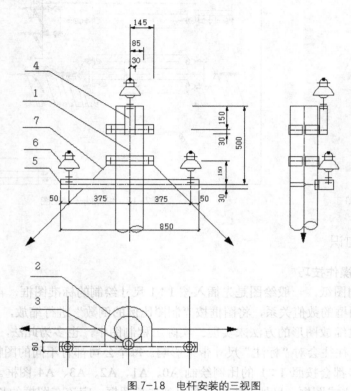

图 7-18　电杆安装的三视图

7.2　绘制电气主接线图

电气主接线主要是指在发电厂、变电所、电力系统中，为满足预定的功率传送和运行等要求而设计的、表明高压电气设备之间相互连接关系的传送电能的电路。

7.2.1　案例分析

本例首先设计图纸布局，确定各主要部件在图中的位置，然后分别绘制各电气符号，最后把绘制好的电气符号插入到布局图的相应位置。绘制流程如图 7-19 所示。

7.2.2　相关知识

下面简要讲述电气主接线图的基本形式及读图方法。

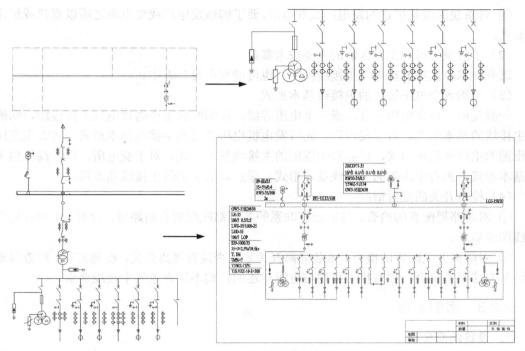

图 7-19 35kV 变电所电气主接线图

1. 电气主接线图的基本形式

电气主线接的基本形式分为：有母线接线和无母线接线。母线是汇流线，用以汇集电能和分配电能的，是发电厂和变电所的重要装置。电气主接线的类型如下。

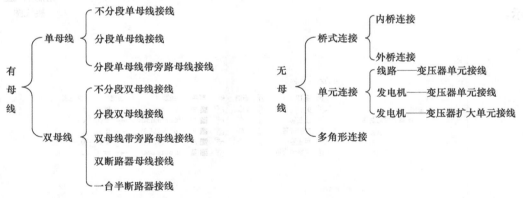

2. 电气主接线图的读图方法

（1）了解发电厂或变电所的基本情况

① 发电厂或变电所在系统中的地位和作用。是指该发电厂或变电所在电力系统中的重要程度，如果全厂或全所停电或造成什么影响。还有对发电厂要了解它的总容量，对变电所要了解它的供电范围。

② 发电厂或变电所的类型。对发电厂，要知道是火力发电厂、水力发电厂还是核电站；对变电所，要知道是枢纽变电所、地区变电所还是用户变电所，是中间变电所还是终端变电所。

③ 对新建的或是扩建的发电厂或变电所，要了解该发电厂或变电所之所以要建或扩建的必要性。

（2）了解发电机和主变压器的主要技术参数

这些技术参数可能在电气主接线图中，也可能列在设备表中。

（3）明确各个电压等级的主接线基本形式

一般发电厂或变电所都有二或三个电压等级，读图时应逐个阅读电气主接线图，明确各个主接线的基本形式。对于发电厂，先看发电机电压等级的主接线基本形式，再看主变压器高压侧的主接线基本形式，最后看中压侧的主接线基本形式。对于变电所，先看高压侧主接线基本形式，再看中压侧的主接线基本形式，最后看低压侧的主接线基本形式。

（4）检查开关的配置情况

① 对断路器配置的检查。与电源有联系的各侧都应配置有断路器，否则，不符合电气主接线图的要求。

② 对隔离开关配置的检查。该装隔离开关处是否装有隔离开关，检测需要；检查隔离开关绘制方法是否正确，如有将刀片端与电源相连的，则不符合电气主接线要求。

7.2.3 案例实施

1. 设置绘图环境

① 建立新文件。以"A4.dwt"样板文件为模板建立新文件，将新文件命名为"变电所主接线图.dwg"并保存。

② 设置图层。单击"默认"选项卡"图层"面板中的"图层特性"按钮，设置"轮廓线层""母线层""绘图层"和"文字说明层"4个图层，将"轮廓线层"设置为当前图层。设置好的各图层的属性如图 7-20 所示。

绘制电气主
接线图

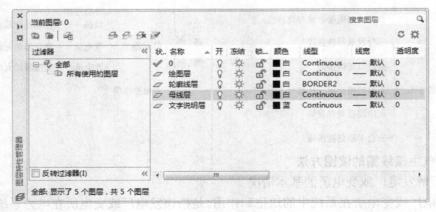

图 7-20　图层设置

2. 图纸布局

① 绘制轮廓水平初始线。单击"默认"选项卡"绘图"面板中的"直线"按钮，绘制长度为 341mm 的直线 1，如图 7-21 所示。

图 7-21 轮廓线水平初始线

② 缩放和平移视图。单击"视图"选项卡"导航"面板中的"范围"下拉菜单中的"实时"按钮，和"平移"按钮，将视图调整到易于观察的程度。

③ 绘制水平轮廓线。单击"默认"选项卡"修改"面板中的"偏移"按钮，以直线 1 为起始，依次向下绘制直线 2、3、4 和 5，偏移量分别为 56mm、66mm、6mm 和 66mm，如图 7-22 所示。

④ 绘制轮廓线竖直初始线。单击"默认"选项卡"绘图"面板中的"直线"按钮，同时启动"对象捕捉"功能，绘制直线 5、6、7 和 8，如图 7-23 所示。

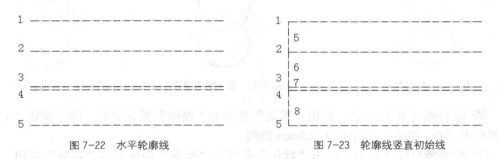

图 7-22 水平轮廓线　　　　　　图 7-23 轮廓线竖直初始线

⑤ 绘制竖直轮廓线。单击"默认"选项卡"修改"面板中的"偏移"按钮，以直线 5 为起始，依次向右偏移 56mm、129mm、100mm 和 56mm，然后继续单击"默认"选项卡"修改"面板中的"偏移"按钮，以直线 6 为起始，依次向右偏移 56mm、229mm 和 56mm，以直线 7 为起点向右偏移 341mm，以直线 8 为起点，依次向右偏移 25mm、296mm 和 20mm，得到所有竖直的轮廓线，效果及尺寸如图 7-24 所示。

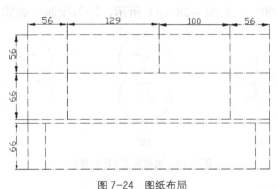

图 7-24 图纸布局

3. 绘制变压器符号

① 绘制圆。将"绘图层"设为当前图层，单击"默认"选项卡"绘图"面板中的"圆"按钮，绘制一个半径为 6mm 的圆 1。

② 复制圆。启动"正交"和"对象捕捉"绘图方式，单击"默认"选项卡"修改"面板中的"复制"按钮，复制圆 1，并向下移动，基点为圆 1 的圆心，位移为 9mm，得到圆 2，如图 7-25 所示。

③ 绘制竖直线。单击"默认"选项卡"绘图"面板中的"直线"按钮 ✏，用鼠标捕捉圆 1 的圆心为直线起点，将鼠标向下移动，在"正交"绘图方式下会提示输入直线长度，输入直线长度为 4mm，按 Enter 键。

④ 修剪图形。单击"默认"选项卡"修改"面板中的"修剪"按钮 ✂，修剪掉直线在圆内的部分，效果如图 7-26 所示。

⑤ 阵列竖直线。单击"默认"选项卡"修改"面板中的"环形阵列"按钮 ✦，选择图 7-26 中的竖直直线，选取圆心作为基点，"项目"设置为 3，填充角度设置为 360°，效果如图 7-27 所示。

图 7-25　绘制圆　　　　　　图 7-26　绘制竖直直线　　　　图 7-27　阵列后效果图

⑥ 绘制圆 2 的同心圆。单击"默认"选项卡"绘图"面板中的"圆"按钮 ⊙，以圆 2 的圆心为圆心，绘制一个半径为 2.5mm 的圆。

⑦ 绘制竖直线并阵列。单击"默认"选项卡"绘图"面板中的"直线"按钮 ✏，用鼠标捕捉圆 2 的圆心为直线起点，绘制一条竖直向上、长度为 2.5mm 的直线，并单击"默认"选项卡"修改"面板中的"环形阵列"按钮 ✦，绕圆心复制 3 份，如图 7-28（a）所示。

⑧ 修剪图形。连接圆 2 各直线端点，得到圆内接正三角形，修剪掉半径为 2.5mm 的圆和多余直线，得到图 7-28（b）所示图形。

⑨ 旋转三角形。单击"默认"选项卡"修改"面板中的"旋转"按钮 ⟳，以圆 2 的圆心为基点，将三角形旋转-90°，如图 7-28（c）所示，即为绘制完成的主变压器符号。

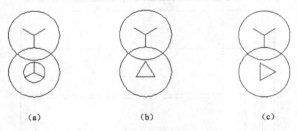

（a）　　　　　　　　　（b）　　　　　　　　　（c）

图 7-28　绘制完成变压器符号

4. 绘制隔离开关符号

① 绘制竖直直线。单击"默认"选项卡"绘图"面板中的"直线"按钮 ✏，在"正交"方式下绘制一条长为 14mm 的竖线，如图 7-29（a）所示。

② 绘制附加线。单击"默认"选项卡"绘图"面板中的"直线"按钮 ✏，在竖直直线从下往上 1/3 处，利用极轴追踪功能绘制一斜线，与竖直直线成 30° 角，然后以斜线的末端点为起点绘制水平直线，端点落在竖直直线上，效果如图 7-29（b）所示。

③ 移动水平线。单击"默认"选项卡"修改"面板中的"移动"按钮✛，将水平短线向右移动 1.3mm，如图 7-29（c）所示。

④ 修剪图形。单击"默认"选项卡"修改"面板中的"修剪"按钮，修剪掉多余直线，得到如图 7-29（d）所示的效果，即为绘制完成的隔离开关符号。

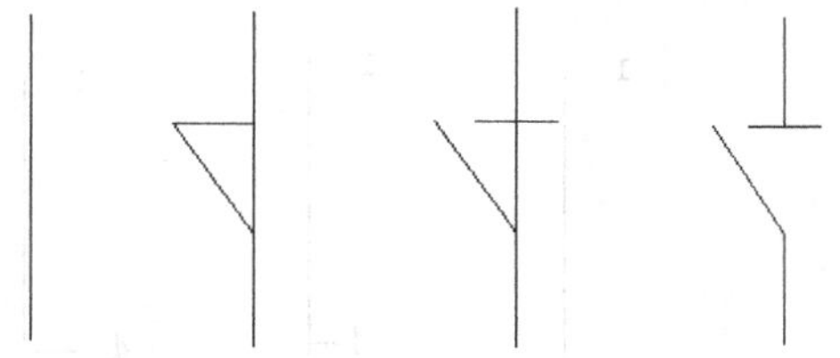

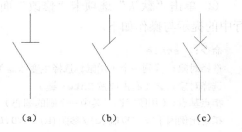

图 7-29　绘制隔离开关符号

5．绘制断路器符号

可通过编辑隔离开关符号得到断路器符号。

① 复制隔离开关符号。复制隔离开关符号到当前图形中，尺寸不变，如图 7-30（a）所示。

② 旋转水平短线。单击"默认"选项卡"修改"面板中的"旋转"按钮↻，将图 7-30（a）中的水平短线旋转 45°，旋转基点为上面绘制的竖直短线的下端点，可以利用"对象捕捉"功能，通过鼠标捕捉得到，旋转后的效果如图 7-30（b）所示。

③ 镜像短斜线。单击"默认"选项卡"修改"面板中的"镜像"按钮，镜像上面旋转得到的短斜线，镜像线为竖直短线，效果如图 7-30（c）所示，即为绘制完成的断路器符号。

图 7-30　绘制断路器符号

6．绘制避雷器符号

① 绘制竖直直线。单击"默认"选项卡"绘图"面板中的"直线"按钮，绘制竖直直线 1，长度为 12mm。

② 绘制水平直线。单击"默认"选项卡"绘图"面板中的"直线"按钮，在"正交"绘图方式下，以直线 1 的端点 O 为起点绘制水平直线段 2，长度为 1mm，如图 7-31（a）所示。

③ 偏移水平直线。单击"默认"选项卡"修改"面板中的"偏移"按钮，以直线 2 为起始，绘制直线 3 和直线 4，偏移量均为 1mm，效果如图 7-31（b）所示。

④ 拉长水平直线。单击"默认"选项卡"修改"面板中的"拉长"按钮，分别拉长直线 3 和 4，拉长长度分别为 0.5mm 和 1mm，效果如图 7-31（c）所示。

⑤ 镜像水平直线。单击"默认"选项卡"修改"面板中的"镜像"按钮，镜像直线 2、3 和 4，镜像线为直线 1，效果如图 7-31（d）所示。

⑥ 绘制矩形。单击"默认"选项卡"绘图"面板中的"矩形"按钮，绘制一个宽度为 2mm，高度为 4mm 的矩形，并将其移动到合适的位置，效果如图 7-31（e）所示。

⑦ 加入箭头。在矩形的中心位置加入箭头，绘制箭头时，可以先绘制一个小三角形，然后填充即可得到，如图 7-31（f）所示。

⑧ 修剪竖直直线。单击"默认"选项卡"修改"面板中的"修剪"按钮，修剪掉多余直线，得到如图 7-31（g）所示的图形，即为避雷器符号。

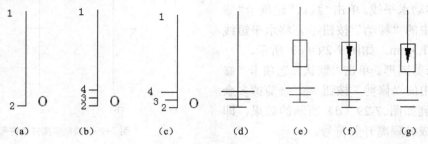

图 7-31　绘制避雷器符号

7. 绘制站用变压器符号

① 复制主变压器符号。单击"默认"选项卡"修改"面板中的"复制"按钮，复制主变压器符号到当前图形中，尺寸不变，如图 7-32（a）所示。

② 单击"默认"选项卡"修改"面板中的"缩放"按钮，缩小主变压器符号，命令行中的提示与操作如下。

```
命令：_scale
选择对象：找到一个（用鼠标选择主变压器）
选择对象：↙（右击或按 Enter 键）
指点基点：（用鼠标选择其中一个圆的圆心）
指定比例因子或 ［复制(c)/参照(R)］<0.0000>：0.4↙
```

缩小后的效果如图 7-32（b）所示。

③ 删除三角形符号。单击"默认"选项卡"修改"面板中的"删除"按钮，将三角形符号删除，删除后的效果如图 7-32（c）所示。

④ 复制 Y 型接线符号。单击"默认"选项卡"修改"面板中的"复制"按钮，将上面圆中的 Y 型接线符号复制到下面的圆中，如图 7-32（d）所示。

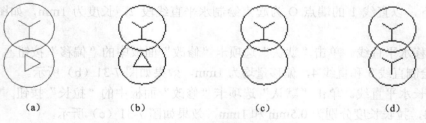

图 7-32　绘制站用变压器符号

8. 绘制电压互感器符号

电压互感器的绘制是在站用变压器的基础上完成的。

① 复制站用变压器。复制前面绘制好的站用变压器到当前图形中，尺寸不变，如图 7-33（a）所示。

② 旋转当前图形。单击"默认"选项卡"修改"面板中的"旋转"按钮，选择复制过来的站用变压器符号，以圆 1 的圆心为基准点，旋转 150°，如图 7-33（b）所示。

③ 旋转 Y 型连接线。单击"默认"选项卡"修改"面板中的"旋转"按钮，将两圆

中的 Y 型线分别以对应圆的圆心为基准点旋转 90°。单击"默认"选项卡"绘图"面板中的"直线"按钮 ，以圆 2 的圆心为起点，在水平向右方向上画一条直线 L，直线 L 的长度为 12mm，直线的另一端点为 O，如图 7-33（c）所示。

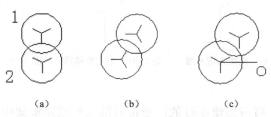

(a)　　　　　　(b)　　　　　　(c)

图 7-33　绘制电压互感器符号

④ 绘制圆 3。单击"默认"选项卡"绘图"面板中的"圆"按钮 ，以 O 为圆心，绘制一个半径为 6mm 的圆，并将直线删除，效果如图 7-34（a）所示。

⑤ 绘制圆 4。单击"默认"选项卡"绘图"面板中的"圆"按钮 ，以圆 3 的圆心为圆心，2.5mm 为半径绘制圆 4。

⑥ 绘制圆 4 的内接三角形。绘制圆 4 的内接三角形，得到内接三角形后，单击"默认"选项卡"修改"面板中的"偏移"按钮 ，将下边的水平线向上偏移 2mm，效果如图 7-34（b）所示。

⑦ 完成绘制。单击"默认"选项卡"修改"面板中的"修剪"按钮 ，修剪并删除多余线段，得到的效果如图 7-34（c）所示，即电压互感器符号。

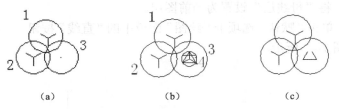

(a)　　　　　　(b)　　　　　　(c)

图 7-34　完成电压互感器符号

9．绘制接地开关、跌落式熔断器、电流互感器、电容器和电缆接头

由于本图用到的电气元件比较多，需要绘制的符号也比较多，现只介绍以上 8 种主要的电气元件符号的绘制，对于接地开关、跌落式熔断器、电流互感器、电容器和电缆接头，仅对其绘制方法作简要说明。

① 接地开关。接地开关可以在隔离开关的基础上绘制，如图 7-35 所示。

② 跌落式熔断器。斜线倾斜角为 120°，绘制一个合适尺寸的矩形，将其旋转 30°，然后以短边中点为基点移动至斜线上合适的最近点，如图 7-36 所示。

③ 电流互感器。较大的符号中圆的半径可以取 1.3mm；较小的符号中圆的半径可以取 1mm。圆心可通过捕捉直线中点的方式确定，如图 7-37 所示。

④ 电容器。表示两极的短横线长度可取 2.5mm，线间距离可取 1mm，如图 7-38 所示。

⑤ 电缆接头。绘制一个半径为 2mm 的圆的内接正三角形，利用端点捕捉三角形的顶点，以其为起点竖直向上绘制长为 2mm 的直线，利用中点捕捉三角形底边的中点，以其为起点竖直向下绘制长为 2mm 的直线，如图 7-39 所示。

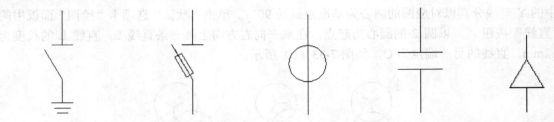

图 7-35　接地开关　　图 7-36　跌落式熔断器　　图 7-37　电流互感器　　图 7-38　电容器　　图 7-39　电缆接头

10．绘制主变支路

① 插入图形符号。将前面绘制好的图形符号插入到线路框架中，如图 7-40 所示，由于本图对尺寸的要求不高，所以各个图形符号的位置可以根据具体情况调整。

② 保存为图块。在命令行中输入 WBLOCK 命令，弹出"写块"对话框，选择整个变压器支路为保存对象，将其保存为图块，并命名为"变压器支路"。

③ 复制出另一主变支路。如图 7-41 所示，为了便于读者观察，此图是关闭轮廓线层后的效果。

11．绘制 10kV 母线上所接的电气设备接线方案

（1）调出布局图，绘制 I 段母线设备

将前面绘制好的布局图打开，并单击"视图"选项卡"导航"面板中的"范围"下拉菜单中的"实时"按钮🔍和"平移"按钮✋，将视图调整到易于观察的程度。

（2）绘制母线

①切换图层。将"母线层"设置为当前图层。

②绘制母线。单击"默认"选项卡"绘图"面板中的"直线"按钮／，绘制长度为 320mm 的直线，效果如图 7-42 所示。

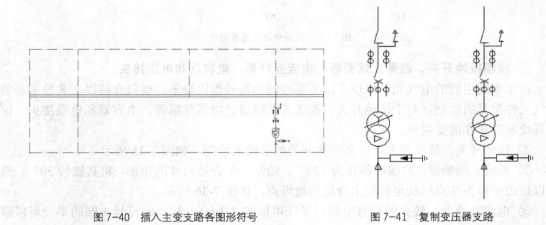

图 7-40　插入主变支路各图形符号　　　　　　　图 7-41　复制变压器支路

图 7-42　母线

（3）插入电气设备符号

① 插入已做好的各元件块，将其连成一条支路，如图7-43所示的出线1。

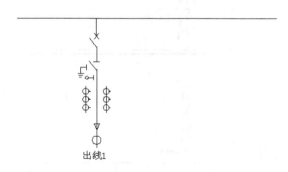

图7-43 绘制母线上所接的出线接线方案

② 在"正交"方式下，多重复制出线1，效果如图7-44所示。注意进线上的开关设备与出线1上的设备相同，可把出线1先复制到进线位置，然后进行修改，修改操作不再赘述。

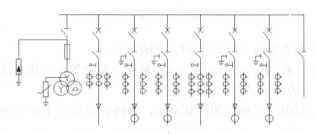

图7-44 完成母线I段上所接的出线方案

③ 绘制II段母线设备，如图7-45所示。

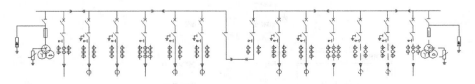

图7-45 完成母线上所接的出线方案

12．补充绘制其他图形

绘制35kV进线及母线、电压互感器等，在此不再赘述。至此，图形部分的绘制已基本完成，如图7-46所示为整个图形的左半部分。

13．添加文字注释

① 创建文字样式。单击"默认"选项卡"注释"面板中的"文字样式"按钮A，弹出"文字样式"对话框，创建一个样式名为"标注"的文字样式。设置"字体名"为"仿宋"，"字体样式"为"常规"，"高度"为2.5，"宽度因子"为0.7，如图7-47所示。

② 添加注释文字。利用MTEXT命令一次输入几行文字，然后调整其位置，以对齐文字。调整位置时，结合使用"正交"命令。

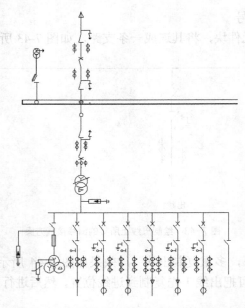

图 7-46　主接线图左半部分

③ 使用文字编辑命令修改文字以得到需要的文字。

④ 绘制文字框线，利用绘制直线的命令和复制、偏移等命令添加注释，效果如图 7-48 所示。对其他注释文字的添加操作不再赘述。

至此，35kV 变电所电气主接线图绘制完毕，最终效果如图 7-49 所示。

图 7-47　"文字样式"对话框

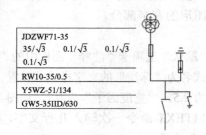

图 7-48　添加文字

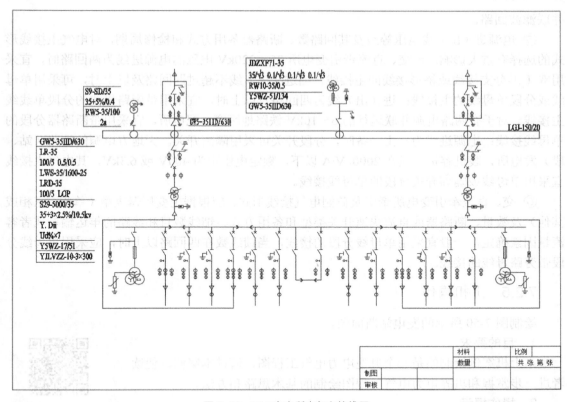

图 7-49　35kV 变电所电气主接线图

7.2.4　拓展知识

电气主接线应满足下列基本要求。

① 牵引变电所、铁路变电所电气主接应综合考虑电源进线情况（有无穿越通过）、负荷重要程度、主变压器容量和台数，以及进线和馈出线回路数量、断路器备用方式和电气设备特点等条件确定，并具有相应的安全可靠性、运行灵活和经济性。

② 具有一级电力负荷的牵引变电所，向运输生产、安全环卫等一级电力负荷供电的铁路变电所，城市轨道交通降压变电所（见电力负荷、电力牵引负荷）应有两回路相互独立的电源进线，每路电源进线应能保证对全部负荷的供电。没有一级电力负荷的铁路变、配电所，应有一回路可靠的进线电源，有条件时宜设置两回路进线电源。

③ 主变压器的台数和容量能满足规划期间供电负荷的需要，并能满足当变压器故障或检修时供电负荷的需要。在三相交流牵引变电所和铁路变电所中，当出现三级电压且中压或低压侧负荷超过变压器额定容量的 15% 时，通常应采用三绕组变压器为主变压器。

④ 按电力系统无功功率就地平衡的要求，交流牵引变电所和铁路变、配电所需分层次装设并联电容补偿设备与相应主接线配电单元。为改善注入电力统的谐波含量，交流牵引变电所牵引电压侧母线，还需要考虑接入无功、谐波综合并联补偿装置回路（见并联综合补偿装置）。对于直流制干线电气化铁路，为减轻直流 12 相脉动电压牵引网负荷对沿线平行通信线路的干扰影响，需在牵引变电所直流正、负母线间设置 550Hz、650Hz 等谐波的

并联滤波回路。

⑤ 电源进（出）线电压等级及其回路数、断路器备用方式和检修周期，对电气主接线形式的选择有重大影响。当交、直流牵引变电所 35～220kV 电压的电源进线为两回路时，宜采用双 T 形分支接线或桥形接线的主接线，当进（出）线不超过四回路及以上时，可采用单母线或分段单母线的主接线；进（出）线为四回路及以上时，宜采用带旁路母线的分段单线线主接线。对于有两路电源并联运行的 6～10kV 铁路地区变、配电所，宜采用带断路器分段的单母线接线；电源进线为一主一备时，分段开关可采用隔离开关。无地方电源的铁路（站、段）发电所，装机容量一般在 2000kV·A 以下，额定电压定为 400V 或 6.3kV，其电气主接线宜采用单母线或隔离开关分段的单母线接线。

⑥ 交、直流牵引变电所牵引负荷侧电气接线形式，应根据主变压器类型（单相、三相或其他）及数量、断路器或直流快速开关类型和备用方式、馈线数目和线路的年运输量或者客流量因素确定。一般宜采用单母线分段的接线，当馈线数在四回路以上时，应采用单母线分段带旁路母线的接线。

7.2.5 上机操作

绘制图 7-50 所示的变电站断面图。

1. 目的要求

本上机案例绘制的是一个典型电力电气工程图，通过本案例，使读者进一步掌握和巩固电力电气工程图绘制的基本思路和方法。

2. 操作提示

① 绘制各个单元符号图形。

② 将各个单元放置到一起并移动连接。

③ 标注尺寸和文字。

绘制变电站
断面图

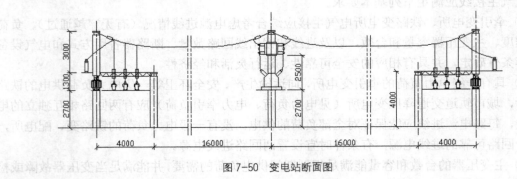

图 7-50 变电站断面图

自测题

1. 电气主接线图的读图方法有哪些？
2. 电气主接线应满足哪些要求？
3. 绘制图 7-51 所示的输电工程图。

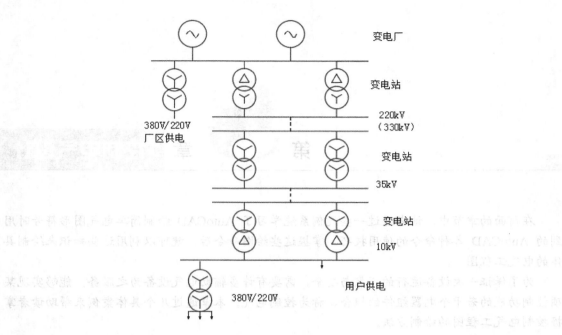

图 7-51 某输电工程线路图

第 8 章 控制电气设计

在前面的章节中，读者通过一些案例系统学习了 AutoCAD 绘制简单电气图形符号时用到的 AutoCAD 各种命令的使用技巧。掌握这些绘图命令后，就可以利用这些知识来绘制具体的电气工程图了。

为了保证一次设备运行的可靠与安全，需要有许多辅助电气设备为之服务，能够实现某项控制功能的若干个电器组件的组合，称为控制电气。本章通过几个具体案例来帮助读者掌握控制电气工程图的绘制方法。

能力目标

➢ 掌握控制电气工程图的具体绘制方法
➢ 灵活应用各种 AutoCAD 命令
➢ 提高电气绘图的速度和效率

课时安排

16 课时（讲课 6 课时，练习 10 课时）

8.1 绘制装饰彩灯控制电路图

彩灯控制器用来使彩灯按照一定的形式和规律闪亮，起到烘托节日氛围、吸引公众注意力的作用，它是一种很好的照明娱乐工具。

8.1.1 案例分析

首先绘制各个元器件图形符号，然后按照线路的分布情况绘制结构图，再将各个元器件插入到结构图中，最后添加注释完成本图的绘制，绘制流程如图 8-1 所示。

8.1.2 相关知识

下面简要讲述控制电路的相关理论知识。

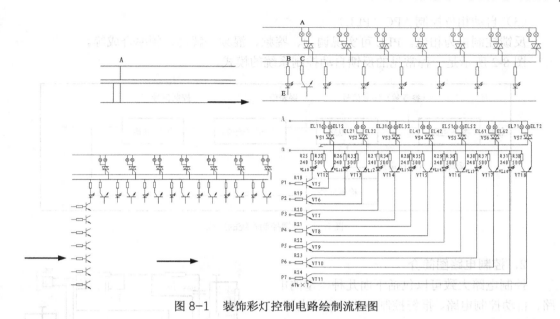

图 8-1　装饰彩灯控制电路绘制流程图

1. 控制电路简介

从研究电路的角度来看，一个实验电路一般可分为电源、控制电路和测量电路 3 部分。测量电路是事先根据实验方法确定好的，可以把它抽象地用一个电阻 R 来代替，称为负载。根据负载所要求的电压值 U 和电流值 I，就可选定电源，一般电学实验对电源并不苛求，只要选择电源的电动势 E 略大于 U，电源的额定电流大于工作电流 I 即可。负载和电源都确定后，就可以安排控制电路，使负载能获得所需要的不同的电压和电流值。一般来说，控制电路中电压或电流的变化，都可用滑线式可变电阻来实现。控制电路有制流和分压两种最基本接法，两种接法的性能和特点可由调节范围、特性曲线、细调程度来表征。

一般在安排控制电路时，并不一定要求设计出一个最佳方案。只要根据现有的设备设计出既安全又省电，且能满足实验要求的电路就可以了。设计方法一般也不必做复杂的计算，可以边实验边改进。先根据负载的阻值 R 要求调节的范围，确定电源电动势 E，然后综合比较一下采用分压还是制流，确定 RO 后，估计一下细调程度是否足够，然后做一些初步试验，看看在整个范围内细调是否满足要求，如果不能满足，则可以加接变阻器，分段逐级细调。

控制电路主要分为开环（自动）控制系统和闭环（自动）控制系统（也称为反馈控制系统）。其中开环(自动)控制系统包括前向控制、程控（数控）、智能化控制等，例如，录音机的开、关机，自动录放，程序工作等。闭环(自动)控制系统则是反馈控制，将受控物理量自动调整到预定值。

其中反馈控制是最常用的一种控制电路。下面介绍 3 种常用的反馈控制方式。

（1）自动增益控制 AGC（AVC）

反馈控制量为增益（或电平），以控制放大器系统中某级（或几级）的增益大小。

（2）自动频率控制 AFC

反馈控制量为频率，以稳定频率。

（3）自动相位控制 APC（PLL）

反馈控制量为相位。PLL 可实现调频、鉴频、混频、解调、频率合成等。

图 8-2 所示是一种常见的反馈自动控制系统的模式。

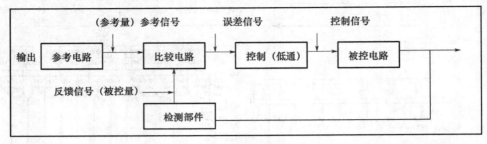

图 8-2　反馈控制系统的组成

2．控制电路图简介

控制电路大致可以包括下面几种类型的电路：自动控制电路、报警控制电路、开关电路、灯光控制电路、定时控制电路、温控电路、保护电路、继电器控制、晶闸管控制电路、电机控制电路、电梯控制电路等。下面对其中几种控制电路的典型电路图进行举例。

图 8-3 所示的电路图表示报警控制电路中的一种典型电路，即汽车多功能报警器电路图。

它的功能要求为：当系统检测到汽车出现各种故障时进行语音提示报警。语音：左前轮、右前轮、左后轮、右后轮、胎压过低、胎压过高、请换电池、叮咚；控制方式：并口模式；语音对应地址（在每个语音组合中加入 200ms 的静音）：00H"叮咚"＋左前轮＋胎压过高，01H"叮咚"＋右前轮＋胎压过高，02H"叮咚"

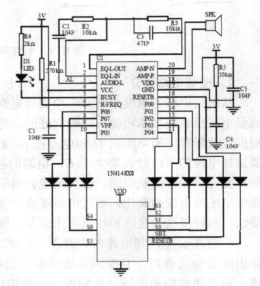

图 8-3　汽车多功能报警器电路图

＋左后轮＋胎压过高，03H"叮咚"＋右后轮＋胎压过高，04H"叮咚"＋左前轮＋胎压过低，05H"叮咚"＋右前轮＋胎压过低，06H"叮咚"＋左后轮＋胎压过低，07H"叮咚"＋右后轮＋胎压过低，08H"叮咚"＋左前轮＋请换电池，09H"叮咚"＋右前轮＋请换电池，0AH"叮咚"＋左后轮＋请换电池，0BH"叮咚"＋右后轮+请换电池。

图 8-4 所示的电路就是温控电路中的一种典型电路。该电路由双 D 触发器 CD4013 中的一个 D 触发器组成，电路结构简单，具有上、下限温度控制功能。控制温度可通过电位器预置，当超过预置温度后自动断电。它可用于电热加工的工业设备。电路中将 D 触发器连接成一个 RS 触发器，以工业控制用的热敏电阻 MF51 做温度传感器。

图 8-5 所示的电路图是继电器电路中的一种典型电路。图 8-5（a）中，集电极为负，发射极为正，对于 PNP 型管而言，这种极性的电源是正常的工作电压；图 8-5（b）中，集电极为正，发射极为负，对于 NPN 型管而言，这种极性的电源是正常的工作电压。

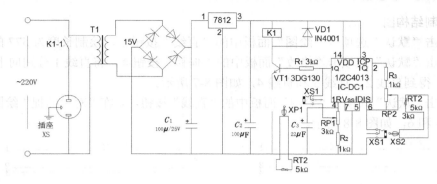

图 8-4   高低温双限控制器(CD4013)电路图

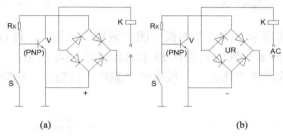

图 8-5   交流电子继电器电路图

8.1.3   案例实施

1. 设置绘图环境

① 建立新文件。打开 AutoCAD 2016 应用程序,选择随书光盘中的"源文件\A3 样板图.dwg"样板文件为模板建立新文件,并将其命名为"装饰彩灯控制电路图.dwg"。

② 设置图层。单击"默认"选项卡"图层"面板中的"图层特性"按钮,弹出"图层特性管理器"选项板,新建"连接线层"和"实体符号层"两个图层,并将"连接线层"图层设置为当前图层,各图层的属性设置如图 8-6 所示。

绘制装饰彩灯
控制电路图

图 8-6   设置图层

2．绘制结构图

① 单击"默认"选项卡"绘图"面板中的"直线"按钮 ✎，绘制长度为 577 的直线 1。

② 单击"默认"选项卡"修改"面板中的"偏移"按钮 ⊜，将直线 1 分别向下偏移 60、75 和 160，得到直线 2、直线 3 和直线 4，如图 8-7 所示。

③ 单击"默认"选项卡"绘图"面板中的"直线"按钮 ✎，在"对象捕捉"绘图方式下，绘制直线 5 和 6，如图 8-8 所示。

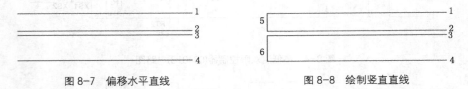

图 8-7　偏移水平直线　　　　　　　　　　图 8-8　绘制竖直直线

④ 单击"默认"选项卡"修改"面板中的"偏移"按钮 ⊜，将直线 5 向右偏移 82；重复"偏移"命令，将直线 6 分别向右偏移 53 和 82，如图 8-9 所示。

⑤ 单击"默认"选项卡"修改"面板中的"删除"按钮 ✎，删除直线 5 和直线 6，结果如图 8-10 所示。

图 8-9　偏移竖线直线　　　　　　　　　　图 8-10　删除直线

3．连接信号灯与晶闸管

① 插入图形。单击"默认"选项卡"块"面板中的"插入块"按钮 ⬚，弹出"插入"对话框，单击"浏览"按钮，弹出"选择图形文件"对话框，选择随书光盘中的"源文件\图块\信号灯"和"晶闸管"图块插入，如图 8-11 和图 8-12 所示。将图 8-11 的 M 点插入到图 8-10 的 A 点，结果如图 8-13 所示。

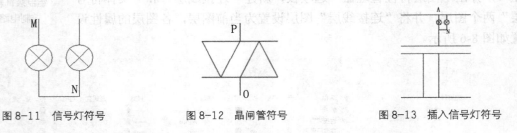

图 8-11　信号灯符号　　　　图 8-12　晶闸管符号　　　　图 8-13　插入信号灯符号

② 同理，将图 8-12 以 P 点为基点插入到图 8-13 的 N 点，结果如图 8-14 所示。

③ 单击"默认"选项卡"修改"面板中的"分解"按钮 ⬚，选择晶闸管符号将其分解；单击"默认"选项卡"修改"面板中的"延伸"按钮 ⬚，以图 8-14 中的 O 点为起点，将晶闸管下端直线竖直向下延伸至下端水平线，结果如图 8-15 所示。

④ 单击"默认"选项卡"绘图"面板中的"直线"按钮 ✎，以图 8-16 所示的 S 点为起点，在"极轴追踪"绘图方式下，绘制一斜线，与竖直直线夹角为 45°；然后以斜线的末端点为起点绘制竖直直线，端点落在水平直线上，如图 8-16 所示。

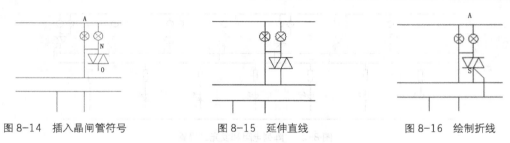

图 8-14 插入晶闸管符号   图 8-15 延伸直线   图 8-16 绘制折线

⑤ 单击"默认"选项卡"修改"面板中的"删除"按钮 ✐，除掉多余的直线，效果如图 8-17 所示。

⑥ 单击"默认"选项卡"修改"面板中的"矩形阵列"按钮 ▦，弹出"阵列创建"选项卡，将前面绘制图形进行矩形阵列，设置"行数"为 1，"列数"为 7，"行间距"为 1，"列间距"为 80，阵列结果如图 8-18 所示。

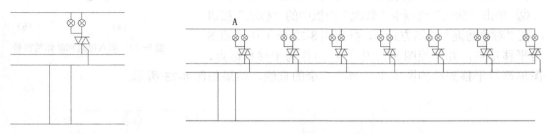

图 8-17 删除多余直线   图 8-18 阵列信号灯和晶闸管

4. 将电阻和发光二极管符号插入结构图

① 单击"默认"选项卡"块"面板中的"插入块"按钮 🖧，弹出"插入"对话框，单击"浏览"按钮，弹出"选择图形文件"对话框，选择随书光盘中的"源文件\图块\电阻和发光二极管"图块，如图 8-19 所示。将其插入到图 8-20 所示的 B 点。

② 单击"默认"选项卡"修改"面板中的"删除"按钮 ✐，删除掉多余的直线，结果如图 8-20 所示。

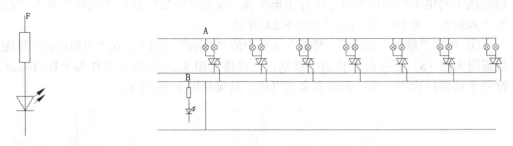

图 8-19 电阻和发光二极管符号   图 8-20 插入电阻和发光二极管

③ 单击"默认"选项卡"修改"面板中的"矩形阵列"按钮 ▦，弹出"阵列创建"选项卡，将刚插入到结构图中的电阻和二极管符号进行矩形阵列，设置"行数"为 1，"列数"为 7，"行间距"为 0，"列间距"为 80，"阵列角度"为 0，阵列结果如图 8-21 所示。

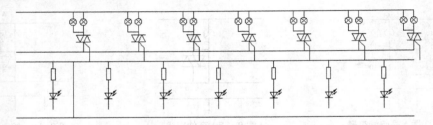

图 8-21　阵列电阻和发光二极管

5．将电阻和晶体管图形符号插入结构图

① 单击"默认"选项卡"块"面板中的"插入块"按钮 ，弹出"插入"对话框，单击"浏览"按钮，弹出"选择图形文件"对话框，选择随书光盘中的"源文件\图块\电阻"和"晶体管"图块，如图 8-22（a）和图 8-22（b）所示。

② 单击"默认"选项卡"修改"面板中的"移动"按钮 ，在"对象捕捉"绘图方式下，捕捉图 8-22（b）中端点 S 作为平移基点，并捕捉图 8-23 中的 C 点作为平移目标点，将图形符号平移到结构图中来，删除多余的直线，结果如图 8-23 所示。

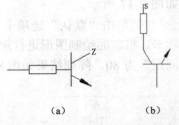

图 8-22　插入电阻和晶体管符号

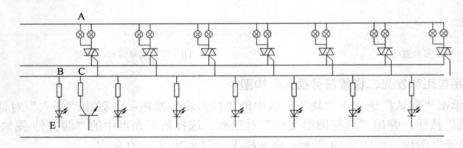

图 8-23　平移电阻和晶体管

③ 单击"默认"选项卡"修改"面板中的"矩形阵列"按钮 ，将选择前面刚插入到结构图中的电阻和晶体管符号进行矩形阵列，设置"行数"为 1，"列数"为 7，"行间距"为 0，"列间距"为 80，阵列结果如图 8-24 所示。

④ 单击"默认"选项卡"修改"面板中的"移动"按钮 ，在"对象捕捉"绘图方式下，捕捉图 8-22（a）中端点 Z 作为平移基点，并捕捉图 8-25 中的 E 点作为平移目标点，将图形符号平移到结构图中来，删除多余的直线，结果如图 8-25 所示。

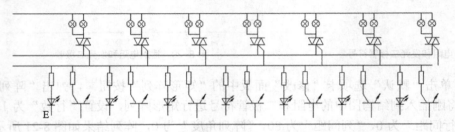

图 8-24　阵列电阻和晶体管

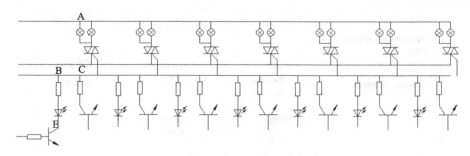

图 8-25　平移电阻和晶体管

⑤ 单击"默认"选项卡"修改"面板中的"矩形阵列"按钮，将图 8-25 中刚插入到结构图中的电阻和晶体管符号进行矩形阵列，设置"行数"为 7，"列数"为 1，"行间距"为-40，"列间距"为 0，阵列结果如图 8-26 所示。

⑥ 单击"默认"选项卡"绘图"面板中的"直线"按钮，添加连接线，并补充绘制其他图形符号，如图 8-27 所示。

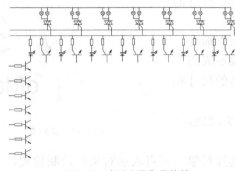

图 8-26　阵列电阻和晶体管

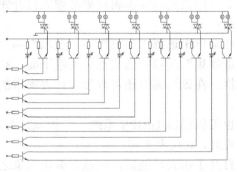

图 8-27　添加连接线

6. 添加注释

① 设置文字样式。单击"默认"选项卡"注释"面板中的"文字样式"按钮，弹出"文字样式"对话框，如图 8-28 所示；单击"新建"按钮，弹出"新建文字样式"对话框，设置样式名为"装饰彩灯控制电路"，单击"确定"按钮返回"文字样式"对话框；在"字体名"下拉列表框中选择"仿宋_GB2312"选项，设置"高度"为 6，"宽度因子"为 1，"倾斜角度"为 0；检查预览区文字外观，如果合适，则单击"应用"和"关闭"按钮。

② 添加注释文字。单击"默认"选项卡"注释"面板中的"多行文字"按钮 A，一次输入几行文字，然后调整其位置，以对齐文字；在调整文字位置时，需结合使用"正交"命令。

③ 使用文字编辑命令修改文字得到需要的文字。添加注释文字后，即完成了所有图形的绘制，效果如图 8-1 所示。

8.1.4　拓展知识

利用钳夹功能可以快速方便地编辑对象。AutoCAD 在图形对象上定义了一些特殊点，称为夹持点，利用夹持点可以灵活地控制对象，如图 8-29 所示。

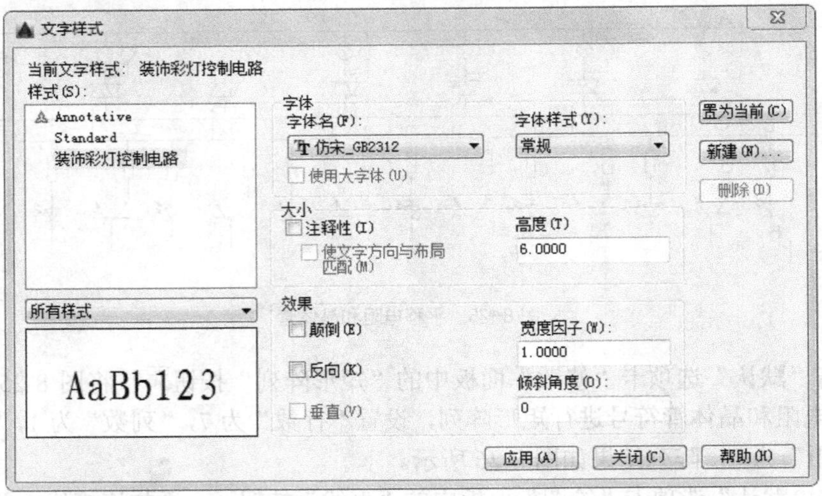

图 8-28 "文字样式"对话框

要使用钳夹功能编辑对象必须先打开钳夹功能，打开的方法是：

在菜单中选择"工具"→"选项"→"选择集"命令，在"选择集"选项卡的夹点选项组下面，打开"显示夹点"复选框。在该页面上还可以设置代表夹点的小方格的尺寸和颜色。

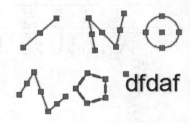

图 8-29 夹持点

也可以通过 GRIPS 系统变量控制是否打开钳夹功能，1 代表打开，0 代表关闭。

打开了钳夹功能后，应该在编辑对象之前先选择对象。夹点表示对象的控制位置。

使用夹点编辑对象，要选择一个夹点作为基点，称为基准夹点。然后，选择一种编辑操作：删除、移动、复制选择、拉伸和缩放。可以用空格键、Enter 键或键盘上的快捷键循环选择这些功能。

下面仅就其中的拉伸对象操作为例进行讲述，其他操作类似。

在图形上拾取一个夹点，该夹点马上改变颜色，此点为夹点编辑的基准点。这时系统提示如下。

** 拉伸 **
指定拉伸点或 [基点 (B) /复制 (C) /放弃 (U) /退出 (X)]：

在上述拉伸编辑提示下输入移动命令，或右键单击鼠标在右键快捷菜单中选择"移动"命令，如图 8-30 所示。

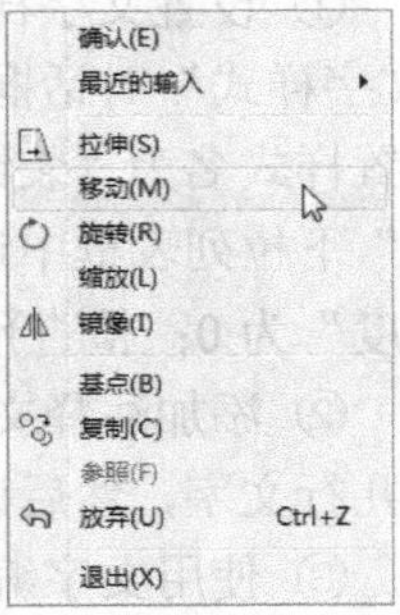

系统就会转换为"移动"操作，其他操作类似。

图 8-30 快捷菜单

8.1.5 上机操作

绘制图 8-31 所示的多指灵巧手控制电路图。

1. 目的要求

本上机案例绘制的是一个典型的控制电气电路图，通过本案例，使读者进一步掌握和巩固控制电气工程图绘制的基本思路和方法。

2．操作提示

① 绘制半闭环框图。

② 绘制控制系统框图。

③ 绘制双向箭头。

④ 低压电气设计。

绘制多指灵巧手
控制电路图

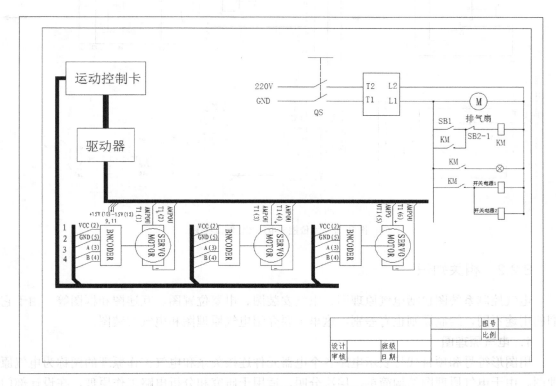

图 8-31　多指灵巧手控制电路图

8.2　绘制水位控制电路图

从研究电路的角度来看，一个电路一般可分为电源、控制电路和测量电路 3 部分。一般来说，控制电路有制流和分压两种最基本接法，控制电路中电压或电流的变化，都可用滑线式可变电阻来实现。两种接法的性能和特点可由调节范围、特性曲线和细调程度来表征。

8.2.1　案例分析

本案例将讲述水位控制电路绘制基本思路和方法。通过观察，可知该电路图的绘制主要包括 3 个部分：供电线路、控制线路和负载线路。绘制的大致思路如下：首先观察并分析图的结构，绘制出大体的结构框图，也就是绘制出主要的电路图导线即可，然后绘制出各个电子元件，接着将各个电子元件"安装"到结构图中相应的位置中，最后在电路图的适当的位置添加相应的文字和注释说明，即可完成电路图的绘制。本案例绘制流程如图 8-32 所示。

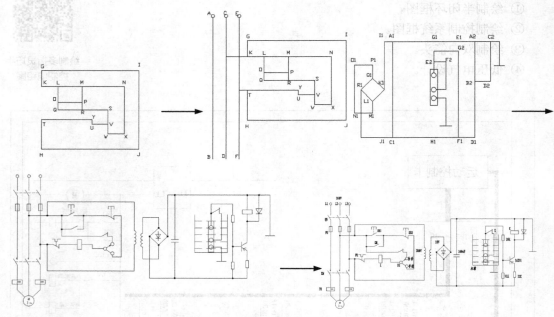

图 8-32　水位控制电路图绘制流程图

8.2.2　相关知识

电气控制系统图包括电气原理图、电气安装图、电器位置图、互连图和框图等。由于它们的用途不同，绘制原则也有差别，这里主要介绍电气原理图和电气安装图。

1. 电气原理图

用图形符号和项目代号表示电路各个电器元件连接关系和电气工作原理的图称为电气原理图。由于电气原理图结构简单、层次分明、适用于研究和分析电路工作原理，在设计部门和生产现场得到广泛的应用，其绘制原则如下。

① 电器应是未通电时的状态；二进制逻辑元件应是置零时的状态；机械开关应是循环开始前的状态。

② 原理图上的动力电路、控制电路和信号电路应分开绘出。

③ 原理图上应标出各个电源电路的电压值、极性或频率及相数；某些元、器件的特性（如电阻、电容的数值等）；不常用电器（如位置传感器、手动触点等）的操作方式和功能。

④ 原理图上各电路的安排应便于分析、维修和寻找故障，原理图应按功能分开画出。

⑤ 动力电路的电源电路绘成水平线，受电的动力装置（电动机）及其保护电器支路，应垂直电源电路画出。

⑥ 控制和信号电路应垂直地绘在两条或几条水平电源线之间。耗能元件（如线圈、电磁铁、信号灯等），应直接接在接地的水平电源线上。而控制触点应连在另一电源线。

⑦ 为阅图方便，图中自左至右或自上而下表示操作顺序，并尽可能减少线条和避免线条

交叉。

⑧ 在原理图上将图分成若干图区，标明该区电路的用途与作用；在继电器、接触器线圈下方列有触点表以说明线圈和触点的从属关系。

2．电气安装图

电气安装图用来表示电气控制系统中各电器元件的实际安装位置和接线情况。它有电器位置图和互连图两部分。

（1）电器位置图

电器位置图详细绘制出电气设备零件安装位置。图中各电器代号应与有关电路图和电器清单上所有元器件代号相同，在图中往往留有 10%以上的备用面积及导线管（槽）的位置，以供改进设计时用。图中不需标注尺寸。

（2）电气互连图

电气互连图用来表明电气设备各单元之间的接线关系。它清楚地表明了电气设备外部元件的相对位置及它们之间的电气连接，是实际安装接线的依据，在具体施工和检修中能够起到电气原理图所起不到的作用，在生产现场得到广泛应用。

绘制电气互连图的原则如下。

① 外部单元同一电器的各部件画在一起，其布置尽可能符合电器实际情况。

② 各电气元件的图形符号、文字符号和回路标记均以电气原理图为准，并保持一致。

③ 不在同一控制箱和同一配电屏上的各电气元件的连接，必须经接线端子板进行。互连图中电气互连关系用线束表示，连接导线应注明导线规范（数量、截面积等），一般不表示实际走线途径，施工时由操作者根据实际情况选择最佳走线方式。

④ 对于控制装置的外部连接线应在图上或用接线表表示清楚，并标明电源的引入点。

8.2.3 案例实施

1．设置绘图环境

（1）建立新文件

单击"快速访问"工具栏中的"新建"按钮，系统打开"选择样板"对话框，用户在该对话框中选择需要的样板图。

在"创建新图形"对话框中选择已经绘制好的样板图，单击"打开"按钮，则会返回绘图区域，同时选择的样板图也会出现在绘图区域内，其中样板图左下端点坐标为(0,0)。本例选用 A3 样板图，如图 8-33所示。

绘制水位控制
电路图

（2）设置图层

单击"默认"选项卡"图层"面板中的"图层特性"按钮，新建 3 个图层，分别命名为"连接线图层""虚线层"和"实体符号层"，图层的颜色、线型、线宽等属性状态设置如图 8-34 所示。

2．绘制线路结构图

这里分 3 个部分绘制线路结构图，即供电线路结构图，控制线路结构图和负载线路结构图。

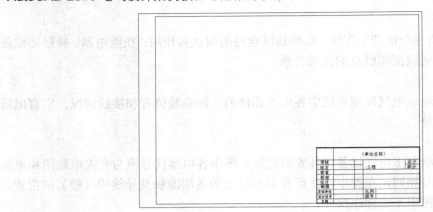

图 8-33　插入的 A3 样板图

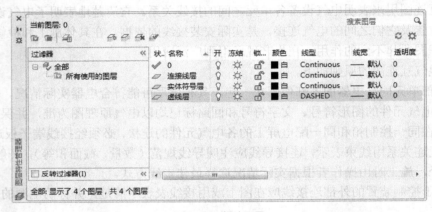

图 8-34　新建图层

（1）供电线路结构图

① 绘制竖直直线。单击"默认"选项卡"绘图"面板中的"直线"按钮，在"正交"绘图方式下，在合适位置绘制一条长为 180mm 的竖直直线。如图 8-35 所示。

② 偏移直线。单击"默认"选项卡"修改"面板中的"偏移"按钮，选择直线 AB 作为偏移对象，输入偏移的距离为 16mm，用鼠标单击竖直直线的右边，绘制竖直直线 CD；按照同样的方法，在直线 CD 右边绘制一条直线，偏移距离仍然是 16mm。命令行中的提示与操作如下。

```
命令：_offset✓
当前设置：删除源=否　图层=源　OFFSETGAPTYPE=0
指定偏移距离或 [通过(T)/删除(E)/图层(L)] <10.0000>： 16✓
选择要偏移的对象，或 [退出(E)/放弃(U)] <退出>：（用鼠标左键选定直线 AB）
指定要偏移的那一侧上的点，或 [退出(E)/多个(M)/放弃(U)] <退出>：（用鼠标左键单击直线 AB 的右边区域）
选择要偏移的对象，或 [退出(E)/放弃(U)] <退出>：（用鼠标左键选定直线 CD）
指定要偏移的那一侧上的点，或 [退出(E)/多个(M)/放弃(U)] <退出>：（用鼠标左键单击直线 CD 的右边区域）
```

偏移直线的结果如图 8-36 所示。

图 8-35　竖直直线　　　　　　图 8-36　偏移竖直直线

③ 绘制圆。单击"默认"选项卡"绘图"面板中的"圆"按钮⊘，在"对象捕捉"绘图方式下，用鼠标捕捉直线 AB 的端点 A 作为圆的圆心，绘制半径为 2mm 的圆。绘制结果如图 8-37 所示。

④ 继续绘制圆。单击"默认"选项卡"绘图"面板中的"圆"按钮⊘，按照步骤③绘制圆的步骤，分别捕捉直线 CD 的端点 C 和直线 EF 的端点 E 作为圆的圆心，输入半径为 2mm，绘制结果如图 8-38 所示。

⑤ 修剪图形。单击"默认"选项卡"修改"面板中的"修剪"按钮✂，选择直线 AB、CD、EF 作为剪切对象，3 个圆作为剪切边。修剪的结果如图 8-39 所示。

图 8-37　绘制圆　　　　　　图 8-38　偏移圆　　　　　　图 8-39　修剪图形

（2）绘制控制线路结构图

控制线路结构图部分主要由水平直线和竖直直线构成，在"正交"和"捕捉对象"绘图方式下，可以有效地提高绘图效率。

① 绘制矩形。单击"默认"选项卡"绘图"面板中的"矩形"按钮▭，绘制一个长为 120mm、宽为 100mm 的矩形。绘图结果如图 8-40 所示。

② 分解矩形。单击"默认"选项卡"修改"面板中的"分解"按钮，将矩形分解成直线 GH、IJ、GI 和 HJ。

③ 绘制直线。单击"默认"选项卡"修改"面板中的"偏移"按钮✑，在图 8-40 内部绘制一些水平和竖直的直线，单击"默认"选项卡"修改"面板中的"修剪"按钮✂、"删除"按钮✐，绘制图 8-41 所示的图形。其中，GK=20mm，KL=20mm，LM=30mm，MN=52mm，LO=20mm，MP=20mm，OP=30mm，OQ=PR=10mm，RS=32mm，TH=38mm，TY=62mm，YU=6mm，UV=20mm，SV=18mm，VW=12mm，NX=60mm。

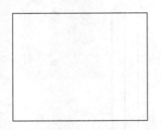

图 8-40　绘制矩形

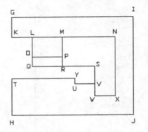

图 8-41　控制线路结构图

（3）绘制负载线路结构图

① 绘制矩形。单击"默认"选项卡"绘图"面板中的"矩形"按钮 ⬚，在图纸的合适位置绘制一个长为 100mm、高为 120mm 的矩形，如图 8-42 所示。

② 分解矩形。单击"默认"选项卡"修改"面板中的"分解"按钮 ⬚，将矩形分解成直线 A1B1、B1D1、A1C1、C1D1。

③ 偏移直线。单击"默认"选项卡"修改"面板中的"偏移"按钮 ⬚，选择直线 B1D1作为偏移对象，输入偏移距离为 20mm，用鼠标左键单击直线 B1D1 的左边，绘制出偏移直线 E1F1，按照同样的方法，在直线 E1F1 的左边 20mm 处偏移一条直线 G1H1。另外，选择直线 A1B1 为偏移对象，输入偏移距离为 10mm，单击直线 A1B1 的左边，绘制一条直线 I1J1，绘制结果如图 8-43 所示。

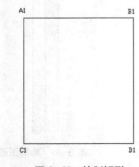

图 8-42　绘制矩形

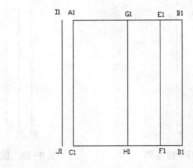

图 8-43　偏移直线

④ 绘制连接的直线。单击"默认"选项卡"绘图"面板中的"直线"按钮 ⁄，打开"对象捕捉"功能，用鼠标左键捕捉直线 I1J1 的端点 I1，捕捉直线 A1C1 的端点 A1，绘制之下 I1A1。按照同样的方法，连接点 J1 和 C1，绘制结果如图 8-44 所示。

⑤ 绘制正四边形。单击"默认"选项卡"绘图"面板中的"多边形"按钮 ⬠，在"正交"绘图方式下，输入正多边形的边数为 4，指定四边形的一边，用鼠标左键捕捉直线 I1J1的中点 K1 作为该边的一个端点，捕捉直线 I1J1 的其他位置上的一个合适的点作为该边的另外一个端点，绘制出一个正方形，命令行中的提示与操作如下。

```
命令：_polygon
输入侧面数<4>：
指定正多边形的中心点或 [边(E)]：E↙
指定边的第一个端点：（用鼠标左键捕捉直线 I1J1 的中点）
```

指定边的第二个端点： <正交 开>（用鼠标在直线 I1J1 上捕捉 I1J1 的中点正下方的一个点）

绘制结果如图 8-45 所示。

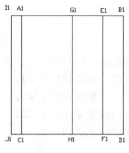

图 8-44 绘制连接直线

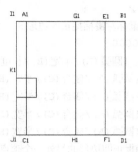

图 8-45 绘制正四边形

⑥ 旋转正四边形。单击"默认"选项卡"修改"面板中的"旋转"按钮○，选择四边形为旋转对象，指定 K1 点为旋转基点，输入旋转角度为 225°。命令行中的提示与操作如下。

```
命令：_rotate↙
UCS 当前的正角方向：ANGDIR=逆时针  ANGBASE=0
选择对象：（选取四边形）
选择对象：↙
指定基点： <对象捕捉 开>（用鼠标左键捕捉 K1 点）
指定旋转角度，或 [复制(C)/参照(R)] <0>: 225↙
```

旋转结果如图 8-46 所示。

⑦ 拉长直线。单击"默认"选项卡"修改"面板中的"拉长"按钮，选择直线 C1J1 作为拉长对象，输入拉长的增量为 40mm，将 C1J1 向左边拉长。命令行中的提示与操作如下。

```
命令：_lengthen↙
选择要测量的对象或 [增量(DE)/百分比(P)/总计(T)/动态(DY)] <总计(T)>:de↙
输入长度增量或 [角度(A)] <20.0000>: 40↙
选择要修改的对象或 [放弃(U)]：
选择要修改的对象或 [放弃(U)]：↙
```

拉长结果如图 8-47 所示。

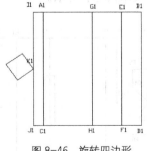

图 8-46 旋转四边形

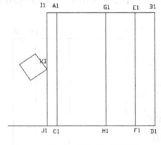

图 8-47 拉长直线

⑧ 绘制多段线。单击"默认"选项卡"绘图"面板中的"多段线"按钮，在"正交"绘图方式下，分别捕捉四边形的两个对角方向上的顶点作为多段线的起点和中点，使得 L1M1

= 15mm，M1N1 = 22mm，N1O1 = 60mm，O1P1 = 15mm，P1Q1 = 15mm。命令行中的提示与操作如下。

```
命令：_pline↙
指定起点：（用鼠标左键捕捉正四边形的一个顶点）
当前线宽为 0.0000
指定下一个点或 [圆弧(A)/半宽(H)/长度(L)/放弃(U)/宽度(W)]：15↙
指定下一点或 [圆弧(A)/闭合(C)/半宽(H)/长度(L)/放弃(U)/宽度(W)]：22↙
指定下一点或 [圆弧(A)/闭合(C)/半宽(H)/长度(L)/放弃(U)/宽度(W)]：60↙
指定下一点或 [圆弧(A)/闭合(C)/半宽(H)/长度(L)/放弃(U)/宽度(W)]：22↙
指定下一点或 [圆弧(A)/闭合(C)/半宽(H)/长度(L)/放弃(U)/宽度(W)]：
（用鼠标左键捕捉正四边形的另外一个顶点）↙
```

多段线的绘制结果如图 8-48 所示。

⑨ 绘制直线。单击"默认"选项卡"修改"面板中的"修剪"按钮，用鼠标左键捕捉四边形的端点 R1 作为直线端点，捕捉 R1 到直线 J1D1 的垂足作为直线的另一个端点，绘制结果如图 8-49 所示。

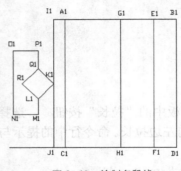

图 8-48 绘制多段线

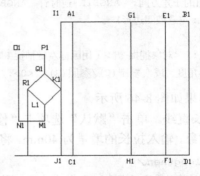

图 8-49 绘制多段线

⑩ 修剪图形。单击"默认"选项卡"修改"面板中的"修剪"按钮，选择需要修剪的对象，修剪掉多余的线段，修剪结果如图 8-50 所示。

⑪ 绘制矩形。单击"默认"选项卡"绘图"面板中的"矩形"按钮，以直线 G1H1 为对称轴，绘制一个长为 8mm、宽为 45mm 的矩形，如图 8-51 所示。

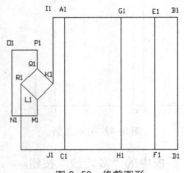

图 8-50 修剪图形

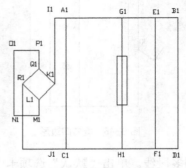

图 8-51 绘制矩形

⑫ 绘制圆形。单击"默认"选项卡"绘图"面板中的"圆"按钮 ⊙，在矩形范围内的直线 G1H1 上捕捉一个圆心，绘制一个半径为 3mm 的圆形，绘制结果如图 8-52 所示。

⑬ 绘制圆形。单击"默认"选项卡"绘图"面板中的"圆"按钮 ⊙，同样在直线 G1H1 上捕捉圆心，在刚绘制圆的正下方绘制两个半径均为 3mm 的圆，绘制结果如图 8-53 所示。

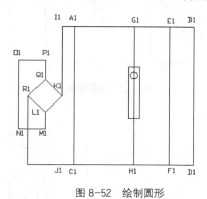

图 8-52 绘制圆形　　　　　　　　　图 8-53 继续绘制圆形

⑭ 修剪图形。单击"默认"选项卡"修改"面板中的"修剪"按钮 ⁄，将这些小圆之间多余的直线修剪掉，修剪结果如图 8-54 所示。

⑮ 绘制直线。单击"默认"选项卡"绘图"面板中的"直线"按钮 ✎，在"正交"和"对象捕捉"绘图方式下，捕捉直线 G1H1 上半段的一个点作为直线的起点，捕捉该点到直线 E1F1 的垂足作为直线的终点，绘制结果如图 8-55 所示。

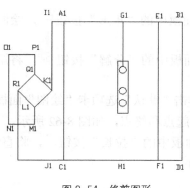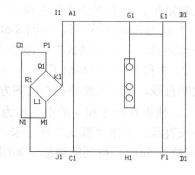

图 8-54 修剪图形　　　　　　　　　图 8-55 绘制直线

⑯ 绘制多段线。单击"默认"选项卡"绘图"面板中的"多段线"按钮 ⌐，捕捉第二个小圆圆心作为起点，绘制如图 8-56 所示的多段线。

⑰ 修剪图形。单击"默认"选项卡"修改"面板中的"修剪"按钮 ⁄，将多余的线段修剪掉，修剪结果如图 8-57 所示。

按照类似以上的一些方法来绘制线路结构图的其他的一些图形，最后的绘制结果如图 8-58 所示。

将供电线路结构图、控制线路结构图和负载线路结构图组合，组合后的图形如图 8-59 所示。

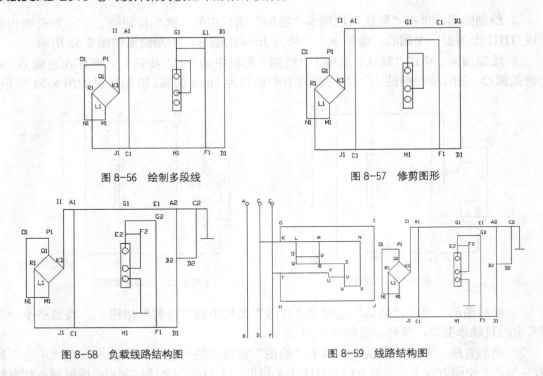

图 8-56　绘制多段线　　　　　　　　　　　　图 8-57　修剪图形

图 8-58　负载线路结构图　　　　　　　　　　图 8-59　线路结构图

3．绘制实体符号

（1）绘制熔断器

① 绘制矩形。单击"默认"选项卡"绘图"面板中的"矩形"按钮□，绘制一个长度为 10mm、宽度为 5mm 的矩形，如图 8-60 所示。

② 分解矩形。单击"默认"选项卡"修改"面板中的"分解"按钮，将矩形分解成为直线 1、2、3 和 4，如图 8-61 所示。

③ 绘制直线。在"对象捕捉"绘图方式下，单击"默认"选项卡"绘图"面板中的"直线"按钮，捕捉直线 2 和 4 的中点作为直线 5 的起点和终点，如图 8-62 所示。

④ 拉长直线。单击"默认"选项卡"修改"面板中的"拉长"按钮，将直线 5 分别向左和向右拉长 5mm。得到的熔断器如图 8-63 所示。

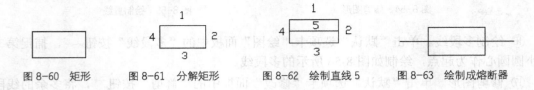

图 8-60　矩形　　　图 8-61　分解矩形　　　图 8-62　绘制直线 5　　　图 8-63　绘制成熔断器

（2）绘制开关

① 绘制直线。单击"默认"选项卡"绘图"面板中的"直线"按钮，在"正交"和"对象捕捉"绘图方式下，首先绘制一条长为 8mm 的直线 1，绘制结果如图 8-64 所示。

② 继续绘制直线。单击"默认"选项卡"绘图"面板中的"直线"按钮，用鼠标左键捕捉直线 1 的右端点作为新绘制直线 2 的起点，输入直线的长度为 8mm，绘制结果如图 8-65 所示。

③ 继续绘制直线。单击"默认"选项卡"绘图"面板中的"直线"按钮／，用鼠标左键捕捉直线 2 的右端点作为新绘制直线 3 的起点，输入直线的长度为 8mm，绘制结果如图 8-66 所示。

图 8-64　绘制直线 1 　　　　图 8-65　绘制直线 2 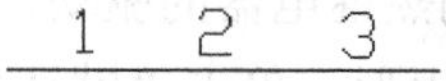　　　　图 8-66　绘制直线 3

④ 旋转直线。单击"默认"选项卡"修改"面板中的"旋转"按钮○，关闭"正交"命令，选择直线 2 作为旋转对象，用鼠标左键捕捉直线 2 的左端点作为旋转基点，输入旋转角度为 30°，旋转结果如图 8-67 所示。

图 8-67　旋转直线

⑤ 拉长直线。单击"默认"选项卡"修改"面板中的"拉长"按钮／，选择直线 2 作为拉长对象，输入拉长增量为 2mm，拉长结果如图 8-68 所示。

（3）绘制接触器

绘制这样一种接触器，它在非动作位置时触点断开。

① 绘制直线。单击"默认"选项卡"绘图"面板中的"直线"按钮／，在"正交"和"对象捕捉"绘图方式下，绘制一条长为 8mm 的直线 1，绘制结果如图 8-69 所示。

图 8-68　拉长直线　　　　　　　　图 8-69　绘制直线 1

② 继续绘制直线。单击"默认"选项卡"绘图"面板中的"直线"按钮／，用鼠标左键捕捉直线 1 的右端点作为新绘制直线 2 的起点，输入直线的长度为 8mm，绘制结果如图 8-70 所示。

③ 继续绘制直线。单击"默认"选项卡"绘图"面板中的"直线"按钮／，用鼠标左键捕捉直线 2 的右端点作为新绘制直线 3 的起点，输入直线的长度为 8mm，绘制结果如图 8-71 所示。

④ 旋转直线。单击"默认"选项卡"修改"面板中的"旋转"按钮○，关闭"正交"命令，选择直线 2 作为旋转对象，用鼠标左键捕捉直线 2 的左端点作为旋转基点。输入旋转角度为 30°，旋转结果如图 8-72 所示。

⑤ 拉长直线。单击"默认"选项卡"修改"面板中的"拉长"按钮／，选择直线 2 作为拉长对象，输入拉长增量为 2mm，拉长结果如图 8-73 所示。

图 8-70　绘制直线 2 　　　　图 8-71　绘制直线 3 　　　　图 8-72　旋转直线 　　　　图 8-73　拉长直线

⑥ 绘制圆。单击"默认"选项卡"绘图"面板中的"圆"按钮○，在命令行选择"两点 2P"的绘制方式，捕捉直线 3 的左端点为直径的一个端点，在直线 3 上捕捉另外一个点作为直径的另一个端点，绘制结果如图 8-74 所示。

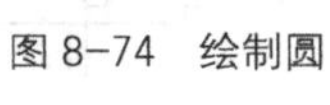

图 8-74　绘制圆

⑦ 修剪图形。单击"默认"选项卡"修改"面板中的"修剪"按钮 ⁻┤╱ ，选择圆作为修剪对象，直线 3 为剪切边，将圆的下半部分修剪掉，修剪结果如图 8-75 所示。即为接触器的符号图形。

（4）绘制热继电器的驱动器件

① 绘制矩形。单击"默认"选项卡"绘图"面板中的"矩形"按钮 ▭ ，绘制一个长为14mm、宽为 6mm 的矩形，绘制结果如图 8-76 所示。

图 8-75　修剪圆　　　　　　　　　图 8-76　绘制矩形

② 分解矩形。单击"默认"选项卡"修改"面板中的"分解"按钮 ⟲ ，将矩形分解成为直线 1、2、3 和 4，如图 8-77 所示。

③ 绘制直线。单击"默认"选项卡"绘图"面板中的"直线"按钮 ／ ，打开"正交"和"对象捕捉"功能，用鼠标左键分别捕捉直线 2 和 4 的中点作为直线 5 的起点和中点，绘制结果如图 8-78 所示。

④ 绘制多段线。单击"默认"选项卡"绘图"面板中的"多段线"按钮 ⌐⌐ ，分别用鼠标左键在直线 5 上捕捉多段线的起点和终点，绘制多段线如图 8-79 所示。

图 8-77　分解矩形　　　　　图 8-78　绘制直线　　　　　图 8-79　绘制多段线

⑤ 拉长直线。单击"默认"选项卡"修改"面板中的"拉长"按钮 ／ ，选择直线 5 作为拉长对象，输入拉长增量为 4mm，分别单击直线 5 的上端点和下端点，将直线 5 向上和向下分别拉长 4mm，绘制结果如图 8-80 所示。

⑥ 修剪和打断图形。单击"默认"选项卡"修改"面板中的"修剪"按钮 ⁻┤╱ 和"打断"按钮 ⌐ ，对直线 5 的多余部分进行修剪和打断，结果如图 8-81 所示。即为绘制成的热继电器的驱动器件。

（5）绘制交流电动机

① 绘制圆。单击"默认"选项卡"绘图"面板中的"圆"按钮 ⊙ ，绘制一个直径为 15mm的圆，绘制结果如图 8-82 所示。

② 输入文字。单击"默认"选项卡"注释"面板中的"多行文字"按钮 A ，在圆的中央区域画一个矩形框，打开"文字样式"的对话框，在圆的中央输入字母 M，再输入数字 3，输入结果如图 8-83 所示。单击符号标志 @ ，打开的下拉菜单中选择"其他……"打开图 8-84所示的"字符映射表"对话框，选择符号"～"，复制后粘贴在图 8-83 所示的字母 M 的正下方，绘制结果如图 8-85 所示。

图 8-80　拉长直线　　　图 8-81　修剪和打断图形　　　图 8-82　绘制圆　　　图 8-83　输入文字

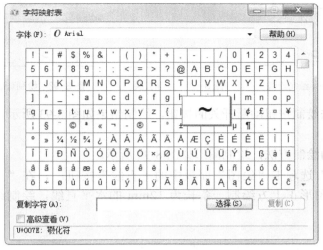

图 8-84　"字符映射表"对话框

图 8-85　交流电动机绘成

（6）绘制按钮开关（不闭合）

① 绘制开关。按照前面绘制开关的绘制方法绘制图 8-86 所示的开关。

② 绘制直线。单击"默认"选项卡"绘图"面板中的"直线"按钮／，在开关正上方的中央绘制一条长为 4mm 的竖直直线，绘制结果如图 8-87 所示。

③ 偏移直线。单击"默认"选项卡"修改"面板中的"偏移"按钮△，输入偏移距离为 4mm，选择直线 4 为偏移对象，分别单击直线 4 的左边区域和右边区域，在它的左右边分别绘制竖直直线 5 和 6，绘制结果如图 8-88 所示。

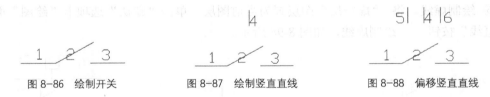

图 8-86　绘制开关　　　　图 8-87　绘制竖直直线　　　　图 8-88　偏移竖直直线

④ 绘制直线。单击"默认"选项卡"绘图"面板中的"直线"按钮／，在"对象捕捉"绘图方式下，用鼠标左键分别捕捉直线 5 和直线 6 的上端点作为直线的起点和终点，绘制结果如图 8-89 所示。

⑤ 绘制虚线。在"图层"下拉框中选择"虚线层"，单击"默认"选项卡"绘图"面板中的"直线"按钮／，在"正交"绘图方式下，单击鼠标左键捕捉直线 4 的下端点作为虚线的起点，在直线 4 的正下方捕捉直线 2 上的点作为虚线的终点，绘制结果如图 8-90 所示。即为绘制成的按钮开关（不闭合）。

（7）绘制按钮动断开关

① 绘制开关。按照前面绘制开关的绘制方法，绘制开关如图 8-91 所示。

② 绘制直线。单击"默认"选项卡"绘图"面板中的"直线"按钮／，在"对象捕捉"和"正交"绘图方式下，单击鼠标左键捕捉直线 3 的左端点作为直线的起点，沿着正交方向在直线 3 的正上方绘制一条长度为 6mm 的竖直直线。绘制结果如图 8-92 所示。

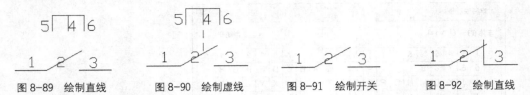

图 8-89 绘制直线　　　　图 8-90 绘制虚线　　　　图 8-91 绘制开关　　　　图 8-92 绘制直线

③ 按照绘制按钮开关的方法绘制按钮动断开关的按钮，绘制结果如图 8-93 所示。

（8）绘制热继电器触点

① 按照上面绘制动断开关的绘制方法，绘制图形如图 8-94 所示。

② 绘制直线。单击"默认"选项卡"绘图"面板中的"直线"按钮 ，在"正交"绘图方式下，在图 8-94 所示的图形正上方绘制一条长为 12mm 的水平直线，绘制结果如图 8-95 所示。

图 8-93 按钮动断开关　　　　图 8-94 动断开关　　　　图 8-95 绘制直线

③ 绘制正方形。单击"默认"选项卡"绘图"面板中的"多边形"按钮 ，输入边数为 4，选择指定正方形的边，将步骤②制的水平直线的一部分作为正方形的一条边长，单击鼠标捕捉边长的起点和终点，绘制出的正方形如图 8-96 所示。

④ 修剪图形。单击"默认"选项卡"修改"面板中的"修剪"按钮 ，将多余的线段修剪掉，修剪结果如图 8-97 所示。

⑤ 绘制虚线。将 "虚线层"图层置为当前图层，单击"默认"选项卡"绘图"面板中的"直线"按钮 ，绘制虚线，如图 8-98 所示。

图 8-96 绘制正方形　　　　图 8-97 修剪图形　　　　图 8-98 热继电器触点绘成

（9）绘制动断触点

① 绘制开关。按照前面绘制开关的绘制方法绘制图 8-99 所示的开关。

② 绘制直线。单击"默认"选项卡"绘图"面板中的"直线"按钮 ，在"对象捕捉"和"正交"绘图方式下，单击鼠标左键捕捉直线 3 的左端点作为直线的起点，沿着正交方向在直线 3 的正上方绘制一条长度为 6mm 的竖直直线。绘制结果如图 8-100 所示。即为所绘制的动断触点开关。

图 8-99 绘制开关　　　　图 8-100 绘制直线

（10）绘制操作器件的一般符号

① 绘制矩形。单击"默认"选项卡"绘图"面板中的"矩形"按钮 ，绘制一个长为

14mm、宽为 6mm 的矩形，绘制结果如图 8-101 所示。

② 绘制直线。单击"默认"选项卡"绘图"面板中的"直线"按钮 ╱，打开"正交"和"对象捕捉"功能，分别单击鼠标左键捕捉上一步绘制的矩形的两条长边的中点作为新绘制直线的起点，沿着正交方向分别向上和向下绘制一条长为 5mm 的直线，绘制结果如图 8-102 所示。即为绘制成的操作器件的一般符号。

图 8-101　绘制矩形　　　　　　　　　　图 8-102　绘制直线

（11）绘制线圈

① 绘制圆。单击"默认"选项卡"绘图"面板中的"圆"按钮 ⊘，选定圆的圆心，输入圆的半径，绘制一个半径为 2.5mm 的圆，如图 8-103 所示。

图 8-103　圆形

② 绘制阵列圆。单击"默认"选项卡"修改"面板中的"矩形阵列"按钮 ▦，设置"行数"为 1，"列数"设置为 4mm，"列间距"设置为 5，选择上步绘制的圆作为阵列对象，即得到阵列结果如图 8-104 所示。

③ 绘制水平直线。首先绘制直线 1，单击"默认"选项卡"绘图"面板中的"直线"按钮 ╱，在"对象捕捉"绘图方式下，选择捕捉到圆心命令，分别用鼠标捕捉圆 1 和圆 4 的圆心作为直线的起点和终点，绘制出水平直线 L，绘制结果如图 8-105 所示。

图 8-104　绘制阵列圆　　　　　　　　　图 8-105　绘制水平直线

④ 拉长直线。单击"默认"选项卡"修改"面板中的"拉长"按钮 ╱，将直线 L 分别向左和向右拉长 2.5mm，结果如图 8-106 所示。

⑤ 修剪图形。单击"默认"选项卡"修改"面板中的"修剪"按钮 ╱，以直线 L 为修剪边，对圆 1、2、3、4 进行修剪。首先选中剪切边，然后选择需要剪切的对象。修剪后的结果如图 8-107 所示。

图 8-106　拉长直线　　　　　　　　　　图 8-107　修剪图形

（12）绘制二极管

① 绘制等边三角形。单击"默认"选项卡"绘图"面板中的"多边形"按钮 ⬠，绘制一个等边三角形，它的内接圆的半径设置为 5mm，绘制结果如图 8-108 所示。

② 旋转三角形。单击"默认"选项卡"修改"面板中的"旋转"按钮 ○，以 B 点为旋转中心点，逆时针旋转 30°。旋转结果如图 8-109 所示。

③ 绘制水平直线。单击"默认"选项卡"绘图"面板中的"直线"按钮，在"对象捕捉"绘图方式下，单击鼠标左键分别捕捉线段 AB 的中点和 C 点作为水平直线的起点和中点，绘制结果如图 8-110 所示。

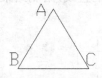
图 8-108　等边三角形

图 8-109　旋转等边三角形

图 8-110　水平直线

④ 拉长直线。选择菜单栏中的"修改"→"拉长"命令，将步骤③中绘制的水平直线分别向左和向右拉长 5mm，结果如图 8-111 所示。

⑤ 绘制竖直直线。单击"绘图"工具栏中的"直线"按钮，在"正交"绘图方式下，捕捉 C 点作为直线的起点，向上绘制一条长为 4mm 的竖直直线。单击"默认"选项卡"修改"面板中的"镜像"按钮，将水平直线为镜像线，将刚才绘制的竖直直线做镜像，得到的结果如图 8-112 所示，即为所绘成的二极管。

图 8-111　拉长直线　　　　　　　　　图 8-112　二极管

（13）绘制电容

① 绘制直线。单击"默认"选项卡"绘图"面板中的"直线"按钮，在"正交"绘图方式下，绘制一条长度为 10mm 的水平直线，如图 8-113 所示。

② 偏移直线。单击"默认"选项卡"修改"面板中的"偏移"按钮，将步骤①绘制的直线向下偏移 4mm，偏移结果如图 8-114 所示。

③ 绘制直线。单击"默认"选项卡"绘图"面板中的"直线"按钮，在"对象捕捉"绘图方式下，单击鼠标左键分别捕捉两条水平直线的中点作为要绘制的竖直直线的起点和终点，绘制结果如图 8-115 所示。

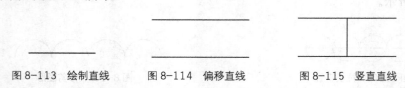
图 8-113　绘制直线　　　　　图 8-114　偏移直线　　　　　图 8-115　竖直直线

④ 拉长直线。单击"默认"选项卡"修改"面板中的"拉长"按钮，将步骤③中绘制的竖直直线分别向上和向下拉长 2.5mm，结果如图 8-116 所示。

⑤ 修剪图形。单击"默认"选项卡"修改"面板中的"修剪"按钮，选择两条水平直线为修剪边，对竖直直线进行修剪，修剪结果如图 8-117 所示，即为绘成的电容符号。

（14）绘制电阻符号

① 绘制矩形。单击"默认"选项卡"绘图"面板中的"矩形"按钮，绘制一个长为

10mm、宽为 4mm 的矩形，绘制结果如图 8-118 所示。

② 绘制直线。单击"默认"选项卡"绘图"面板中的"直线"按钮 ∕，在"对象捕捉"绘图方式下，分别捕捉矩形两条高的中点作为直线的起点和终点，绘制结果如图 8-119 所示。

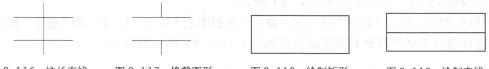

图 8-116 拉长直线　　　图 8-117 修剪图形　　　图 8-118 绘制矩形　　　图 8-119 绘制直线

③ 拉长直线。单击"默认"选项卡"修改"面板中的"拉长"按钮 ∕，将上一步中绘制的直线分别向左和向右拉长 2.5mm，结果如图 8-120 所示。

④ 修剪图形。单击"默认"选项卡"修改"面板中的"修剪"按钮 ⊬，选择矩形为修剪边，对水平直线进行修剪，修剪结果如图 8-121 所示，即为绘成的电阻符号。

图 8-120 拉长直线　　　　　图 8-121 修剪图形

（15）绘制晶体管

① 绘制等边三角形。前面绘制二极管中详细介绍了等边三角形的画法，这里复制过来并修改整理。仍然是边长为 20mm 的等边三角形，如图 8-122（a）所示。绕底边的右端点逆时针旋转 30°，得到如图 8-122（b）所示的三角形。

② 绘制水平直线。单击"默认"选项卡"绘图"面板中的"直线"按钮 ∕，激活"正交"和"对象捕捉"模式，单击鼠标左键捕捉端点 A，向左边绘制一条长为 20mm 的水平直线 4，如图 8-122（c）所示。

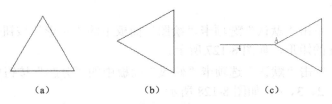

（a）　　　　　　（b）　　　　　　（c）

图 8-122 绘制等边三角形

③ 拉长直线。单击"默认"选项卡"修改"面板中的"拉长"按钮 ∕，将直线 4 向右拉 20mm，拉长后直线如图 8-123（a）所示。

④ 修剪直线。单击"默认"选项卡"修改"面板中的"修剪"按钮 ⊬，以直线 5 进行修剪，对直线 4 进行修剪，修剪后的结果如图 8-123（b）所示。

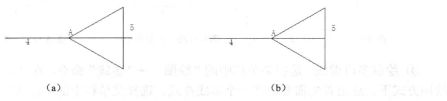

（a）　　　　　　　　　　（b）

图 8-123 添加并修剪水平直线

⑤ 分解三角形。单击"默认"选项卡"修改"面板中的"分解"按钮，将等边三角形分解成 3 条线段。

⑥ 偏移竖直直线。单击"默认"选项卡"修改"面板中的"偏移"按钮，将竖直直线 5 向左偏移 15mm，结果如图 8-124（a）所示。

⑦ 修剪图形。单击"默认"选项卡"修改"面板中的"修剪"按钮和"删除"按钮，对图形进行修剪多余的部分和删除边得到如图 8-124（b）所示的结果。

图 8-124　完成绘制

⑧ 绘制直线。单击"默认"选项卡"绘图"面板中的"直线"按钮，捕捉上方斜线为起点，绘制适当长度直线，如图 8-125 所示。

⑨ 镜像直线。单击"默认"选项卡"修改"面板中的"镜像"按钮，捕捉图 8-126 中的斜向线向下镜像直线，结果如图 8-126 所示。

图 8-125　绘制直线　　　　　　　　　　　　图 8-126　捕捉镜像线

（16）绘制水箱

① 绘制矩形。单击"默认"选项卡"绘图"面板中的"矩形"按钮，绘制一个长为 45mm，高为 55mm 的矩形，如图 8-127 所示。

② 分解矩形。单击"默认"选项卡"修改"面板中的"分解"按钮，将上面绘制的矩形分解成直线 1、2、3、4，如图 8-128 所示。

③ 删除直线。单击"默认"选项卡"修改"面板中的"删除"按钮，将直线 2 删除，结果如图 8-129 所示。

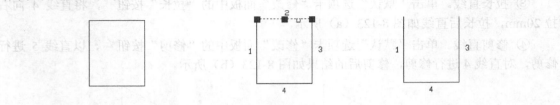

图 8-127　绘制矩形　　　　图 8-128　分解矩形　　　　图 8-129　删除直线

④ 绘制多段虚线。选择菜单栏中的"绘图"→"多线"命令，在"正交"和"对象捕捉"绘图方式下。这里首先需要新建一个多线样式。选择菜单栏中的"格式"→"多线样式"命令，打开"多线样式"对话框，如图 8-130 所示，新建一个多线样式名为"虚线"。单击"修

改"按钮，打开图 8-131 所示的对话框，单击"添加"按钮，添加新的多线，分别为 1，0.5，0，-0.5，-1，单击"确定"按钮回到绘图界面后，在图 8-129 所示的直线 1 和直线 3 上分别捕捉一个合适的点作为多线的起点和终点，绘制结果如图 8-132 所示，即为绘成的水箱。

图 8-130　"多线样式"对话框

图 8-131　"新建多线样式"对话框

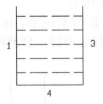

图 8-132　水箱绘成

4．将实体符号插入到线路结构图中

根据水位控制电路的原理，将步骤 3 中绘制的实体符号插入到步骤 2 中绘制的线路结构图中。完成这个步骤需要调用移动命令 ✣，并结合运用修剪 ⁄、复制 ˚ 或删除 ✎ 等命令，打开"对象捕捉"功能，根据需要打开或关闭"正交"功能。由于在单独绘制实体符号的时候，大小以方便我们能看清楚为标准，所以插入到线路结构中时，可能会出现不协调，这个时候，可以根据实际需要调用"缩放"功能来及时调整，这里的关键是选择合适的插入点。下面将选择两个典型的实体符号插入结构线路图，来介绍具体的操作步骤。

（1）插入交流电动机

将图 8-133 所示的交流电动机符号插入到图 8-134 所示的导线上，插入标准为圆形符号的圆心与导线的端点 D 重合。

① 平移图形。单击"默认"选项卡"修改"面板中的"移动"按钮✛，在"对象捕捉"绘图方式下，选择交流电动机的图形符号为平移对象，回车确定后，用鼠标左键捕捉它的圆心作为移动的基点，将图形移动到导线的位置，用鼠标左键捕捉导线的端点 D 作为插入点，插入后的结果如图 8-135 所示。

图 8-133　交流电动机　　　　　图 8-134　导线

② 绘制直线。单击"默认"选项卡"绘图"面板中的"直线"按钮╱，在"正交"绘图方式下，在水平方向上分别绘制直线 DB'和 DF'，长度均为 25mm，绘制结果如图 8-136 所示。

③ 旋转直线。单击"默认"选项卡"修改"面板中的"旋转"按钮○，关闭"正交"功能，选择直线 DF'为旋转对象，用鼠标左键捕捉 D 点作为旋转基点，输入旋转角度为 45°。旋转结果如图 8-137 所示。

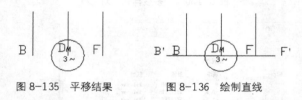

图 8-135　平移结果　　　　　图 8-136　绘制直线

重复"旋转"命令，将另外一条直线 DB'旋转-45°（即顺时针旋转 45°），得到图形如图 8-137 所示。

④ 修剪图形。单击"默认"选项卡"修改"面板中的"修剪"按钮✂，将图 8-138 中多余的线修剪掉，修剪结果如图 8-139 所示。

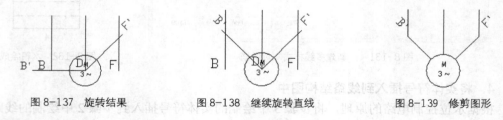

图 8-137　旋转结果　　　　图 8-138　继续旋转直线　　　图 8-139　修剪图形

这样，就完成了将交流电动机插入到线路结构图中的工作。

（2）插入晶体管

需要将图 8-140 所示的晶体管插入到图 8-141 所示的导线中。

① 平移图形。单击"默认"选项卡"修改"面板中的"移动"按钮✛，在"对象捕捉"绘图方式下，捕捉图 8-140 中的点 F2 作为移动基点，选择整个晶体管图形符号作为移动对象，将它移动到图 8-141 的导线处，使得点 F2 在导线 G2F1 的一个合适的位置上，移动结果如图 8-142 所示。

② 继续平移图形。单击"默认"选项卡"修改"面板中的"移动"按钮✥，在"正交"绘图方式下，选择晶体管为移动对象，捕捉 F2 点为移动基点，输入位移为（−5，0，0），即将它向左边平移 5mm。命令行中的提示与操作如下：

命令：_move↙
选择对象：（选取晶体管为移动对象）
选择对象：↙
指定基点或 [位移(D)] <位移>： d↙
指定位移 <0.0000, 0.0000, 0.0000>： −5,0,0↙

平移结果如图 8-143 所示。

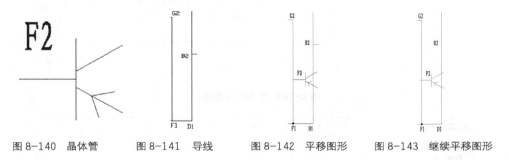

图 8-140　晶体管　　　图 8-141　导线　　　图 8-142　平移图形　　　图 8-143　继续平移图形

③ 修剪图形。单击"默认"选项卡"修改"面板中的"修剪"按钮⊸，将多余的线段修剪掉，修剪结果如图 8-144 所示。这样，就成功的将晶体管插入到了导线中。

按照以上类似的思路和步骤，将其他实体符号一一插入到线路结构图中，并找到合适的位置，最后得到如图 8-145 所示的图形。

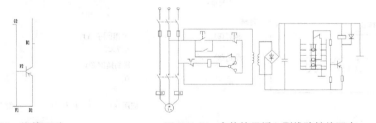

图 8-144　修剪图形　　　　　　图 8-145　实体符号插入到线路结构图中

④ 绘制导线连接实心点。图 8-145 所示的电路还不够完整，因为它没有标出导线之间的连接情况。下面先给出导线连接实心点的绘制步骤。以图 8-146 所示的连接点 A1 为例。

单击"默认"选项卡"绘图"面板中的"圆"按钮⊙，在"对象捕捉"绘图方式下，捕捉点 A1 为圆心，绘制一个半径为 1mm 的圆，如图 8-147 所示。在圆中填充图案，单击"默认"选项卡"绘图"面板中的"图案填充"按钮▨，打开"图案填充创建"选项卡，选定圆为填充对象，选择"SOLID"图案为填充图案，填充结果如图 8-148 所示。按照上面绘制实心圆的方法根据需要在其他导线节点处绘制导线连接点，绘制结果如图 8-149 所示。

5．添加文字和注释

（1）单击"默认"选项卡"注释"面板中的"文字样式"按钮🅰，打开"文字样式"对话框，如图 8-150 所示。

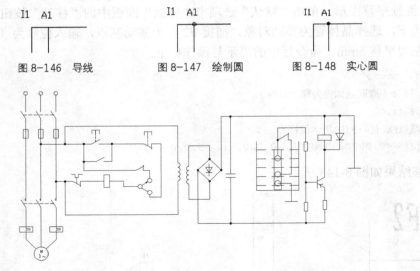

图 8-146 导线　　　　图 8-147 绘制圆　　　　图 8-148 实心圆

图 8-149 绘制导线连接点

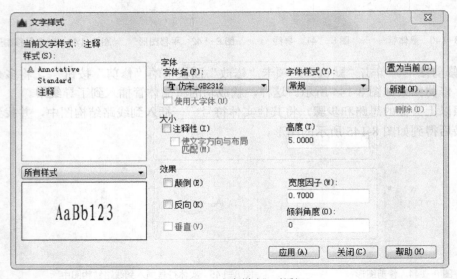

图 8-150 "文字样式"对话框

（2）新建文字样式

单击"新建"按钮，打开"新建样式"对话框，输入"注释"。确定后回到"文字样式"对话框。在"字体"下拉框中选择"仿宋"，"高度"为默认值 5，宽度比列输入为 0.7，倾斜角度为默认值 0。将"注释"置为当前文字样式，单击"应用"按钮以后回到绘图区。

（3）添加文字和注释到图中

① 单击"默认"选项卡"注释"面板中的"多行文字"按钮 A，在需要注释的地方划定一个矩形框，弹出"文字样式"的对话框。

② 选择"注释"作为文字样式，根据需要可以调整文字的高度，还可以结合应用"左对齐""居中"和"右对齐"等功能。

③ 按照以上步骤给图 8-149 所示的图添加文字和注释，得到的结果如图 8-151 所示。

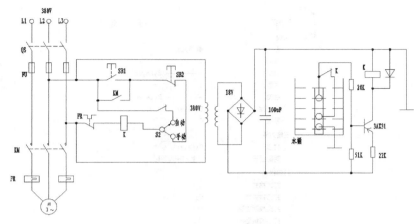

图 8-151　添加文字和注释

8.2.4　拓展知识

AutoCAD 中有一种快速方便的修改功能，就是修改对象属性，利用"特性"命令可以快速修改对象的各种属性。

1. 特性修改

（1）执行方式

"特性"命令有 3 种不同的执行方式，这 3 种方式执行效果相同。具体内容如下。

☑ 命令行：DDMODIFY 或 PROPERTIES

☑ 菜单：修改→特性

☑ 功能区："视图"选项卡→"选项板"面板→"特性"按钮🖳（如图 8-152 所示）或"默认"选项卡→"特性"面板→"对话框启动器"按钮⌐

图 8-152　"选项板"面板

（2）操作格式

命令：DDMODIFY✓

AutoCAD 打开特性工具板，如图 8-153 所示。利用它可以方便地设置或修改对象的各种属性。不同的对象属性种类和值不同，修改属性值，对象改变为新的属性。

2. 特性匹配

利用特性匹配功能可将目标对象属性与源对象的属性进行匹配，使目标对象变为与源对象相同。利用特性匹配功能可以方便快捷地修改对象属性，并保持不同对象的属性相同。

（1）执行方式

"特性匹配"命令有 4 种不同的执行方式，这 4 种方式执行效果相同。具体内容如下。

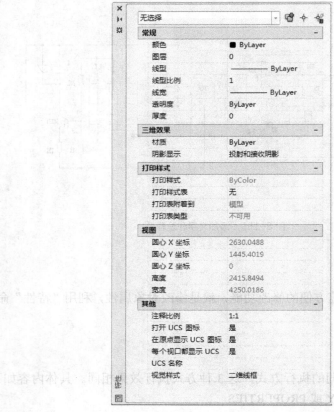

图 8-153　特性工具板

☑ 命令行：MATCHPROP
☑ 菜单：修改→特性匹配
☑ 工具栏：标准→特性匹配 🖌
☑ 功能区："默认"选项卡→"特性"面板→"特性匹配"按钮 🖌
（2）操作格式

命令：MATCHPROP✓
选择源对象：（选择源对象）
选择目标对象或[设置(S)]：（选择目标对象）

图 8-154（a）所示为两个不同属性的对象，以左边的圆为源对象，对右边的矩形进行属性匹配，结果如图 8-154（b）所示。

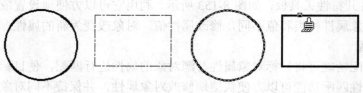

　　　　　（a）原图　　　　　　　　　　　　（b）结果
图 8-154　特性匹配

…

8.2.5 上机操作

绘制图 8-155 所示的车床主轴传动控制电路图。

绘制车床主轴
传动控制电路图

1. 目的要求

本上机案例绘制的是一个典型的控制电气电路图，通过本案例，使读者进一步掌握和巩固控制电气工程图绘制的基本思路和方法。

2. 操作提示

① 绘制各个元器件图形符号。

② 按照线路的分布情况绘制结构图。

③ 将各个元器件插入到结构图中。

④ 添加注释文字，完成绘图。

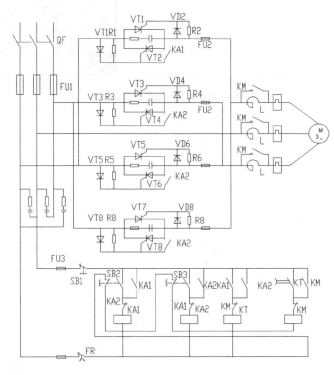

图 8-155　车床主轴传动控制电路图

自测题

1. 简述电气原理图的绘制原则。

2. 简述电气互连图的绘制原则。

3. 绘制图 8-156 所示的并励直流电动机串联电阻电路图。

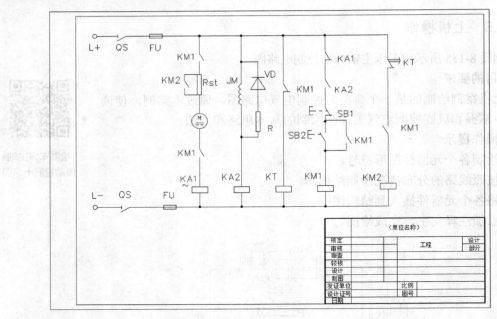

图 8-156　并励直流电动机串联电阻电路图

第 9 章　通信电气设计

在前面的章节中，读者通过一些项目和任务系统学习了 AutoCAD 绘制简单电气图形符号时用到的 AutoCAD 各种命令的使用技巧。掌握这些绘图命令后，就可以利用这些知识来绘制具体的电气工程图了。通信电气工程图是一类比较特殊的电气图，和传统的电气图不同，通信工程图是最近发展起来的一类电气图，主要应用于通信领域。本章通过几个具体案例来帮助读者掌握通信电气工程图的绘制方法。

能力目标

➢ 掌握通信电气工程图的具体绘制方法
➢ 灵活应用各种 AutoCAD 命令
➢ 提高电气绘图的速度和效率

课时安排

2 课时（讲课 1 课时，练习 1 课时）

9.1　绘制程控交换机系统图

电话通信网主要由终端设备、传输线路和交换设备三大部分组成。终端设备包括电话机、传真机等，终端设备完成信号的发送和接收；传输线路如用户线、中继线、通信电缆等，其作用为传输信号；交换设备如程控交换机等，用以完成信号的交换。当今世界已普遍使用数字程控交换机。

9.1.1　案例分析

首先根据需要绘制设备元件，然后绘制 HJC-SDS 系统框图，再插入设备元件并调整它们的位置，最后添加注释文字及标注，完成绘图。绘制流程如图 9-1 所示。

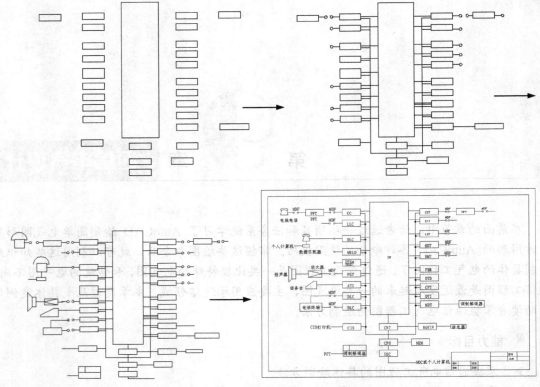

图 9-1　绘制程控交换机系统图

9.1.2　相关知识

通信工程图是一类比较特殊的电气图，和传统的电气图不同，通信工程图是最近发展起来的一类电气图，主要应用于通信领域。本节将介绍通信系统的相关基础知识，并通过几个通信工程的实例来学习绘制通信工程图的一般方法。

1. 通信系统简介

通信即信息的传递与交流。通信系统是传递信息所需要的一切技术设备和传输媒介。通信原理如图 9-2 所示。

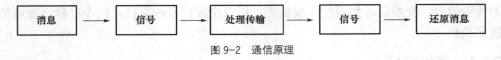

图 9-2　通信原理

通信系统的工作流程如图 9-3 所示。

图 9-3　通信系统的工作流程

2．通信工程图简介

电子学是信息技术的关键，是现代信息产业的重要基础，它在很大程度上决定着硬件设备的运行能力。衡量微电子技术发展程度的一个重要指标，是在指甲大小的硅芯片上能集成的元件数目。

于是通信工程图与电子电路图一样，在分析解决、设计等领域占据了重要的地位。按照信息传输方式，通信电路图可分为无线发射电路图、有线通信电路图和无线接收电路图。

9.1.3　案例实施

1．主要的电路板介绍

程控交换机系统中的主要电路板介绍如下。

AP——应用处理器电路板　　　　ATI——话务台控制电路板
FP——固件处理器电路板　　　　MEM——存储器电路板
MP——主处理器电路板　　　　　2LC——用户电路板
2LLC——远距离用户板　　　　　2COT——局用中继板
LDT——环路拨号中继　　　　　ODT——4 线 E 和 M 中继
EMT——2 线 E 和 M 中继　　　　DIT——直入拨号中继
DLC——数字式用户电路　　　　8DTD——拨号音检测器

绘制程控交换机系统图

2．配置绘图环境

① 建立新文件。以"A3 title.dwt"样板文件为模板，建立新文件，将新文件命名为"程控交换机系统图.dwg"并保存。

② 设置图层。单击"默认"选项卡"图层"面板中的"图层特性"按钮，新建图 9-4 所示的图层。

图 9-4　设置图层

3．绘制话务台符号

① 将"粗线"层设为当前图层。

② 单击"默认"选项卡"绘图"面板中的"矩形"按钮，绘制一个长 50mm、宽 35mm 的矩形，如图 9-5 所示。

③ 单击"默认"选项卡"绘图"面板中的"直线"按钮，取消"正交"功能，在相邻两边选择两点绘制一条斜线，如图 9-6 所示。

④ 单击"默认"选项卡"修改"面板中的"修剪"按钮，以步骤③中所绘斜线为剪

切线，以步骤②中矩形为裁剪对象，修剪后效果如图 9-7 所示。

⑤ 单击"默认"选项卡"块"面板中的"创建"按钮 🖆，将以上绘制的话务台符号生成图块并保存，以方便后面绘制数字电路系统时调用。

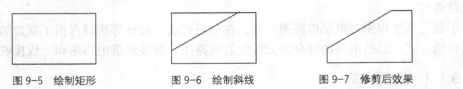

图 9-5　绘制矩形　　　　　图 9-6　绘制斜线　　　　　图 9-7　修剪后效果

4．绘制放大器符号

① 单击"默认"选项卡"绘图"面板中的"矩形"按钮 🔲，绘制一个长 60mm、宽 30mm 的矩形，如图 9-8 所示。

② 单击"默认"选项卡"绘图"面板中的"直线"按钮 ╱，捕捉矩形宽边的中点，在取消"正交"模式的情况下，连接该点与矩形的一对角点，如图 9-9 所示。

③ 单击"默认"选项卡"修改"面板中的"镜像"按钮 ⚊，以步骤②中绘制的斜线为镜像对象，捕捉矩形宽边的中点为镜像轴，执行镜像，效果如图 9-10 所示。

④ 单击"默认"选项卡"块"面板中的"创建"按钮 🖆，将以上绘制的放大器符号生成图块并保存，以方便后面绘制数字电路系统时调用。

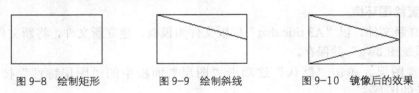

图 9-8　绘制矩形　　　　　图 9-9　绘制斜线　　　　　图 9-10　镜像后的效果

5．绘制喇叭符号

① 单击"默认"选项卡"绘图"面板中的"矩形"按钮 🔲，绘制长 18mm、宽 45mm 的矩形，如图 9-11 所示。

② 单击"默认"选项卡"绘图"面板中的"直线"按钮 ╱，以矩形的左上端点为起点，角度为 135°绘制一定长度的直线，如图 9-12 所示。

③ 单击"默认"选项卡"修改"面板中的"镜像"按钮 ⚊，将步骤②中绘制的斜线以矩形两宽边的中点为镜像轴，对称复制到下边，如图 9-13 所示。

④ 单击"默认"选项卡"绘图"面板中的"直线"按钮 ╱，连接两斜线端点，如图 9-14 所示，即得所要的喇叭符号图形。

⑤ 单击"默认"选项卡"块"面板中的"创建"按钮 🖆，将以上绘制的喇叭符号生成图块并保存，以方便后面绘制数字电路系统时调用。

图 9-11　绘制矩形　　　图 9-12　绘制直线　　　图 9-13　镜像效果　　　图 9-14　喇叭符号

6. 绘制 HJC-SDS 系统框图

① 单击"默认"选项卡"绘图"面板中的"矩形"按钮▭，绘制定位设备的矩形框，如图 9-15 所示。

② 选择"细线"层设为当前图层，单击"默认"选项卡"绘图"面板中的"直线"按钮╱和"圆"按钮⊙，将代表各部分的方框用直线连接并绘制端口圆，如图 9-16 所示。

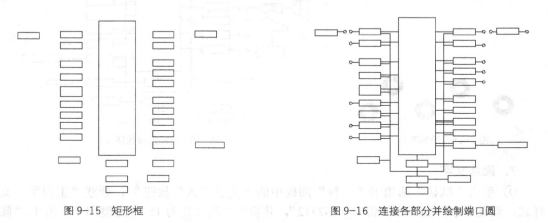

图 9-15　矩形框　　　　　　　　　图 9-16　连接各部分并绘制端口圆

③ 单击"默认"选项卡"块"面板中的"插入"按钮🗂，在当前绘图环境中插入电话、喇叭和打印机等外围设备符号。单击"默认"选项卡"绘图"面板中的"直线"按钮╱，连接各个元件，如图 9-17 所示。

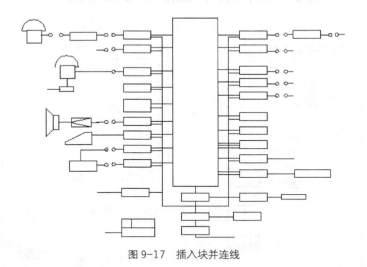

图 9-17　插入块并连线

④ 在连线交点处绘制圆环。此时选择"虚线"层为当前图层。连线交点可用绘制圆环的方法来绘制，单击"默认"选项卡"绘图"面板中的"圆环"按钮◎，设置圆环内径为 5mm、外径为 10mm，在屏幕任意点单击确定圆心，按 Enter 键结束命令，绘制的圆环如图 9-18 所示。

如果要绘制实心圆环，只要将圆环内径设为 0，再选择适当的外径，即可绘出。此时的系统如图 9-19 所示。

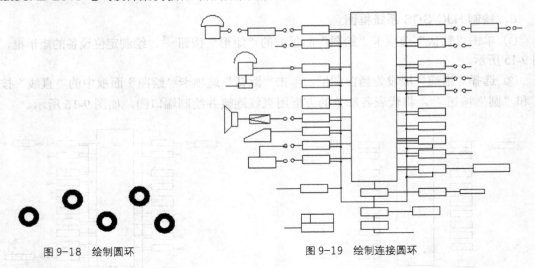

图 9-18　绘制圆环　　　　　　　　　　　图 9-19　绘制连接圆环

7. 添加文字

① 单击"默认"选项卡"注释"面板中的"文字样式"按钮 ，新建"工程字"文字样式，设置"字体名"为"仿宋_GB2312"，并设置"高度"为 15、"宽度因子"为 1、"倾斜角度"为 0。

② 选择"文字"层设为当前图层。

③ 单击"默认"选项卡"注释"面板中的"多行文字"按钮 A，根据电路需要标注文字内容，标注后的 HJC-SDS 数字程控交换机系统图如图 9-20 所示。

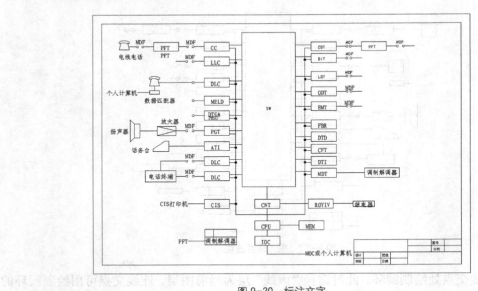

图 9-20　标注文字

9.1.4　拓展知识

通信工程制图的总体要求如下。

① 根据表述对象的性质、论述的目的与内容，选取适宜的图纸及表达手段，以便完整地

表述主题内容。当几种手段均可达到目的时，应采用简单的方式，例如：描述系统时，框图和电路图均能表达，则应选择框图；当单线表示法和多线表示法同时能明确表达时，宜使用单线表示法；当多种画法均可达到表达的目的时，图纸宜简不宜繁。

② 图面应布局合理、排列均匀、轮廓清晰，便于识别。

③ 应选取合适的图线宽度，避免图中的线条过粗或过细。标准通信工程制图图形符号的线条除有意加粗外，一般都是粗细统一的，一张图上要尽量统一。但是，不同大小的图纸可有不同，为了视图方便，大图的线条可以相对粗些。

④ 正确使用国际和行标规定的图形符号。派生新的符号时，应符号国标图形符号的派生规律，并应在适合的地方加以说明。

⑤ 在保证图面布局紧凑和使用方便的前提下，应选择适合的图纸幅面，使原图大小适中。

⑥ 应准确地按规定标注各种必要的技术数据和注释，并按规定进行书写和打印。

⑦ 工程设计图纸应按规定设置标题栏，并按规定的责任范围签字。各种图纸应按规定顺序编号。

⑧ 总平面图、机房平面布置图，移动通信基站天线位置及馈线走向图应设置指北针。

⑨ 对于线路工程，设计图纸应按照从左往右的顺序制图，并设指北针；线路图纸分段按"起点至终点，分歧点至终点"原则划分。

9.1.5 上机操作

绘制图 9-21 所示的数字交换机系统结构图。

1．目的要求

本上机案例绘制的也是一个相对简单通信电气工程图，通过本案例，使读者进一步掌握和巩固通信电气工程图绘制的基本思路和方法。

绘制数字交换机系统结构图

2．操作提示

① 绘制各个单元符号图形。

② 将各个单元放置到一起并移动、连接。

③ 标注文字。

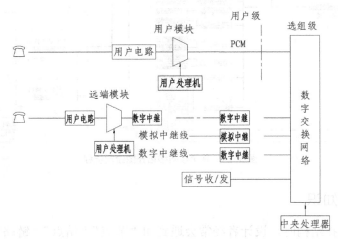

图 9-21 数字交换机系统结构图

9.2 绘制某学校网络拓扑图

网络拓扑结构是指用传输介质互连各种设备的物理布局。指构成网络的成员间特定的物理的即真实的、或者逻辑的即虚拟的排列方式。如果两个网络的连接结构相同，我们就说它们的网络拓扑相同，尽管它们各自内部的物理接线、节点间距离可能会有不同。

9.2.1 案例分析

本案例绘制某学校网络拓扑图。先绘制网络组件，然后分部分绘制网络结构，最终将各部分的网络连接起来，从而得到整个网络的拓扑结构。本案例绘制流程如图9-22所示。

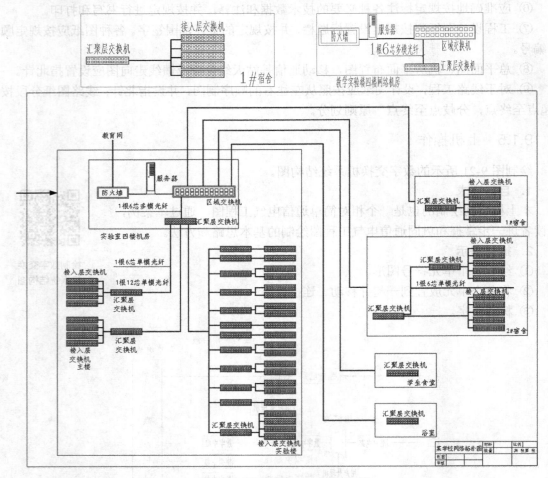

图9-22 某学校网络拓扑图绘制流程

9.2.2 相关知识

在设计网络拓扑结构时，设计者经常会遇到如"节点""结点""链路"和"通路"这4个术语。

1．节点

一个"节点"其实就是一个网络端口。节点又分为"转节点"和"访问节点"两类。"转节点"的作用是支持网络的连接，它通过通信线路转接和传递信息，如交换机、网关、路由器、防火墙设备的各个网络端口等；而"访问节点"是信息交换的源点和目标点，通常是用户计算机上的网卡接口。如我们在设计一个网络系统时，通常所说的共有××个节点，其实就是在网络中有多个要配置 IP 地址的网络端口。

2．结点

一个"结点"是指一台网络设备，因为它们通常连接了多个"节点"，所以称之为"结点"。在计算机网络中的结点又分为链路结点和路由结点，它们就分别对应的是网络中的交换机和路由器。从网络中的结点数多少就可以大概知道你的计算机网络规模和基本结构了。

3．链路

"链路"是两个节点间的线路。链路分物理链路和逻辑链路（或称数据链路）两种，前者是指实际存在的通信线路，由设备网络端口和传输介质连接实现；后者是指在逻辑上起作用的网络通路，由计算机网络体系结构中的数据链路层标准和协议来实现。如果链路层协议没有起作用，数据链路也就无法建立起来。

4．通路

"通路"从发出信息的节点到接收信息的节点之间的一串节点和链路的组合。也就是说，它是一系列穿越通信网络而建立起来的节点到节点的链路串连。它与"链路"的区别主要在于一条"通路"中可能包括多条"链路"。

9.2.3　案例实施

1．设置绘图环境

① 建立新文件。选择随书光盘中的"源文件/A1 样板图.dwt"样板文件为模板，建立新文件，将新文件命名为"某学校网络拓扑图.dwg"。

② 设置图层。单击"默认"选项卡"图层"面板中的"图层特性"按钮，弹出"图层特性管理器"对话框，新建"连线层"和"部件层"两个图层，并将"部件层"设置为当前图层。

绘制某学校网络
拓扑图

2．绘制汇聚层交换机示意图

因为本图中汇聚层交换机比较多，所以把汇聚层交换机设置为块。

① 单击"默认"选项卡"绘图"面板中的"矩形"按钮，绘制两个矩形，矩形的尺寸分别为 300×60 和 290×50；在矩形内绘制一个小矩形，小矩形的尺寸为 15×15，位置尺寸如图 9-23 所示。

② 单击"默认"选项卡"修改"面板中的"矩形阵列"按钮，选择阵列对象为小矩形，设置阵列行数为 2，列数为 12，行间距为-19，列间距为 23.5，阵列结果如图 9-24 所示。

③ 单击"默认"选项卡"块"面板中的"块编辑器"按钮，将块的名字定义为"汇聚交换机"，单击"确定"按钮进入块编辑器，在编辑器中编辑块。

3．绘制服务器示意图

① 单击"默认"选项卡"绘图"面板中的"矩形"按钮，绘制两个矩形，大矩形的尺寸为 80×320，小矩形的尺寸为 70×280。

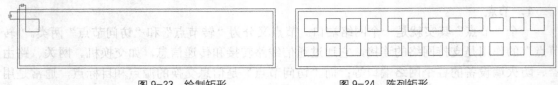

图 9-23　绘制矩形　　　　　　　　　　图 9-24　阵列矩形

② 单击"默认"选项卡"绘图"面板中的"直线"按钮 ✏，绘制一条中心线，结果如图 9-25 所示；重复"直线"命令，在左下角绘制一条斜线和一条水平线，绘制的位置及长度如图 9-26 所示。

③ 单击"默认"选项卡"绘图"面板中的"圆"按钮 ⊘，绘制一个直径为 6 的圆；单击"默认"选项卡"修改"面板中的"镜像"按钮 ⚎，做图 9-23 中绘制的水平直线和斜直线的镜像，结果如图 9-27 所示。

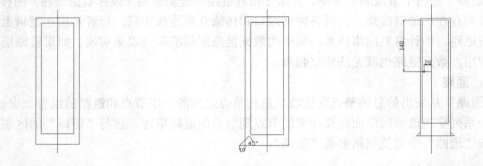

图 9-25　绘制矩形和中心线　　　　图 9-26　绘制斜直线和水平直线　　　　图 9-27　镜像图形

④ 单击"默认"选项卡"修改"面板中的"删除"按钮 ✐，删除中心线；再单击"默认"选项卡"绘图"面板中的"矩形"按钮 ▭，绘制一个长 40、宽 5 的矩形，矩形的位置尺寸如图 9-28 所示。

⑤ 单击"默认"选项卡"修改"面板中的"矩形阵列"按钮 ▦，设置行数为 9，列数为 1，行间距为-13，阵列结果如图 9-29 所示。

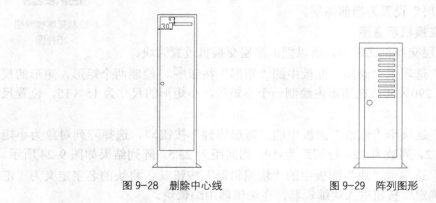

图 9-28　删除中心线　　　　　　　图 9-29　阵列图形

4．绘制防火墙示意图

① 单击"默认"选项卡"绘图"面板中的"矩形"按钮 ▭，绘制两个矩形，大矩形的尺寸为 150×60，小矩形的尺寸为 140×50。

② 单击"默认"选项卡"注释"面板中的"多行文字"按钮 **A**，在矩形内添加文字"防火墙"，结果如图 9-30 所示。

图 9-30 防火墙示意图

5．绘制局部图

① 绘制一号宿舍示意图。单击"默认"选项卡"块"面板中的"插入"按钮 ，将交换机摆放到图 9-31 所示的位置，单击"默认"选项卡"绘图"面板中的"多段线"按钮 ，将它们连接起来；单击"默认"选项卡"绘图"面板中的"矩形"按钮 ，并在外轮廓上绘制一个矩形，并添加文字注释，表示这个部分为一号宿舍。

② 绘制二号宿舍示意图。采用相同的方法，将交换机摆放到图 9-32 所示的位置，单击"默认"选项卡"绘图"面板中的"多段线"按钮 ，将它们连接起来；单击"默认"选项卡"绘图"面板中的"矩形"按钮 ，在外轮廓上绘制一个矩形，并添加文字注释，表示这个部分为二号宿舍。

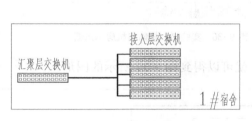

图 9-31 一号宿舍示意图

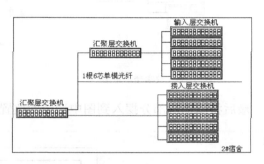

图 9-32 二号宿舍示意图

③ 绘制学生食堂和浴室示意图。采用相同的方法绘制学生食堂和浴室示意图，结果如图 9-33 所示。

④ 绘制实验楼示意图。单击"默认"选项卡"修改"面板中的"复制"按钮 ，将交换机摆放在适当的位置；单击"默认"选项卡"绘图"面板中的"多段线"按钮 ，将它们连接起来，结果如图 9-34 所示。

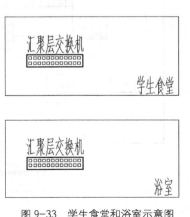

图 9-33 学生食堂和浴室示意图

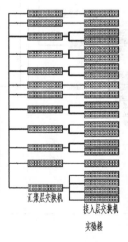

图 9-34 实验楼示意图

⑤ 绘制教学楼示意图。单击"默认"选项卡"修改"面板中的"复制"按钮，复制实验楼的接入层交换机和汇聚层交换机。并对其位置进行调整。并添加文字注释，结果如图 9-35 所示。

⑥ 绘制教学实验楼四楼网络机房示意图。将部件放到合适的位置上，单击"默认"选项卡"绘图"面板中的"多段线"按钮，将它们连接起来；单击"默认"选项卡"注释"面板中的"多行文字"按钮，在图纸上加上标注，如图 9-36 所示。

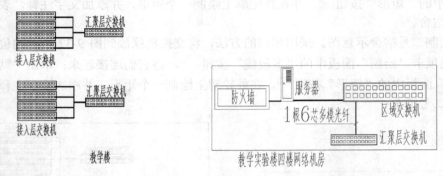

图 9-35　教学楼示意图　　　　　　　图 9-36　实验楼四楼网络机房示意图

最后将以上六部分摆入到图中适当的位置，就可以得到图 9-37 所示的图形。

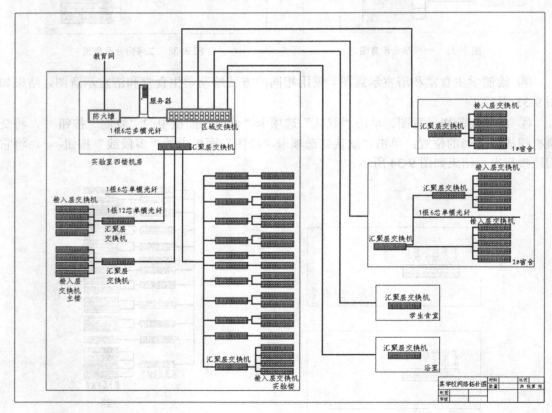

图 9-37　网络拓扑图

9.2.4　拓展知识

网络拓扑结构分类如下。

1. 星型拓扑结构

星型结构是最古老的一种连接方式，大家每天都使用的电话属于这种结构。星型结构是指各工作站以星型方式连接成网。网络有中央节点，其他节点（工作站、服务器）都与中央节点直接相连，这种结构以中央节点为中心，因此又称为集中式网络。

这种结构便于集中控制，因为端用户之间的通信必须经过中心站。由于这一特点，也带来了易于维护和安全等优点。端用户设备因为故障而停机时也不会影响其他端用户间的通信。同时它的网络延迟时间较小，传输误差较低。但这种结构非常不利的一点是，中心系统必须具有极高的可靠性，因为中心系统一旦损坏，整个系统便趋于瘫痪。对此中心系统通常采用双机热备份，以提高系统的可靠性。

2. 环型网络拓扑结构

环型结构在 LAN 中使用较多。这种结构中的传输媒体从一个端用户到另一个端用户，直到将所有的端用户连成环型。数据在环路中沿着一个方向在各个节点间传输，信息从一个节点传到另一个节点。这种结构显而易见消除了端用户通信时对中心系统的依赖性。

环行结构的特点是：每个端用户都与两个相临的端用户相连，因而存在着点到点链路，但总是以单向方式操作，于是便有上游端用户和下游端用户之称；信息流在网中是沿着固定方向流动的，两个节点仅有一条道路，故简化了路径选择的控制；环路上各节点都是自举控制，故控制软件简单；由于信息源在环路中是串行地穿过各个节点，当环中节点过多时，势必影响信息传输速率，使网络的响应时间延长；环路是封闭的，不便于扩充；可靠性低，一个节点故障，将会造成全网瘫痪；维护难，对分支节点故障定位较难。

3. 总线拓扑结构

总线结构是使用同一媒体或电缆连接所有端用户的一种方式，也就是说，连接端用户的物理媒体由所有设备共享，各工作站地位平等，无中心节点控制，公用总线上的信息多以基带形式串行传递，其传递方向总是从发送信息的节点开始向两端扩散，如同广播电台发射的信息一样，因此又称广播式计算机网络。各节点在接受信息时都进行地址检查，看是否与自己的工作站地址相符，相符则接收网上的信息。

使用这种结构必须解决的一个问题是确保端用户使用媒体发送数据时不能出现冲突。在点到点链路配置时，这是相当简单的。如果这条链路是半双工操作，只需使用很简单的机制便可保证两个端用户轮流工作。在一点到多点方式中，对线路的访问依靠控制端的探询来确定。然而，在 LAN 环境下，由于所有数据站都是平等的，不能采取上述机制。对此，研究了一种在总线共享型网络使用的媒体访问方法：带有碰撞检测的载波侦听多路访问，英文缩写成 CSMA/CD。

这种结构具有费用低、数据端用户入网灵活、站点或某个端用户失效不影响其他站点或端用户通信的优点。缺点是一次仅能一个端用户发送数据，其他端用户必须等待到获得发送权；媒体访问获取机制较复杂；维护难，分支节点故障查找难。尽管有上述一些缺点，但由于布线要求简单，扩充容易，端用户失效、增删不影响全网工作，所以是 LAN 技术中使用最普遍的一种。

4．分布式拓扑结构

分布式结构的网络是将分布在不同地点的计算机通过线路互连起来的一种网络形式。

分布式结构的网络具有如下特点：由于采用分散控制，即使整个网络中的某个局部出现故障，也不会影响全网的操作，因而具有很高的可靠性；网中的路径选择最短路径算法，故网上延迟时间少，传输速率高，但控制复杂；各个节点间均可以直接建立数据链路，信息流程最短；便于全网范围内的资源共享。缺点为连接线路用电缆长，造价高；网络管理软件复杂；报文分组交换、路径选择、流向控制复杂；在一般局域网中不采用这种结构。

5．树型拓扑结构

树型结构是分级的集中控制式网络，与星型相比，它的通信线路总长度短，成本较低，节点易于扩充，寻找路径比较方便，但除了叶节点及其相连的线路外，任意一节点或其相连的线路故障都会使系统受到影响。

6．网状拓扑结构

在网状拓扑结构中，网络的每台设备之间均有点到点的链路连接，这种连接不经济，只有每个站点都要频繁发送信息时才使用这种方法。它的安装也复杂，但系统可靠性高，容错能力强。有时也称为分布式结构。

7．蜂窝拓扑结构

蜂窝拓扑结构是无线局域网中常用的结构。它以无线传输介质（微波、卫星、红外等）点到点和多点传输为特征，是一种无线网，适用于城市网、校园网、企业网。

8．混合拓扑结构

混合拓扑结构是由星型结构或环型结构和总线型结构结合在一起的网络结构，这样的拓扑结构更能满足较大网络的拓展，既解决了星型网络在传输距离上的局限，同时又解决了总线型网络在连接用户数量上的限制。

混合拓扑的优点：应用相当广泛，解决了星型和总线型拓扑结构的不足，满足了大公司组网的实际需求。扩展相当灵活。速度较快，因为其骨干网采用高速的同轴电缆或光缆，所以整个网络在速度上不受太多的限制。缺点是：由于仍采用广播式的消息传送方式，所以在总线长度和节点数量上也会受到限制。同样具有总线型网络结构的网络速率会随着用户的增多而下降。较难维护，这主要受到总线型网络拓扑结构的制约，如果总线断，则整个网络也就瘫痪了。

9.2.5　上机操作

绘制图 9-38 所示的通信光缆施工图。

1．目的要求

本上机案例绘制的是一个典型通信电气工程图，通过本案例，使读者进一步掌握和巩固通信电气工程图绘制的基本思路和方法。

2．操作提示

① 根据需要图形的几条公路线，作为定位线。

② 将绘制好的部件填入到图中，并调整它们的位置。

③ 添加注释文字及标注，完成绘图。

绘制通信光缆
施工图

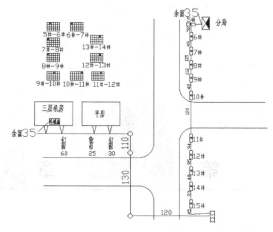

图 9-38   通信光缆施工图

自测题

1. 绘制通信工程图有哪些技巧？
2. 网络拓扑结构分为哪几类？
3. 绘制图 9-39 所示的天线馈线系统图。

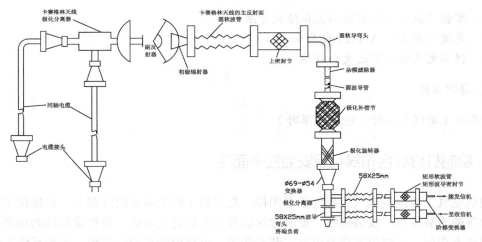

图 9-39   天线馈线系统图

第 **10** 章　建筑电气设计

在前面的章节中，读者通过一些项目和任务系统学习了 AutoCAD 绘制简单电气图形符号时用到的 AutoCAD 各种命令的使用技巧。掌握这些绘图命令后，就可以利用这些知识来绘制具体的电气工程图了。

建筑电气工程图是应用非常广泛的电气图之一。建筑电气工程图可以表明建筑电气工程的构成规模和功能，详细描述电气装置的工作原理，提供安装技术数据和使用维护方法。本章通过几个具体案例来帮助读者掌握建筑电气工程图的绘制方法。

✋ 能力目标

➤ 掌握建筑电气工程图的具体绘制方法
➤ 灵活应用各种 AutoCAD 命令
➤ 提高电气绘图的速度和效率

⚡ 课时安排

2 课时（讲课 1 课时，练习 1 课时）

10.1　绘制机房综合布线和保安监控平面图

建筑电气工程图是电气工程的重要图样，是建筑工程的重要组成部分。它提供了建筑内电气设备的安装位置、安装接线、安装方法以及设备的有关参数。根据建筑物的功能不同，电气图也不相同。主要包括建筑电气安装平面图、电梯控制系统电气图、照明系统电气图、中央空调控制系统电气图、消防安全系统电气图、防盗保安系统电气图以及建筑物的通信、电视系统、防雷接地系统的电气平面图等。

10.1.1　案例分析

图 10-1 所示是机房综合布线和保安监控平面图，此图的绘制思路为：先绘制有轴线和墙线的基本图，然后绘制门洞和窗洞，即可完成电气图需要的建筑图；在建筑图的基础上绘制电路图所需图例，如信息插座、电缆桥架、定焦镜头摄像机等，绘制流程如图 10-1 所示。

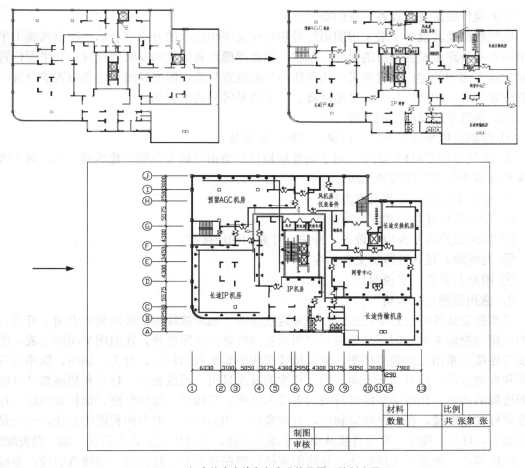

图 10-1 机房综合布线和保安监控平面图绘制流程图

10.1.2 相关知识

下面简要介绍建筑电气平面图相关理论知识。

1. 电气平面图概述

（1）电气平面图表示的主要内容

① 配电箱的型号、数量、安装位置、安装标高，配电箱的电气系统。

② 电气线路的配线方式、敷设位置，线路的走向，导线的型号、规格及根数，导线的连接方法。

③ 灯具的类型、功率、安装位置、安装方式及安装标高。

④ 开关的类型、安装位置、离地高度、控制方式。

⑤ 插座及其他电器的类型、容量、安装位置、安装高度等。

（2）图形符号及文字符号的应用

电气施工平面图是简图，它采用图形符号和文字符号来描述图中的各项内容。电气线路、其相关的电气设备的图形符号及其相关标注的文字符号所表征的意义，将于后续文字中作相关介绍。

（3）电气线路及其设备位置的确定方法

电气线路及其设备一般采用图形符号和标注文字相结合的方式来表示，在电气施工平面图中不表示线路及设备本身的尺寸、形状，但必须确定其敷设和安装的位置。其平面位置是根据建筑平面图的定位轴线和某些构筑物的平面位置来确定照明线路和设备布置的位置，而垂直位置，即安装高度，一般采用标高、文字符号等方式来表示。

（4）电气平面图的绘制步骤

① 绘制房屋平面（外墙、门窗、房间、楼梯等）。

② 电气工程 CAD 制图中，对于新建结构往往会由建筑专业提供建筑施工图，对于改建建筑则需重新绘制其建筑施工图。

③ 绘制配电箱、开关及电力设备。

④ 绘制各种灯具、插座、吊扇等。

⑤ 绘制进户线及各电气设备、开关、灯具间的连接线。

⑥ 对线路、设备等附加文字标注。

⑦ 附加必要的文字说明。

2．常用照明线路分析

照明控制接线图包括原理接线图和安装接线图。原理接线图比较清楚地表明了开关、灯具的连接与控制关系，但不具体表示照明设备与线路的实际位置。在照明平面图上表示的照明设备连接关系图是安装接线图。安装接线图应清楚地表示灯具、开关、插座、线路的具体位置和安装方法，但对同一方向、同一档次的导线只用一根线表示。灯具和插座都是并联于电源进线的两端，相线必须经过开关后再进入灯座。零线直接接到灯座，保护接地线与灯具的金属外壳相连接。在一个建筑物内，有许多灯具和插座，一般有两种连接方法，一种是直接接线法，灯具、插座、开关直接从电源干线上引接，导线中间允许有接头，如：瓷夹配线、瓷柱配线等；一种是共头接线法，导线的连接只能在开关盒、灯头盒、接线盒引线，导线中间不允许有接头。这种接线法耗用导线多，但接线可靠，是目前工程广泛应用的安装接线方法，如线管配线、塑料护套配线等。当灯具和开关的位置改变、进线方向改变时，都会使导线根数变化。所以，要真正看懂照明平面图，就必须了解导线数的变化规律，掌握照明线路设计的基本知识。

（1）开关与灯具的控制关系

① 一个开关控制一盏灯。一个开关控制一盏灯是最简单的照明平面布置，这种一个开关控制一盏灯的配线方式，可采用共头接线法或直接接线法，图 10-2 所示的接线图中所采用的导线根数与实际接线的导线根数是一致的。

② 多个开关控制多盏灯。图 10-3 中有 1 个照明配电箱、3 盏灯、1 个单控双联开关和 1 个单控单联开关，其采用线管配线，共头接线法。

③ 两个开关控制一盏灯。图 10-4 中两只双控开关在两处控制一盏灯，这种控制模式通常用于楼梯灯（楼上、楼下分别控制）或走廊灯（走廊两端进行控制）。

（2）插座的接线

① 单相两极暗插座。图 10-5 所示为单相两极暗插座的平面图及接线示意图，由该图可以看出，左插孔接零线 N，右插孔则接相线 L。

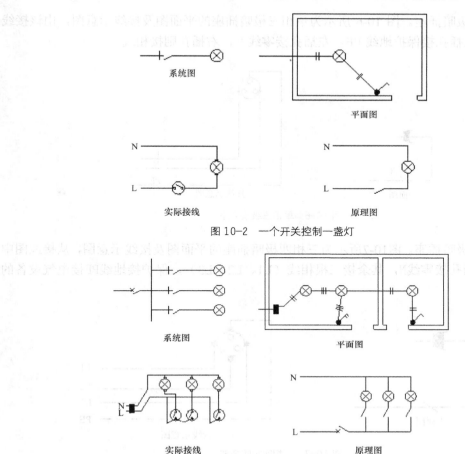

图 10-2　一个开关控制一盏灯

图 10-3　多个开关控制多盏灯

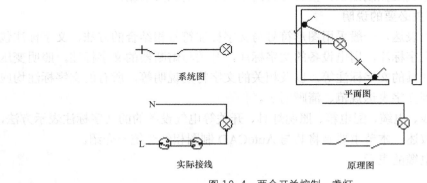

图 10-4　两个开关控制一盏灯

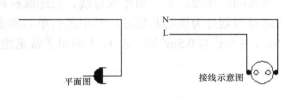

图 10-5　单相两极暗插座

② 单相三级暗插座。图 10-6 所示为单相三极暗插座的平面图及接线示意图，由该接线图可以看出，上插孔接保护地线 PE，左插孔接零线 N，右插孔则接相线 L。

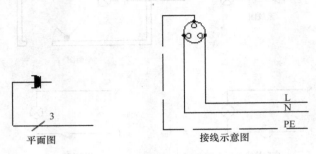

平面图　　　　　　　　　　接线示意图

图 10-6　单相三级暗插座

③ 三相四极暗插座。图10-7所示为三相四极暗插座的平面图及接线示意图，从接线图中可以看出，上插孔接零线N，其余接三根相线（L1、L2、L3），保护接地线PE接电气设备的外壳及控制器。

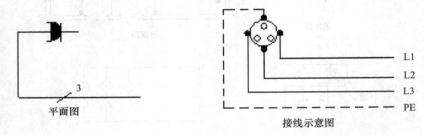

平面图　　　　　　　　　　接线示意图

图 10-7　三相四极暗插座

关于电气的接线方式及控制知识，读者可查阅电气专业的相关书籍。

3．文字标注及相关必要的说明

建筑电气施工图的表达，一般采用图形符号与文字标注符号相结合的方法，文字标注包括相关尺寸、线路的文字标注，用电设备的文字标注，开关与熔断器的文字标注，照明变压器的文字标注，照明灯具的文字标注等，以及相关的文字特别说明等，所有的文字标注均应按相关标准要求，做到文字表达规范、清晰明了。

以下简要介绍导线、电缆、配电箱、照明灯具、开关等电气设备的的文字标注表示方法，电气专业书籍中也有叙述，本节主要是将其与 AutoCAD 制图相结合统一介绍。

（1）绝缘导线与电缆的表示

① 绝缘导线。

低压供电线路及电气设备的连接线，多采用绝缘导线。按绝缘材料划分有橡皮绝缘导线与塑料绝缘导线等。按线芯材料划分为铜芯和铝芯，其中还有单芯和多芯的区别。导线的标准截面面积有 $0.2m^2$、$0.3m^2$、$0.4m^2$ 和 $0.5m^2$ 等。表 10-1 列出了常见绝缘导线的型号、名称、用途（见表 10-1）。

表 10-1   常见绝缘导线的型号、名称、用途

型号	名称	用途
BXF(BLXF)	氯丁橡皮铜（铝）芯线	适用于交流 500 V 及以下,直流 1000 V 及以下的电气设备和照明设备
BX(BLX)	橡胶皮铜（铝）芯线	
BXR	铜芯橡皮软线	
BV(BLV)	聚氯乙烯铜（铝）芯线	适用于各种设备、动力、照明的线路固定敷设
BVR	聚氯乙烯铜芯软线	
BVV(BLVV)	铜（铝）芯聚氯乙烯绝缘和护套线	
RVB	铜芯聚氯乙烯平行软线	适用于各种交直流电器、电工仪器、小型电动工具、家用电器装置的连接
RVS	铜芯聚氯乙烯绞型软线	
RV	铜芯聚氯乙烯软线	
RX,RXS	铜芯、橡皮棉纱编织软线	

注：表中，B—绝缘电线，平行；R—软线；V—聚氯乙烯绝缘、聚氯乙烯护套；X—橡皮绝缘；L—铝芯（铜芯不表示）；S—双绞；XF—氯丁橡皮绝缘。

② 电缆。

电缆按用途可分为电力电缆、通用（专用）电缆、通信电缆、控制电缆、信号电缆等；按绝缘材料可分为纸绝缘电缆、橡皮绝缘电缆、塑料绝缘电缆等。电缆的结构主要有三个部分，即线芯、绝缘层和保护层，保护层又分为内保护层和外保护层。

电缆的型号表示应表达出电缆的结构、特点及用途。表 10-2 列出了电缆型号字母含义，表 10-3 列出了电缆外护层数字代号含义。

表 10-2   电缆型号字母代号

类别	绝缘种类	线芯材料	内护层	其他特征	外护层
电力电缆（不表示）	Z—纸绝缘	T—铜	Q—铅套	D—不滴流	2 个数字,见表 10-3 中代号
K—控制电缆	X—绝缘	（不表示）	L—铝套	F—分相护套	
P—信号电缆	V—聚氯乙烯	—	H—橡套	P—屏蔽	
Y—移动式软电缆	Y—聚乙烯	L—铝	V—聚氯乙烯套	C—重型	
H—市内电话电缆	YJ—交联聚乙烯	—	Y—聚乙烯套		

表 10-3   电缆外护层数字代号

第一个数字		第二个数字	
代号	铠装层类型	代号	外被层类型
0	无	0	无
1	—	1	纤维绕包

续表

第一个数字		第二个数字	
代号	铠装层类型	代号	外被层类型
2	双钢带	2	聚氯乙烯护套
3	细圆钢丝	3	聚乙烯护套
4	粗圆钢丝	4	—

例如：

VV-10000-3×50+2×25 表示聚氯乙烯绝缘，聚氯乙烯护套电力电缆，额定电压为 10 000V，3 根 50m² 铜芯线及 2 根 25m² 铜芯线。

YJV22-3×75+1×35 表示交联聚乙烯绝缘，聚氯乙烯护套内钢带铠装，3 根 75m² 铜芯线及 1 根 35m² 铜芯线。

（2）线路文字标注

动力及照明线路在平面图上均用图线表示，而且只要走向相同，无论导线根数多少，都可用一条图线（单线法），同时在图线上打上短斜线或标以数字，用以说明导线的根数。另外在图线旁标注必要的文字符号，用以说明线路的用途、导线型号、规格、根数、线路敷设方式及敷设部位等。这种标注方式习惯称为直接标注。

其标注基本格式为

$$a-b(c×d)e-f$$

其中：

a —— 线路编号或线路用途的符号；

b —— 导线型号；

c —— 导线根数；

d —— 导线截面（m²）；

e —— 保护管直径（mm）；

f —— 线路敷设方式和敷设部位。

《电气简图用图形符号》（GB/T 4728—2005）和《电气技术用文件的编制》（GB 6988.1 —2008）未对线路用途符号及线路敷设方式和敷设部位用文字符号作统一规定，但仍一般习惯使用原来以汉语拼音字母为标注的方法，专业人士推荐使用以相关专业英语字母表征其相关说明。

例如：

WP1-BLV-（3×50+1×35）-K-WE 表示 1 号电力线路，导线型号为 BLV（铝芯聚氯乙烯绝缘电线），共有 4 根导线，其中 3 根截面分别为 50m²，1 根截面为 35m²，采用瓷瓶配线，沿墙明敷设。

BLX-（3×4）G15-WC 表示 3 根截面分别为 4m² 的铝芯橡皮绝缘电线，穿直径 15mm 的水煤气钢管沿墙暗敷设。

当线路用途明确时，可以不标注线路的用途。标注的相关符号所代表的含义见表 10-4～表 10-6。

表 10-4 标注线路用文字符号

序号	中文名称	英文名称	常用文字符号		
			单字母	双字母	三字母
1	控制线路	Control line		WC	—
2	直流线路	Direct current line		WD	—
3	应急照明线路	Emergency lighting line		WE	WEL
4	电话线路	Telephone line		WF	—
5	照明线路	Illuminating line	W	WL	—
6	电力设备	Power line		WP	—
7	声道（广播）线路	Sound gate line		WS	—
8	电视线路	TV line		WV	—
9	插座线路	Socket line		WX	—

表 10-5 线路敷设方式文字符号

序号	中文名称	英文名称	旧符号	新符号
1	暗敷	Concealed	A	C
2	明敷	Exposed	M	E
3	铝皮线卡	Aluminum clip	QD	AL
4	电缆桥架	Cable tray	—	CT
5	金属软管	Flexible metalic conduit	—	F
6	水煤气管	Gas tube	G	G
7	瓷绝缘子	Porcelain insulator	CP	K
8	钢索敷设	Supported by messenger wire	S	MR
9	金属线槽	Metallic raceway	—	MR
10	电线管	Electrial metallic tubing	DG	T
11	塑料管	Plastic conduit	SG	P
12	塑料线卡	Plastic clip	VJ	PL
13	塑料线槽	Plastic raceway	—	PR
14	钢管	Steel conduit	GG	S

表 10-6 线路敷设部位文字符号

序号	中文名称	英文名称	旧符号	新符号
1	梁	Beam	L	B
2	顶棚	Ceiling	P	CE
3	柱	Column	Z	C
4	地面（楼板）	Floor	D	F

续表

序号	中文名称	英文名称	旧符号	新符号
5	构架	Rack	—	R
6	吊顶	Suspended ceiling	—	SC
7	墙	Wall	Q	W

（3）动力、照明配电设备的文字标注

动力、照明配电设备应采用《电气简图用图形符号》（GB/T 4728.1—2005）所规定的图形符号绘制，并应在图形符号旁加注文字标注，其文字标注格式一般可为

$$a\frac{b}{c}\text{或}a-b-c$$

当需要标注引入线的规格时，则其标注格式为

$$a\frac{b-c}{d(e \times f)-g}$$

其中：a —— 设备编号；

　　　b —— 设备型号；

　　　c —— 设备功率（kW）；

　　　d —— 导线型号；

　　　e —— 导线根数；

　　　f —— 导线截面（m^2）；

　　　g —— 导线敷设方式及敷设部位。

例如：

$A_3\dfrac{XL-3-2}{40.5}$ 表示 3 号动力配电箱，型号为 XL-3-2 型，功率为 40.5kW。

$A_3\dfrac{XL-3-2-40.5}{BLV-335G50-CE}$ 表示 3 号动力配电箱，型号为 XL-3-2 型，功率为 40.5kW，配电箱进线为 3 根铝芯聚氯乙烯绝缘电线，其截面为 35m^2，穿直径 50mm 的水煤气钢管，沿柱子明敷。

① 用电设备的文字标注。

用电设备应按国家标准规定的图形符号表示，并在图形符号旁用文字标注说明其性能和特点，如编号、规格、安装高度等，其标注格式为

$$\frac{a}{b}\text{或}\frac{ab}{cd}$$

其中：a —— 设备编号；

　　　b —— 额定功率（kW）；

　　　c —— 线路首端熔断片或自动开关释放器的电流（A）；

　　　d —— 安装标高（m）。

② 开关及熔断器的文字标注。

开关及熔断器的表示，也为图形符号加文字标注。其文字标注格式一般为

$$a\frac{b-c/i}{d(e\times f)-g}\text{或}a\frac{b}{c/i}\text{或}a-b-c/i$$

当需要标注引入线时，则其标注格式为

$$a\frac{b-c/i}{d(e\times f)-g}$$

其中：a —— 设备编号；

b —— 设备型号；

c —— 额定电流（A）；

i —— 整定电流（A）；

d —— 导线型号；

e —— 导线根数；

f —— 导线截面（m²）；

g —— 导线敷设方式及敷设部位。

例如：

$Q_2\dfrac{HH_3-100/3}{100/80}$，表示 2 号开关设备，型号为 $HH_3-100/3$ 型，额定电流为 100 A 的三级铁壳开关，开关内熔断器所配用的熔体额定电流则为 80A。

$Q_2\dfrac{HH_3-100/3-100/80}{BLX-3\times35G40-FC}$ 表示 2 号开关设备，型号为 $HH_3-100/3$，额定电流为 100 A 的三级铁壳开关，开关内熔断器所配用的熔体额定电流为 80 A，开关的进线采用 3 根截面为 35m² 的铝芯橡皮绝缘线，导线穿直径 40 mm 的水煤气钢管埋地暗敷。

$Q_5\dfrac{DZ10-100/3}{100/80}$ 表示 5 号开关设备，型号为 $DZ10-100/3$，即为装置式 3 极低压空气断路器，俗称自动空气开关。即额定电流为 100A， 脱扣器额定电流为 80A。

（4）照明灯具的文字标注

照明灯具种类多样，图形符号也各有不同。

其文字标注方式一般为

$$a-b\frac{c\times d\times L}{e}f$$

当灯具安装方式为吸顶安装时，则其标注格式应为

$$a-b\frac{c\times d\times L}{g}f$$

其中：a —— 灯具的数量；

b —— 灯具的型号或编号或代号；

c —— 每盏灯具的灯泡总数；

d —— 每个灯泡的容量（W）；

e —— 灯泡安装高度（m）；

f —— 灯具安装方式；

g —— 光源的种类（常省略此项）。

照明灯具安装方式的代号如表 10-7 所示。

表 10-7　　　　　　　　　　　　　　照明灯具安装方式及文字符号

中文名称	英文名称	旧符号	新符号	备注
链吊	Chain Pendant	L	C	—
管吊	Pipe（conduit）erected	G	P	—
线吊	Wire（cord）pendant	X	WP	—
吸顶	Ceiling mounted（Absorbed）	—	—	—
嵌入	Recessed in	—	R	—
壁装	Wall mounted	B	WP	图形能区别时可不注

注：当灯具安装方式为吸顶安装时，可在标注方案安装高处改为一条横线，而不必标注符号。

常用的光源种类有白炽灯（IN）、荧光灯（FL）、汞灯（Hg）、钠灯（Na）、碘灯（I）、氙灯（Xe）、氖灯（Ne）等。

例如：

$10-YG_2-2\dfrac{2\times40\times FL}{3}C$ 表示有 10 盏型号为 YG_2-2 型的荧光灯，每盏灯有 2 个 40W 灯管，安装高度为 3m，采用链吊安装。

$5-DBB306\dfrac{4\times60\times IN}{-}C$ 表示有 5 盏型号为 DBB306 型的圆口方罩吸顶灯，每盏灯有 4 个白炽灯泡，灯泡功率为 60W，吸顶安装。

（5）照明变压器的的文字标注

照明变压器也是使用图形符号附加文字标注的方式来表示，其文字标注格式一般为

$$a/b-c$$

其中：a ——　一次电压（V）；

b ——　二次电压（V）；

c ——　额定容量（VA）。

例如：380/36-500 表示该照明变压器一次额定电压为 380 V，二次额定电压为 36 V，其容量为 500 VA。

10.1.3　案例实施

1. 设置绘图环境

① 建立新文件。以"A4.dwt"样板文件为模板，建立新文件，将新文件命名为"机房综合布线和保安监控平面图.dwt"，并保存。

② 设置图层。单击"默认"选项卡"图层"面板中的"图层特性"按钮，设置"轴线层""建筑层""电气层""图框层""标注层"和"文字说明层"等几个图层，将"轴线层"颜色设置为红色，并设置为当前图层，同时关闭"图框层"，如图 10-8 所示。

绘制机房综合布线
和保安监控平面图

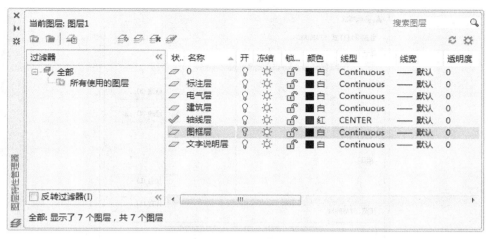

图 10-8　图层设置

2. 绘制建筑图

（1）绘制轴线

① 单击"默认"选项卡"绘图"面板中的"直线"按钮╱，绘制竖直线段 1，长度为 37200mm，利用"实时缩放"和"平移"命令，将视图调整到易于观察的程度。

② 单击"默认"选项卡"修改"面板中的"偏移"按钮￣，以上一步画的线段 1 为起始，依次向右偏移，偏移量分别为 6030 mm、3100mm、5050mm、3175mm、4300mm、2950mm、4300mm、3175mm、5050mm、3100mm、290mm 和 7900mm。

③ 单击"默认"选项卡"绘图"面板中的"直线"按钮╱，绘制水平线段 2，连接图中 O、P 两点。

④ 单击"默认"选项卡"修改"面板中的"偏移"按钮￣，将水平线段向上偏移，距离分别为 3000mm、2500mm、5755mm、4300mm、3450mm、4300mm、5575mm、2500mm 和 3000mm，结果如图 10-9 所示。

（2）绘制墙线

① 将"建筑层"设置为当前图层。按照以下步骤建立新的多线样式。选择菜单栏中的"格式"→"多线样式"命令，打开"多线样式"对话框，如图 10-10 所示。

② 在"多线样式"对话框中，可以看到"样式"栏中只有系统自带的 STANDARD 样式，单击右侧的"新建"按钮，打开"创建新的多线样式"对话框，如图 10-11 所示。在"新样式名"文本框中输入 240。单击"继续"按钮，打开"新建多线样式：240"对话框，参数设置如图 10-12 所示，单击"确定"按钮。

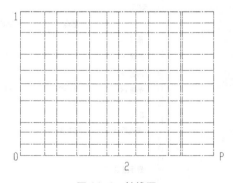

图 10-9　轴线图

③ 单击"新建"按钮，继续设置多线"WALL_1"，参数设置如图 10-13（a）和图 10-13（b）所示，单击"确定"按钮。

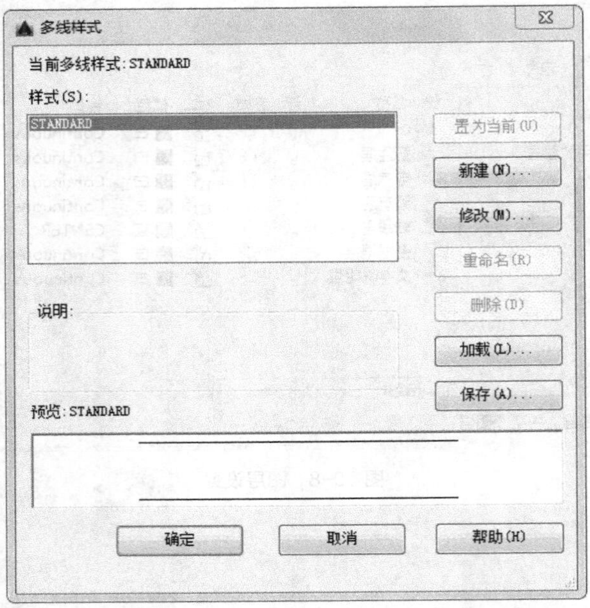

图 10-10 "多线样式"对话框

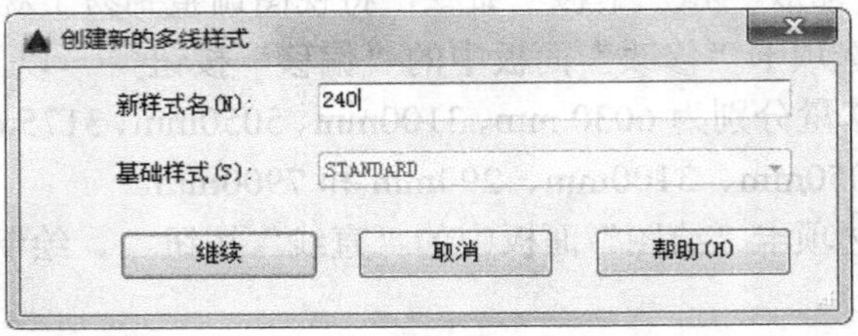

图 10-11 新建多线样式

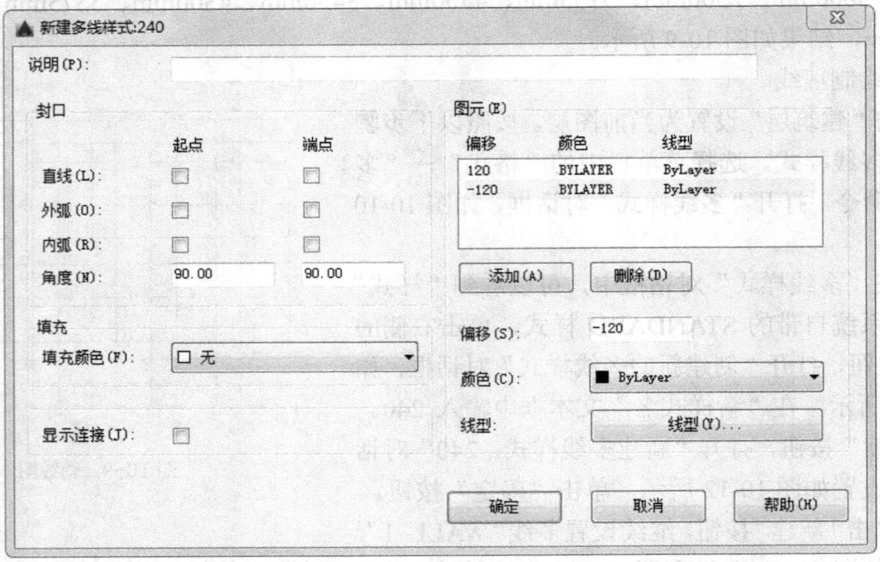

图 10-12 编辑新建多线样式

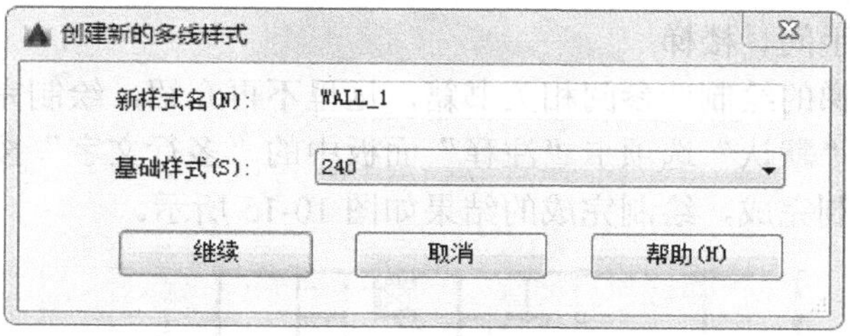

（a）

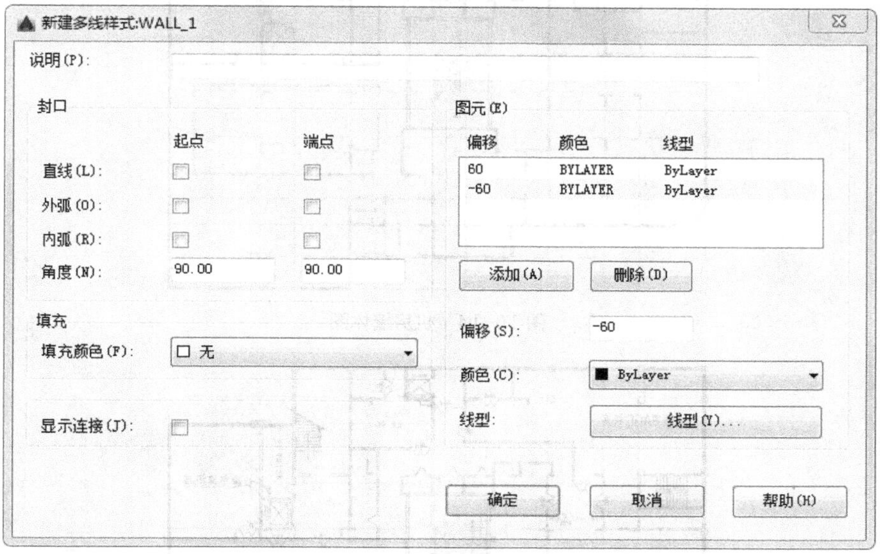

（b）

图 10-13 新建多线 WALL_1 参数设置

④ 选择菜单栏中的"绘图"→"多线"命令，绘制多线。命令行提示与操作如下。

```
命令: mline
当前设置: 对正 = 上, 比例 = 20.00, 样式 = STANDARD
指定起点或 [对正(J)/比例(S)/样式(ST)]: st (设置多线样式)
输入多线样式名或 [?]: 240 (多线样式为 240)
当前设置: 对正 = 上, 比例 = 20.00, 样式 = 240
指定起点或 [对正(J)/比例(S)/样式(ST)]: j
输入对正类型 [上(T)/无(Z)/下(B)] <上>: z (设置对正模式为无)
当前设置: 对正 = 无, 比例 = 20.00, 样式 = 240
指定起点或 [对正(J)/比例(S)/样式(ST)]: s
输入多线比例 <20.00>: (设置线型比例为 1)
当前设置: 对正 = 无, 比例 =1, 样式 = 240
指定起点或 [对正(J)/比例(S)/样式(ST)]:（选择上边框水平轴线左端）
指定下一点:（选择上边框水平轴线右端）
指定下一点或 [放弃(U)]:↙（沿轴线绘制外轮廓）
```

墙体绘制结果如图 10-14 所示。图中 1、2、3 表示 3 个电井。

（3）绘制门、洗手间、楼梯

门、洗手间、楼梯的绘制请参阅相关书籍，这里不再介绍。绘制完成后，将这3部分加入到主视图中，单击"默认"选项卡"注释"面板中的"多行文字"按钮 A，在图中加入注释，建筑图部分即绘制完成，绘制完成的结果如图10-15所示。

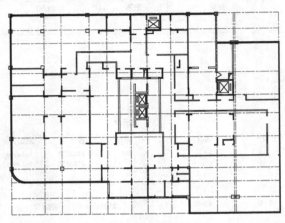

图 10-14　机房墙体图

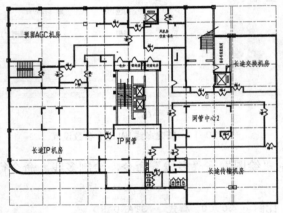

图 10-15　机房建筑结构图

3．绘制电气图

下面主要介绍电气部分的绘制，绘制电气符号时，注意要将图层切换到"电气层"。

（1）绘制双孔信息插座（墙插）

① 单击"默认"选项卡"绘图"面板中的"矩形"按钮 □，绘制一个矩形，矩形尺寸为 8mm×4mm，然后再单击"默认"选项卡"绘图"面板中的"直线"按钮 ∕，过矩形的两个边的中点绘制两条中心线，结果如图10-16（a）所示。

② 单击"默认"选项卡"绘图"面板中的"直线"按钮 ∕，绘制左半部分的中心线，然后在左半部分的中点上绘制一个圆，圆的直径为2mm，绘制的结果如图10-16（b）所示。

③ 单击"默认"选项卡"修改"面板中的"镜像"按钮 ⚎，以矩形的中心线为中心，做左侧圆的镜像，单击"默认"选项卡"修改"面板中的"删除"按钮 ∠，删去多余的线段，结果如图10-16（c）所示。

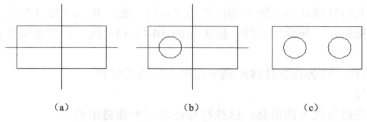

图 10-16 双孔信息插座（墙插绘制过程图）

（2）绘制双孔信息插座（地插）

双孔信息插座（地插）是在绘制双孔信息插座（墙插）的基础上单击"默认"选项卡"注释"面板中的"多行文字"按钮 Ａ，在图形的右侧添加文字"D"，结果如图 10-17 所示。

（3）绘制电缆桥架

电缆桥架的表示方法有两种，如果桥架在吊顶内，用细实线表示，如果桥架在活动地板下则用虚线表示，单击"绘图"工具栏中的"直线"按钮✎，绘制桥架示意图，结果如图 10-18 所示。

图 10-17 绘制双孔信息插座（地插）　　　　　　　　图 10-18 电缆桥架

（4）绘制定焦镜头摄像机

① 单击"默认"选项卡"绘图"面板中的"矩形"按钮▢，绘制两个矩形，大矩形的尺寸为 16mm×8mm，小矩形的尺寸为 4mm×2mm，结果如图 10-19（a）所示。

② 单击"默认"选项卡"绘图"面板中的"直线"按钮✎，过矩形短边的中点绘制一条中心线，然后单击大矩形，拖到右下方一点，将这点向左拖动 3mm，如图 10-19（b）所示。

③ 单击"默认"选项卡"修改"面板中的"移动"按钮✛，注意在"捕捉"选项中选中"中点"项，将小矩形移动到适当的位置；注意小矩形的短边的中点应该在中心线上，结果如图 10-19（c）所示。

④ 左键选中小矩形，然后拖动小矩形左侧的短边，将短边的两个端点都拖动到大矩形的斜边上，结果如图 10-19（d）所示。

⑤ 左键双击大矩形，更改线型的宽度为 0.2mm，绘制结果如图 10-19（e）所示。命令行提示与操作如下。

```
命令：Pedit
    输入选项 [打开(O)/合并(J)/宽度(W)/编辑顶点(E)/拟合(F)/样条曲线(S)/非曲线化(D)/线型生成
(L)/反转(R)/放弃(U)]：W
    指定所有线段的新宽度：0.2
    输入选项 [打开(O)/合并(J)/宽度(W)/编辑顶点(E)/拟合(F)/样条曲线(S)/非曲线化(D)/线型生成
(L)/反转(R)/放弃(U)]：*取消*
```

⑥ 单击"默认"选项卡"特性"面板上的"特性匹配"按钮▣，选中大矩形，再点小

矩形，使小矩形的特性格式与大矩形的特性格式保持一致，单击"默认"选项卡"修改"面板中的"删除"按钮✐，删除中心线，结果如图 10-19（f）所示，定焦镜头摄像机的简图绘制完成。

⑦ 安装元器件，将各元器件移动到平面图中适当的位置。

（5）其他符号

下面介绍一些符号代表的信息，这些符号在本图中都将用到。

① SC：线路穿水煤气钢管敷设。

② CT：线路沿桥架敷设。

③ FC：线路在地板内暗敷。

④ MF：线路在活动地板下敷设。

⑤ AC：线路在吊顶内敷设。

⑥ CE：线路沿顶板内明敷。

⑦ WC：线路沿墙暗敷。

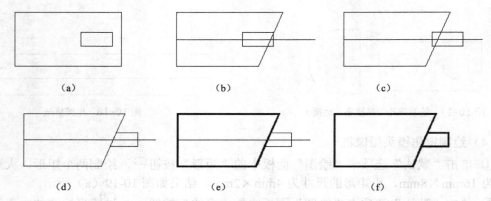

图 10-19 定焦镜头摄像机的绘制过程图

将这些部分加入到主图中的预留 AGC 机房中，结果如图 10-20 所示。

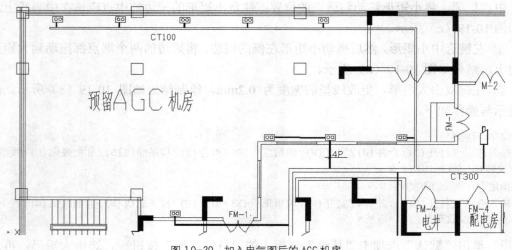

图 10-20 加入电气图后的 AGC 机房

用同样的方法，将电气图绘制完全，就可得到本节开始图 10-1 所示的图纸。

10.1.4 拓展知识

建筑平面图（除屋顶平面图外）是指用假想的水平剖切面，在建筑各层窗台上方将整幢房屋剖开所得到的水平剖面图。建筑平面图是表达建筑物的基本图样之一，它主要反映建筑物的平面布局情况。图 10-21 所示为某学生宿舍楼的平面图。

1. 建筑平面图内容

建筑平面图是假想在门窗洞口之间用一水平剖切面将建筑物剖成两半，下半部分在水平面（H 面）上的正投影图。在平面图中的主要图形包括剖切到墙、柱、门窗、楼梯，以及看到的地面、台阶、楼梯等剖切面以下的构件轮廓。由此可见，从平面图中，我们可以看到建筑的平面大小、形状、空间平面布局、内外交通及联系、建筑构配件大小及材料等内容。为了清晰准确地表达这些内容，除了按制图知识和规范绘制建筑构配件平面图形外，还需要标注尺寸及文字说明、设置图面比例等。

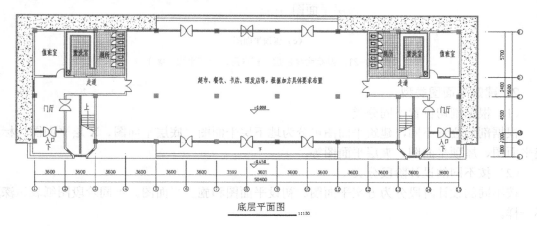

（a）底层平面图

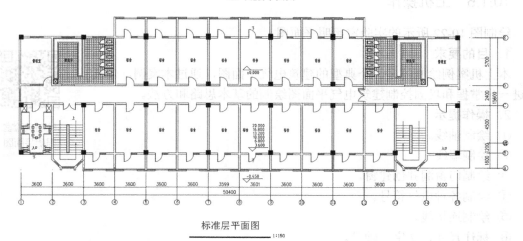

（b）标准层平面图

图 10-21 某宿舍楼底层、标准层、屋顶平面

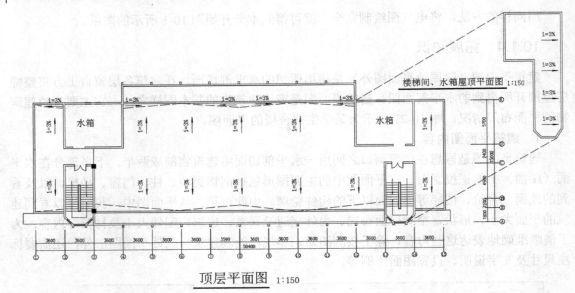

顶层平面图 1:150

（c）屋顶平面图

图 10-21　某宿舍楼底层、标准层、屋顶平面（续）

2．建筑平面图类型

（1）根据剖切位置不同分类

根据剖切位置不同，建筑平面图可分为地下层平面图、底层平面图、X 层平面图、标准层平面图、屋顶平面图、夹层平面图等。

（2）按不同的设计阶段分类

按不同的设计阶段分为方案平面图、初设平面图和施工平面图。不同阶段图纸表达深度不一样。

10.1.5　上机操作

绘制图 10-22 所示的实验室照明平面图。

1．目的要求

本上机案例绘制的是一个典型的建筑电气平面图，通过本案例，使读者进一步掌握和巩固控制建筑电气平面图绘制的基本思路和方法。

2．操作提示

① 绘制轴线。

② 绘制墙线。

③ 绘制门窗洞并创建窗。

④ 绘制各种电气符号。

⑤ 绘制连接线。

⑥ 标注尺寸、文字、轴号。

绘制实验室
照明平面图

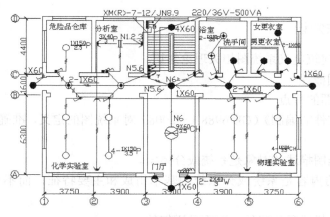

图 10-22 实验室照明平面图

10.2 绘制某网球场配电系统图

建筑电气工程是建筑工程与电气工程的交叉学科，建筑电气工程图从总体上讲可以分为建筑电气平面图和建筑电气系统图。

10.2.1 案例分析

某网球场配电系统图中需要复制的部分比较多，"阵列"和"复制"命令结合使用，可以使绘图简便，而且可使图形整洁、清晰。绘制本图时应先绘制定位辅助线，然后分为左右两个部分，分别加以绘制，绘制流程如图 10-23 所示。

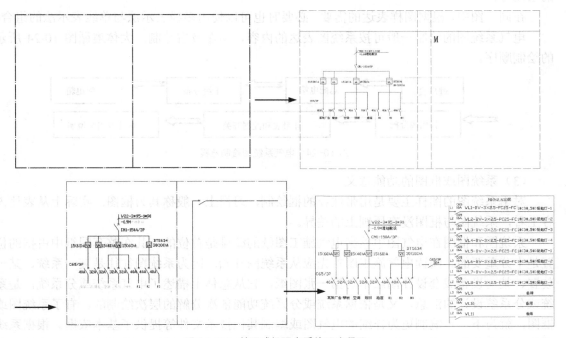

图 10-23 某网球场配电系统图流程图

10.2.2 相关知识

下面简要介绍建筑电气系统图相关理论知识。

1. 电气系统图概述

（1）电气系统图的特点

《电气技术用文件的编制》（GB 6988.1—2008）对系统图的定义，准确描述了系统图或框图的基本特点。

① 系统图或框图描述的对象是系统或分系统。

② 它所描述的内容是系统或分系统的基本组成和主要特征，而不是全部组成和全部特征。

③ 它对内容的描述是概略的，而不是详细的。

④ 用来表示系统或分系统基本组成的是图形符号和带注释的框。

（2）电气系统图的表示方法

电气系统图的表示方法有以下两种。

① 多线表示法。

多线表示法是每根导线在简图上都分别有一条线表示的方法。一般使用细实线表示导线，即一条图线代表一根导线，这种表示法表达清晰细微，缺点就是对于复杂的图样，线条可能过于密集，而导致表达烦锁，此种方法一般用于控制原理图等。

② 单线表示法。

单线表示法是指两根或两根以上的导线，在简图上只用一条图线表示的方法。一般使用中粗实线来代表一束导线，这种表示方法比多线法简练，制图工作量较小，一般用于系统图的绘制等。

在同一图中，根据图样表达的需要，必要时也可以使用多线表示法与单线表示法的组合。

电气系统图的绘制一般可按系统图表达的内容，由左及右绘制，大体遵循图 10-24 所示的绘制顺序。

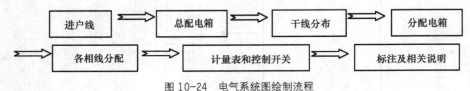

图 10-24 电气系统图绘制流程

（3）系统图或框图的功能意义

对于系统图的图样主要是用带注释的框绘制，习惯上一般称其为框图。实际上从表达内容上看，系统图与框图没有原则上的差异。

系统图和框图在电气图中整套电气施工图纸的编排是首位的，其在整套图纸中占据的位置是十分重要的。阅读电气施工图首先应从系统图开始。因为系统图往往是某一系统、某一装置、某一设备成套设计图纸中的第一张图纸，它从总体上描述了电气系统或分系统，是系统或分系统设计的汇总，又是依据系统或分系统功能依次分解的层次绘制的。有了系统图或框图，就为下一步编制更为详细的电气图或编制其他技术文件等提供了基本依据。根据系统图就可以从整体上确定该项电气工程的规模，可为设计其他电气图、编制其他技术文件，以及进行有关的电气计算、选择导线及开关等设备、拟定配电装置的布置和安装位置等提供主要依据，进而可为电气工程的工程概预算、施工方案文件的编制提供基本依据。

另外，电气系统图还是电气工程施工操作、技术培训及技术维修不可缺少的图纸，因为只有首先通过阅读系统图，对系统或分系统的总体情况有所了解认识后，才能在有所依据的前提下，进行电气操作或维修等，如一个系统或分系统发生故障时，维修人员即可借助系统图初步确定故障产生部位，进而阅读电路图和接线图来确定故障的具体位置。

在绘制成套的电气图纸时，用系统图来描述的对象，可对这类对象进行适当划分，然后分别绘制详细的电气图，使得图样表达得更为清晰简练、准确，同时这样可以缩小图纸幅面，便于保管、复制及缩微。

（4）系统图及框图的绘制方法

首先，系统图及框图的绘制必须遵守《电气技术用文件的编制　第 1 部分：规则》（GB/T 6988.1—2008）、电气工程 CAD 制图等电气方面标准的有关规定，以其他各国家标准或地方标准，个别地方适当加以补充说明，应当尽量简化图纸、方便施工，既详细而又不琐碎地表示设计者的设计目的，图纸中各部分应主次分明，表达清晰、准确。

① 图形符号的使用。

前述章节已介绍了许多关于电气工程制图中涉及的图形符号，另外读者也可参考电气工程各相关技术规范标准等进行深入学习。绘制系统图或框图应采用《电气简图用图形符号》GB 4728 标准中规定的图形符号（包括方框符号），由于系统图或框图描述的对象层次较高，因此多数情况下都有采用带注释的框。框内的注释可以是文字，也可以是有关符号，还可以同时使用文字加符号。而框的形式可以是实线框，也可以是点画框。有时也会用到一些表示元器件的图形符号，这些符号只是用来表示某一部分的功能，并非与实际的元器件一一对应。

② 层次划分。

对于较复杂的电气工程系统图，可根据技术深度及系统图原理，进行适当的层次划分，由表及里地绘制电气工程图。为了更好地描述对象（系统、成套装置、分系统、设备）的基本组成及其相互之间的关系和各部分的主要特征，往往需要在系统图或框图上反映出对象的层次。通常，对于一个比较复杂的对象，往往可以用逐级分解的方法来划分层次，按不同的层次单独绘制系统图或者框图。较高层次的系统图主要反映对象的概况，较低层次的系统图可将对象表达得较为详细。

③ 项目代号标注。

项目代号的有关知识，前述章节也有所涉及，读者也可查阅相关资料多加了解。系统图或框图中表示系统基本组成的各个框，原则上均应标注项目代号，因为系统图、框图和电路图、接线图是前后呼应的，标注项目代号为图纸的相互查找提供了方便。通常在较高层次的系统图上标注高层代号，在较低层次的系统图上一般只标注种类代号。通过标注项目代号，使图上的项目与实物之间建立起一一对应关系，并反映出项目的层次关系和从属关系。若不需要标注时，也可不标注。由于系统图或框图不具体表示项目的实际连接和安装位置，所以一般标注端子代号和位置代号。项目代号的构成、含义和标注方法可参见前述章节。

④ 布局。

系统图和框图通常习惯采用功能布局法，必要时还可以加注位置信息。框图的布局合理，会使材料、能量和控制信息流向表达得更清楚。

⑤ 连接线。

在系统图和框图上，采用连接线来反映各部分之间的功能关系。连接线的线型有细实线和粗实线之分。一般电路连接线采用与图中图形符号相同的细实线，必要时，可将表示电源电路和主信号电路的连接线用粗实线表示。反映非电过程流向的连接线也采用比较明显的粗实线。

连接线一般绘到线框为止，当框内采用符号作注释时应穿越框线进入框内，此时被穿越的框线应采用点画线。在连接上可以标注各种必要的注释，如信号名称、电平、频率、波形等。在输入与输出的连接线上，必要时可标注功能及去向。连接线上箭头的表示一般是用来开口箭头表示电信号流向，实心箭头表示非电过程和信息的流向。

（5）室内电气系统图的主要内容

室内电气系统图描述的主要内容为：其建筑物内的配电系统的组成和连接示意图。主要表示对象为电源的引进设置总配电箱、干线分布，分配电箱、各相线分配、计量表和控制开关等。

（6）电气系统图常识

配电系统图的设计应根据具体的工程规模、负荷性质、用电容量来确定。低压配电系统一般采用 380 V/220 V 中性点直接接地系统，照明和动力回路宜分开设置。单相用电设备应均匀地分配到三相线路中，由单相负荷不平衡引起的中性线电流，对 Y/Y0 接线的三相变压器，中性线电流不得超过低压绕组额定电流的 25%。其任意一相电流在满载时不得超过额定电流值。

2. 室内电气系统的组成

室内电气系统一般由以下 4 部分组成。

（1）接户线和进户线

从室外的低压架空供电线路的电线杆上引至建筑物外墙的运河架，这段线路称为接户线。它是室外供电线路的一部分；从外墙支架到室内配电盘这段线路称为进户线。进户点的位置就是建筑照明供电电源的引入点。进户位置距低压架空电杆应尽可能近一些，一般从建筑物的背面或侧面进户。多层建筑物采用架空线引入电源，一般由二层进户。

（2）配电箱

配电箱是接受和分配电能的装置。在配电箱里，一般装有空气开关、断路器、计量表、电源指示灯等。

（3）干线

从总配电箱引至分配电箱的一段供电线路称为干线。干线的布置方式有：放射式、树干式、混合式。

（4）支线

从分配电箱引至电灯等照明设备的一段供电线路称为支线，也称之为回路。

一般建筑物的照明供电线路主要是由进户线、总配电箱、计量箱、配电箱、配电线路以及开关插座、电气设备等用电器具组成。

3. 常用电气系统分类

（1）放射式配电系统

图 10-25 所示即为放射式配电系统，此类型的配电系统可靠性较高。配电线路故障互不影响，配电设备集中，检修比较方便，缺点是系统灵活性较差，线路投资较大。一般适用于

容量大、负荷集中或重要的用电设备，或集中控制设备。

（2）树干式配电系统

图 10-26 所示为树干式配电系统。该类型配电系统线路投资较少，系统灵活，缺点是配电干线发生故障时影响范围大，一般适用于用电设备布置较均匀、容量不大，又没有特殊要求的配电系统。

（3）链式配电系统

图 10-27 所示为链式配电系统。该类型配电系统的特点与树干式相似，适用于距配电屏距离较远，而彼此相距较近的小容量用电设备，链接的设备一般不超过 3 台或 4 台，容量不大于 10 kW，其中一台不超过 5 kW。

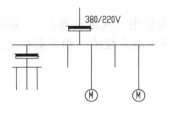

图 10-25　放射式配电系统

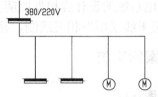

图 10-26　树干式配电系统

动力系统图一般采用单线图绘制，但有时也用多线绘制。

4. 常用电气配电系统图分类

电气配电系统常用的有三相四线制、三相五线制和单相两线制，一般都采用单线图绘制，根据照明类别的不同可分为以下 3 种类型。

（1）单电源照明配电系统

如图 10-28 所示，照明线路与电力线路在母线上分开供电，事故照明线路与正常照明线路分开。

（2）双电源照明配电系统

如图 10-29 所示，该系统中两段供电干线间设联络开关，当一路电源发生故障停电时，通过联络开关接到另一段干线上，事故照明由两段干线交叉供电。

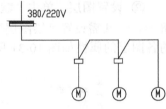

图 10-27　链式配电系统

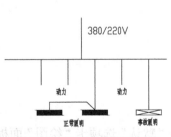

图 10-28　单电源照明配电系统

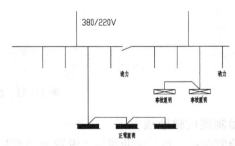

图 10-29　双电源照明配电系统

（3）多高层建筑照明配电系统

① 如图 10-30 所示，在多高层建筑物内，一般可采用干线式供电，每层均设控制箱，总配电箱设在底层（设备层）。

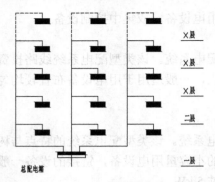

图 10-30 多高层建筑照明配电系统

② 照明配电系统的设计应根据照明类别，结合供电方式统一考虑，一般照明分支线采用单相供电，照明干线采用三相五线制，并尽量保证配电系统的三相平衡稳定。

10.2.3 案例实施

1. 设置绘图环境

① 建立新文件。以 "A4.dwt" 样板文件为模板，建立新文件，将新文件命名为 "某网球场配电系统图.dwg" 并保存。

② 设置图层。单击 "默认" 选项卡 "图层" 面板中的 "图层特性" 按钮，一共需设置 "绘图层" "标注层" 和 "辅助线层" 3 个图层，设置好的各图层的属性如图 10-31 所示。

绘制某网球场
配电系统图

图 10-31 图层设置

2. 绘制定位辅助线

① 绘制图框。将 "辅助线层" 设置为当前层，单击 "默认" 选项卡 "绘图" 面板中的 "矩形" 按钮，绘制一个长度为 370mm，宽度为 250mm 的矩形，作为绘图的界限，如图 10-32 所示。

② 绘制轴线。单击 "默认" 选项卡 "绘图" 面板中的 "直线" 按钮，以矩形的长边中点为起始点和终止点绘制一条直线，将绘图区域分为两个部分，如图 10-33 所示。

图 10-32 绘制图框

图 10-33 分割绘图区域

3. 绘制系统图形

① 转换图层。打开"图层特性管理器"对话框，把"绘图层"设置为当前层。

② 分解矩形。单击"默认"选项卡"修改"面板中的"分解"按钮，将矩形边框分解为直线。

③ 偏移直线。单击"默认"选项卡"修改"面板中的"偏移"按钮，将矩形上边框直线向下偏移，偏移距离为 95mm，同时将矩形左边框直线向右偏移，偏移距离为 36mm，如图 10-34 所示。

④ 绘制直线。单击"默认"选项卡"绘图"面板中的"直线"按钮，在"对象捕捉"和"正交模式"绘图方式下，用鼠标捕捉图 10-34 中的交点 A，以其作为起点，向右绘制长度为 102mm 的直线 AB，向下绘制长度为 82mm 的直线 AC，单击"默认"选项卡"修改"面板中的"删除"按钮，将两条垂直的辅助线删除，效果如图 10-35 所示。

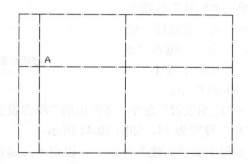

图 10-34 偏移直线

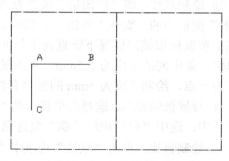

图 10-35 绘制直线

⑤ 偏移直线。单击"默认"选项卡"修改"面板中的"偏移"按钮，将直线 AB 向下偏移，偏移距离为 11mm 和 67mm，效果如图 10-36 所示。

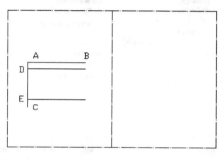

图 10-36 偏移直线

⑥ 绘制矩形。单击"默认"选项卡"绘图"面板中的"矩形"按钮 ⬜，绘制长度为 9mm，宽度为 9mm 的矩形。

⑦ 分解矩形。单击"默认"选项卡"修改"面板中的"分解"按钮 🗗，将步骤 6 中绘制的矩形边框分解为直线。

⑧ 偏移直线。单击"默认"选项卡"修改"面板中的"偏移"按钮 ⬚，将矩形的上边框向下偏移，偏移距离为 2.7mm，效果如图 10-37 所示。

⑨ 添加文字。打开"图层特性管理器"对话框，将"标注层"设置为当前层。单击"默认"选项卡"注释"面板中的"多行文字"按钮 A，设置样式为 Standard，文字高度设为 2.5，效果如图 10-38 所示。

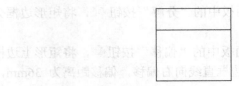

图 10-37　偏移直线 　　　　图 10-38　添加文字

⑩ 移动图形。单击"默认"选项卡"修改"面板中的"移动"按钮 ✛，选取图 10-38 的上水平线中点为移动基准点，以图 10-7 中的 D 点为移动目标点，移动结果如图 10-39 所示。

⑪ 绘制直线。将"绘图层"设置为当前层。单击"默认"选项卡"绘图"面板中的"直线"按钮 ╱，绘制长度为 5mm 的竖直直线，然后在不按鼠标按键的情况下竖直向下拉伸追踪线，在命令行输入 5.5 个单位，即中间的空隙为 5.5mm，单击鼠标左键，在此确定点 1，以点 1 为起点，绘制长度为 5mm 的竖直直线，如图 10-40 所示。

图 10-39　移动图形

⑫ 设置极轴追踪。选择菜单栏中的"工具"→"绘图设置"命令，在弹出的"草图设置"对话框中，选中"启用极轴追踪"复选框，"增量角"设置为 15，如图 10-41 所示。

⑬ 绘制斜线。单击"默认"选项卡"绘图"面板中的"直线"按钮 ╱，以点 1 为起点，在 120° 的追踪线上向左移动鼠标，绘制长度为 6mm 的斜线，如图 10-42 所示。

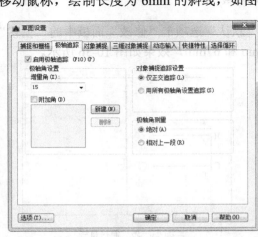

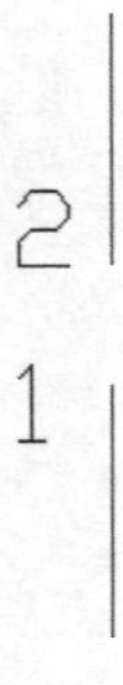

图 10-40　绘制直线　　　　　　图 10-41　"草图设置"对话框　　　　　图 10-42　绘制斜线

⑭ 绘制短线。单击"默认"选项卡"绘图"面板中的"直线"按钮／，以图 10-42 中端点 2 为起点分别向左、向右绘制长度为 1mm 的短线，如图 10-43 所示。

⑮ 旋转短线。单击"默认"选项卡"修改"面板中的"旋转"按钮○，选择"复制"模式，将步骤⑭绘制的水平短线分别绕端点 2 旋转 45°和-45°，单击"默认"选项卡"修改"面板中的"删除"按钮✍，删除掉多余的短线，如图 10-44 所示。

⑯ 移动图形。单击"默认"选项卡"修改"面板中的"移动"按钮✛，以图 10-44 中端点 1 为移动基准点，图 10-39 中的 E 点为移动目标点，移动结果如图 10-45 所示。

⑰ 修剪图形。单击"默认"选项卡"修改"面板中的"修剪"按钮，修剪掉多余直线，修剪结果如图 10-46 所示。

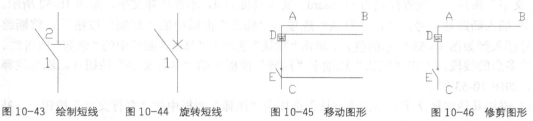

图 10-43　绘制短线　　图 10-44　旋转短线　　图 10-45　移动图形　　图 10-46　修剪图形

⑱ 阵列图形。单击"默认"选项卡"修改"面板中的"矩形阵列"按钮，设置行数为 1，列数为 8，间距为 17，选择图 10-46 中的左侧图形为阵列对象，结果如图 10-47 所示。

⑲ 修剪图形。单击"默认"选项卡"修改"面板中的"偏移"按钮，将图 10-48 中的直线 AB 向下偏移，偏移距离为 33mm，单击"默认"选项卡"修改"面板中的"拉长"按钮，将刚偏移的直线向右拉长 17mm，如图 10-48 所示。单击"默认"选项卡"修改"面板中的"修剪"按钮和"删除"按钮✍，修剪删除掉多余的图形，效果如图 10-49 所示。

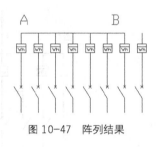

图 10-47　阵列结果

图 10-48　偏移直线　　　　　图 10-49　修剪图形

⑳ 绘制直线。单击"默认"选项卡"绘图"面板中的"直线"按钮／，以 P 点为起始点，竖直向上绘制长度为 37.5mm 的直线 1，以直线 1 上端点为起点，水平向右绘制长度为 50mm 的直线 2，如图 10-50 所示。

㉑ 移动直线。单击"默认"选项卡"修改"面板中的"移动"按钮✛，将图 10-50 中的直线 2 向下移动 7.8mm，单击"默认"选项卡"绘图"面板中的"直线"按钮／，绘制短斜线，效果如图 10-51 所示。

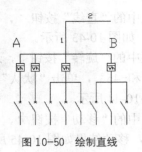

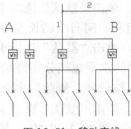

图 10-50 绘制直线　　　　　　　　　　　　　　　图 10-51 移动直线

㉒ 添加注释文字。把"标注层"设置为当前层。单击"默认"选项卡"注释"面板中的"多行文字"按钮 A，设置样式为 Standard，文字高度为 4，添加注释文字，如图 10-52 所示。

㉓ 插入断路器符号。单击"默认"选项卡"修改"面板中的"复制"按钮 ，将断路器符号插入到如图 10-53 所示的位置，单击"默认"选项卡"修改"面板中的"修剪"按钮 ，修剪掉多余的线段，单击"默认"选项卡"注释"面板中的"多行文字"按钮 A，添加注释文字，如图 10-53 所示。

㉔ 添加其他注释文字。单击"默认"选项卡"注释"面板中的"多行文字"按钮 A，补充添加其他注释文字，如图 10-54 所示。

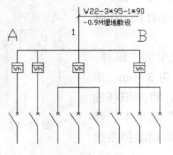

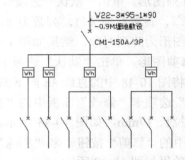

图 10-52 添加注释文字　　　　　　　　　　　　　　图 10-53 插入断路器符号

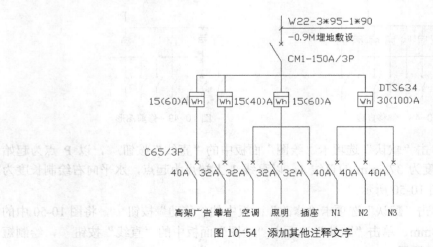

图 10-54 添加其他注释文字

㉕ 偏移直线。单击"默认"选项卡"修改"面板中的"偏移"按钮 ，将定位辅助线的上边框向下偏移 34mm，轴线向右偏移 27mm，如图 10-55 所示。

㉖ 绘制直线。把"绘图层"设置为当前层。单击"默认"选项卡"绘图"面板中的"直线"按钮✎，以图 10-55 中的 M 点为起点，竖直向下绘制长度为 190mm 的直线，水平向右绘制长度为 103mm 的直线，然后在不按鼠标按键的情况下向右拉伸追踪线，在命令行输入 5，即中间的空隙为 5mm，单击鼠标左键，在此确定点 N，以 N 为起点，水平向右绘制长度为 30mm 的直线，单击"默认"选项卡"修改"面板中的"删除"按钮✎，删除步骤㉕中偏移复制的两条定位辅助线，如图 10-56 所示。

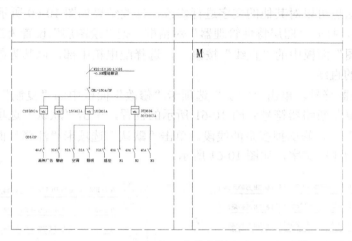

图 10-55　偏移直线

㉗ 插入断路器符号。单击"默认"选项卡"修改"面板中的"旋转"按钮○，将断路器符号旋转 90°，单击"默认"选项卡"修改"面板中的"移动"按钮✛，将断路器符号插入到图 10-57 中的直线 MN 上，单击"默认"选项卡"修改"面板中的"修剪"按钮✁，修剪掉多余的直线，如图 10-57 所示。

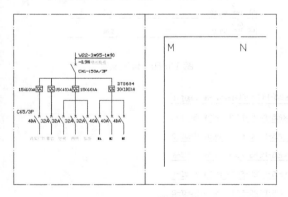

图 10-56　绘制直线　　　　　　　　　图 10-57　插入断路器

㉘ 添加注释文字。把"标注层"设置为当前层。单击"默认"选项卡"注释"面板中的"多行文字"按钮 A，添加注释文字，如图 10-58 所示。

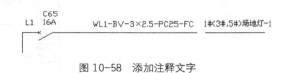

图 10-58　添加注释文字

㉙ 移动图形。单击"默认"选项卡"修改"面板中的"移动"按钮➕，选择图 10-58 中绘制好的一个回路及注释文字为移动对象，以其左端点为基准点，向下移动 10mm。

㉚ 阵列图形。单击"默认"选项卡"修改"面板中的"矩形阵列"按钮▦，设置行数为 11，列数为 1，间距为-17，选取步骤㉙中移动的回路及注释文字为阵列对象，阵列结果如图 10-59 所示。

㉛ 修改文字。用鼠标双击要修改的文字，在编辑框中填入要修改的内容，按 Enter 键即可。用同样的方法也可以对其他的文字进行修改，修改结果如图 10-60 所示。

㉜ 绘制直线。打开"图层特性管理器"对话框，把"绘图层"设置为当前层。单击"默认"选项卡"绘图"面板中的"直线"按钮╱，选择配电箱中部，以其为起点，水平向左绘制长度为 42mm 的直线。

㉝ 插入断路器符号。单击"默认"选项卡"修改"面板中的"复制"按钮◔，从已经绘制好的回路中复制断路器符号到图 10-61 所示的位置，单击"默认"选项卡"修改"面板中的"修剪"按钮⌁，修剪掉多余的线段。单击"默认"选项卡"注释"面板中的"多行文字"按钮Ａ，添加注释文字，如图 10-61 所示。

图 10-59　阵列结果　　　　　　　　　　　　图 10-60　修改文字

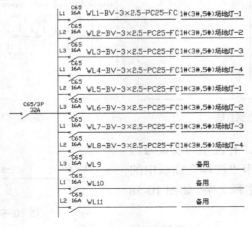

图 10-61　插入断路器

至此，网球场配电系统图绘制完毕，最终结果如图 10-62 所示。

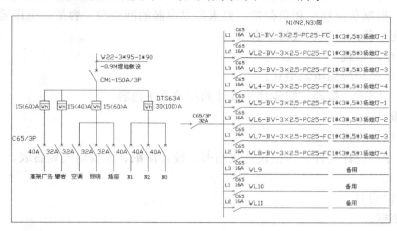

图 10-62　网球场地配电系统图

10.2.4　拓展知识

本部分为摘录建设部颁发的文件《建筑工程设计文件编制深度规定》（2008 年版）中电气工程部分施工图设计的有关内容，供读者学习参考。

1. 总则

（1）民用建筑工程设计阶段

民用建筑工程一般应分为方案设计、初步设计和施工图设计 3 个阶段；对于技术要求简单的民用建筑工程，经有关主管部门同意，并且合同中有不做初步设计的约定，可在方案设计审批后直接进入施工图设计。

（2）各阶段文件编制深度的原则

各阶段设计文件编制深度应按以下原则进行。

① 方案设计文件，应满足编制初步设计文件的需要。

对于投标方案，设计文件深度应满足标书要求；若标书无明确要求，设计文件深度可参照本规定的有关条款。

② 初步设计文件，应满足编制施工图设计文件的需要。

③ 施工图设计文件，应满足设备材料采购、非标准设备制作和施工的需要。对于将项目分别发包给几个设计单位或实施设计分包的情况，设计文件相互关联处的深度应当满足各承包或分包单位设计的需要。

2. 方案设计

（1）设计范围

本工程拟设置的电气系统。

（2）变、配电系统

① 确定负荷级别：1、2、3 级负荷的主要内容。

② 负荷估算。

③ 电源：根据负荷性质和负荷量，要求外供电源的回路数、容量、电压等级。

④ 变、配电所：位置、数量、容量。

（3）应急电源系统

确定备用电源和应急电源型式。

（4）照明、防雷、接地、智能建筑设计的相关系统内容

3. 初步设计

（1）初步设计阶段

建筑电气专业设计文件应包括设计说明书、设计图纸、主要电气设备表、计算书（供内部使用及存档）。

（2）设计说明书

① 设计依据。

A. 建筑概况：应说明建筑类别、性质、面积、层数、高度等。

B. 相关专业提供本专业的工程设计资料。

C. 建设方提供的有关职能部门（如供电部门、消防部门、通信部门、公安部门等）认定的工程设计资料，建设方设计要求。

D. 本工程采用的主要标准及法规。

② 设计范围。

A. 根据设计任务书和有关设计资料说明本专业的设计工作内容和分工。

B. 本工程拟设置的电气系统。

③ 变、配电系统。

A. 确定负荷等级和各类负荷容量。

B. 确定供电电源及电压等级，电源由何处引来，电源数量及回路数、专用线或非专用线。电缆埋地或架空、近远期发展情况。

C. 备用电源和应急电源容量确定原则及性能要求，有自备发电机时，说明启动方式及与市电网关系。

D. 高、低压供电系统结线型式及运行方式：正常工作电源与备用电源之间的关系；母线联络开关运行和切换方式；变压器之间低压侧联络方式；重要负荷的供电方式。

E. 变、配电站的位置、数量、容量（包括设备安装容量、计算有功、无功、视在容量、变压器台数、容量）及型式（户内、户外或混合）；设备技术条件和选型要求。

F. 继电保护装置的设置。

G. 电能计量装置：采用高压或低压；专用柜或非专用柜（满足供电部门要求和建设方内部核算要求）；监测仪表的配置情况。

H. 功率因数补偿方式：说明功率因数是否达到供用电规则的要求，应补偿容量和采取的补偿方式和补偿前后的结果。

I. 操作电源和信号：说明高压设备操作电源和运行信号装置配置情况。

J. 工程供电：高、低压进出线路的型号及敷设方式。

④ 配电系统。

A. 电源由何处引来、电压等级、配电方式；对重要负荷和特别重要负荷及其他负荷的

供电措施。

B．选用导线、电缆、母干线的材质和型号，敷设方式。

C．开关、插座、配电箱、控制箱等配电设备选型及安装方式。

D．电动机启动及控制方式的选择。

⑤ 照明系统。

A．照明种类及照度标准。

B．光源及灯具的选择、照明灯具的安装及控制方式。

C．室外照明的种类（如路灯、庭园灯、草坪灯、地灯、泛光照明、水下照明等）、电压等级、光源选择及其控制方法等。

D．照明线路的选择及敷设方式（包括室外照明线路的选择和接地方式）。

⑥ 热工检测及自动调节系统。

A．按工艺要求说明热工检测及自动调节系统的组成。

B．自动化仪表的选择。

C．仪表控制盘、台选型及安装。

D．线路选择及敷设。

E．仪表控制盘、台的接地。

⑦ 火灾自动报警系统。

A．按建筑性质确定保护等级及系统组成。

B．消防控制室位置的确定和要求。

C．火灾探测器、报警控制器、手动报警按钮、控制台（柜）等设备的选择。

D．火灾报警与消防联动控制要求，控制逻辑关系及控制显示要求。

E．火灾应急广播及消防通信概述。

F．消防主电源、备用电源供给方式，接地及接地电阻要求。

G．线路选型及敷设方式。

H．当有智能化系统集成要求时，应说明火灾自动报警系统与其他子系统的接口方式及联动关系。

I．应急照明的电源型式，灯具配置，线路选择及敷设方式，控制方式等。

⑧ 通信系统。

A．对工程中不同性质的电话用户和专线，分别统计其数量。

B．电话站总配线设备及其容量的选择和确定。

C．电话站交、直流供电方案。

D．电话站站址的确定及对土建的要求。

E．通信线路容量的确定及线路网络组成和敷设。

F．对市话中继线路的设计分工，线路敷设和引入位置的确定。

G．室内配线及敷设要求。

H．防电磁脉冲接地、工作接地方式及接地电阻要求。

⑨ 有线电视系统。

A．系统规模、网络组成、用户输出口电平值的确定。

B．节目源选择。

C. 机房位置、前端设备配置。

D. 用户分配网络、导体选择及敷设方式、用户终端数量的确定。

⑩ 闭路电视系统。

A. 系统组成。

B. 控制室的位置及设备的选择。

C. 传输方式、导体选择及敷设方式。

D. 电视制作系统组成及主要设备选择。

⑪ 有线广播系统。

A. 系统组成。

B. 输出功率、馈送方式和用户线路敷设的确定。

C. 广播设备的选择，并确定广播室位置。

D. 导体选择及敷设方式。

⑫ 扩声和同声传译系统。

A. 系统组成。

B. 设备选择及声源布置的要求。

C. 确定机房位置。

D. 同声传译方式。

E. 导体选择及敷设方式。

⑬ 呼叫信号系统。

A. 系统组成及功能要求（包括有线或无线）。

B. 导体选择及敷设方式。

C. 设备选型。

⑭ 公共显示系统。

A. 系统组成及功能要求。

B. 显示装置安装部位、种类、导体选择及敷设方式。

C. 显示装置规格。

⑮ 时钟系统。

A. 系统组成、安装位置、导体选择及敷设方式。

B. 设备选型。

⑯ 安全技术防范系统。

A. 系统防范等级、组成和功能要求。

B. 保安监控及探测区域的划分、控制、显示及报警要求。

C. 摄像机、探测器安装位置的确定。

D. 访客对讲、巡更、门禁等子系统配置及安装。

E. 机房位置的确定。

F. 设备选型、导体选择及敷设方式。

⑰ 综合布线系统。

A. 根据工程项目的性质、功能、环境条件和近、远期用户要求确定综合布线的类型及配置标准。

B．系统组成及设备选型。

C．总配线架、楼层配线架及信息终端的配置。

D．导体选择及敷设方式。

E．建筑设备监控系统及系统集成包括：系统组成、监控点数及其功能要求、设备选型等。

⑱ 信息网络交换系统。

A．系统组成、功能及用户终端接口的要求。

B．导体选择及敷设要求。

⑲ 车库管理系统。

A．系统组成及功能要求。

B．监控室设置。

C．导体选择及敷设要求。

⑳ 智能化系统集成。

A．集成形式及要求。

B．设备选择。

㉑ 建筑物防雷。

A．确定防雷类别。

B．防直接雷击、防侧击雷、防雷击电磁脉冲、防高电位侵入的措施。

C．当利用建（构）筑物混凝土内钢筋做接闪器、引下线、接地装置时，应说明采取的措施和要求。

㉒ 接地及安全。

A．本工程各系统要求接地的种类及接地电阻要求。

B．总等电位、局部等电位的设置要求。

C．接地装置要求，当接地装置需作特殊处理时应说明采取的措施、方法等。

D．安全接地及特殊接地的措施。

㉓ 需提请在设计审批时解决或确定的主要问题。

（3）设计图纸

① 电气总平面图（仅有单体设计时，可无此项内容）。

A．标示建（构）筑物名称、容量，高、低压线路及其他系统线路走向，回路编号，导线及电缆型号规格，架空线杆位，路灯、庭园灯的杆位（路灯、庭园灯可不绘线路），重复接地点等。

B．变、配电站位置、编号和变压器容量。

C．比例、指北针。

② 变、配电系统。

A．高、低压供电系统图：注明开关柜编号、型号及回路编号、一次回路设备型号、设备容量、计算电流、补偿容量、导体型号规格、用户名称、二次回路方案编号。

B．平面布置图：应包括高、低压开关柜、变压器、母干线、发电机、控制屏、直流电源及信号屏等设备平面布置和主要尺寸，图纸应有比例。

C．标示房间层高、地沟位置、标高（相对标高）。

③ 配电系统（一般只绘制内部作业草图，不对外出图）。

主要干线平面布置图，竖向干线系统图（包括配电及照明干线、变配电站的配出回路及回路编号）。

④ 照明系统。

对于特殊建筑，如大型体育场馆、大型影剧院等，有条件时应绘制照明平面图。该平面图应包括灯位（含应急照明灯）、灯具规格，配电箱（或控制箱）位，不需连线。

⑤ 热工检测及自动调节系统。

A．需专项设计的自控系统需绘制热工检测及自动调节原理系统图。

B．控制室设备平面布置图。

⑥ 火灾自动报警系统。

A．火灾自动报警系统图。

B．消防控制室设备布置平面图。

⑦ 通信系统。

A．电话系统图。

B．站房设备布置图。

⑧ 防雷系统、接地系统。

一般不出图纸，特殊工程只出项规平面图、接地平面图。

⑨ 其他系统。

A．各系统所属系统图。

B．各控制室设备平面布置图（若在相应系统图中说明清楚时，可不出此图）。

（4）主要设备表

注明设备名称、型号、规格、单位、数量。

（5）设计计算书（供内部使用及存档）

① 用电设备负荷计算。

② 变压器选型计算。

③ 电缆选型计算。

④ 系统短路电流计算。

⑤ 防雷类别计算及避雷针保护范围计算。

⑥ 各系统计算结果尚应标示在设计说明或相应图纸中。

⑦ 因条件不具备不能进行计算的内容，应在初步设计中说明，并应在施工图设计时补算。

4．施工图设计

（1）在施工图设计阶段

建筑电气专业设计文件应包括图纸目录、施工设计说明、设计图纸主要设备表、计算书（供内部使用及存档）。

（2）图纸目录

先列新绘制图纸，后列重复使用图。

（3）施工设计说明

① 工程设计概况：应将经审批定案后的初步（或方案）设计说明书中的主要指标录入。

② 各系统的施工要求和注意事项（包括布线、设备安装等）。

③ 设备定货要求（也可附在相应图纸上）。

④ 防雷及接地保护等其他系统有关内容（也可附在相应图纸上）。

⑤ 本工程选用标准图图集编号、页号。

（4）设计图纸

① 施工设计说明、补充图例符号、主要设备表可组成首页，当内容较多时可分设专页。

② 电气总平面图（仅有单体设计时，可无此项内容）。

A. 标注建（构）筑物名称或编号、层数或标高、道路、地形等高线和用户的安装容量。

B. 标注不变、配电站位置、编号；变压器台数、容量；发电机台数、容量；室外配电箱的编号、型号；室外照明灯具的规格、型号、容量。

C. 架空线路应标注：线路规格及走向、回路编号、杆位编号、档数、档距、杆高、拉线、重复接地、避雷器等（附标准图集选择表）。

D. 电缆线路应标注：线路走向、回路编号、电缆型号及规格、敷设方式（附标准图集选择表）、人（手）孔位置。

E. 比例、指北针。

F. 图中未表达清楚的内容可附图做统一说明。

③ 变、配电站。

A. 高、低压配电系统图（一次线路图）。图中应标明母线的型号、规格；变压器、发电机的型号、规格；标明开关、断路器、互感器、继电器、电工仪表（包括计量仪表）等的型号、规格、整定值。

图下方表格标注：开关柜编号、开关柜型号、回路编号、设备容量、计算电流、导体型号及规格、敷设方法、用户名称、二次原理图方案号（当选用分格式开关柜时，可增加小室高度或模数等相应栏目）。

B. 平、剖面图。按比例绘制变压器、发电机、开关柜、控制柜、直流及信号柜、补偿柜、支架、地沟、接地装置等平、剖面布置、安装尺寸等，当选用标准图时，应标注标准图编号、页次；标注进出线回路编号、敷设安装方法，图纸应有比例。

C. 继电保护及信号原理图。继电保护及信号二次原理方案，应选用标准图或通用图。当需要对所选用标准图或通用图进行修改时，只需绘制修改部分并说明修改要求。

控制柜、直流电源及信号柜、操作电源均应选用企业标准产品，图中标示相关产品型号、规格和要求。

D. 竖向配电系统图。以建（构）筑物为单位，自电源点开始至终端配电箱止，按设备所处相应楼层绘制，应包括变、配电站变压器台数、容量、发电机台数、容量、各处终端配电箱编号，自电源点引出回路编号（与系统图一致），接地干线规格。

E. 相应图纸说明。图中表达不清楚的内容，可随图做相应说明

④ 配电、照明。

A. 配电箱（或控制箱）系统图，应标注配电箱编号、型号，进线回路编号；标注各开关（或熔断器）型号、规格、整定值；配电回路编号、导线型号规格，（对于单相负荷应标明相别），对有控制要求的回路应提供控制原理图；对重要负荷供电回路宜标明用户名称。上述配电箱（或控制箱）系统内容在平面图上标注完整的，可不单独出配电箱（或控制箱）系统图。

B. 配电平面图，应包括建筑门窗、墙体、轴线、主要尺寸、工艺设备编号及容量；布

置配电箱、控制箱，并注明编号、型号及规格；绘制线路始、终位置（包括控制线路），标注回路规模、编号、敷设方式，图纸应有比例。

C. 照明平面图，应包括建筑门窗、墙体、轴线、主要尺寸、标注房间名称、绘制配电箱、灯具、开关、插座、线路等平面布置，标明配电箱编号，干线、分支线回路编号、相别、型号、规格、敷设方式等；凡需二次装修部位，其照明平面图随二次装修设计，但配电或照明平面上应相应标注预留的照明配电箱，并标注预留容量；图纸应有比例。

D. 图中表达不清楚的，可随图做相应说明。

⑤ 热工检测及自动调节系统。

A. 普通工程宜选定型产品，仅列出工艺要求。

B. 需专项设计的自控系统需绘制：热工检测及自动调节原理系统图、自动调节方框图、仪表盘及台面布置图、端子排接线图、仪表盘配电系统图、仪表管路系统图、锅炉房仪表平面图、主要设备材料表、设计说明。

⑥ 建筑设备监控系统及系统集成。

A. 监控系统方框图、绘至 DDC 站止；

B. 随图说明相关建筑设备监控（测）要求、点数、位置；

C. 配合承包方了解建筑情况及要求，审查承包方提供的深化设计图纸。

⑦ 防雷、接地及安全。

A. 绘制建筑物顶层平面，应有主要轴线号、尺寸、标高、标注避雷针、避雷带、引下线位置。注明材料型号规格、所涉及的标准图编号、页次，图纸应标注比例。

B. 绘制接地平面图（可与防雷顶层平面生命），绘制接地线、接地极、测试点、断接卡等的平面位置、标明材料型号、规格、相对尺寸等及涉及的标准图编号、页次，（当利用自然接地装置时，可不出此图），图纸应标注比例。

C. 当利用建筑物（或构筑物）钢筋混凝土内的钢筋作为防雷接闪器、引下线、接地装置时，应标注连接点，接地电阻测试点，预埋件位置及敷设方式，注明所涉及的标准图编号、页次。

D. 随图说明包括：防雷类别和采取的防雷措施（包括防侧击雷、防击电磁脉冲、防高电位引入）；接地装置型式，接地极材料要求、敷设要求、接地电阻值要求；当利用桩基、基础内钢筋作接地极时，应采取的措施。

E. 除防雷接地外的其他电气系统的工作或安全接地的要求（如：电源接地型式，直流接地，局部等电位、总等电位接地等），如果采用共用接地装置，应在接地平面图中叙述清楚，叙述不清楚的应绘制相应图纸（如局部等电位平面图等）。

⑧ 火灾自动报警系统。

A. 火灾自动报警及消防联动控制系统图、施工设计说明、报警及联动控制要求。

B. 各层平面图，应包括设备及器件布点、连线，线路型号、规格及敷设要求。

⑨ 其他系统。

A. 各系统的系统框图。

B. 说明各设备定位安装、线路型号规格及敷设要求。

C. 配合系统承包方了解相应系统的情况及要求，审查系统承包方提供的深化设计图纸。

（5）主要设备表

注明主要设备名称、型号、规格、单位、数量。

（6）计算书（供内部使用及归档）

施工图设计阶段的计算书，只补充初步设计阶段时应进行计算而未进行计算的部分，修改因初步设计文件审查变更后，需重新进行计算的部分。

10.2.5 上机操作

绘制图 10-63 所示的多媒体工作间综合布线系统图。

1. 目的要求

本上机案例绘制的是一个典型的建筑电气系统图，通过本案例，使读者进一步掌握和巩固控制建筑电气系统图绘制的基本思路和方法。

绘制多媒体工作间
综合布线系统图

2. 操作提示

① 绘制轴线。

② 绘制图例。

③ 绘制综合布线系统图。

④ 标注文字。

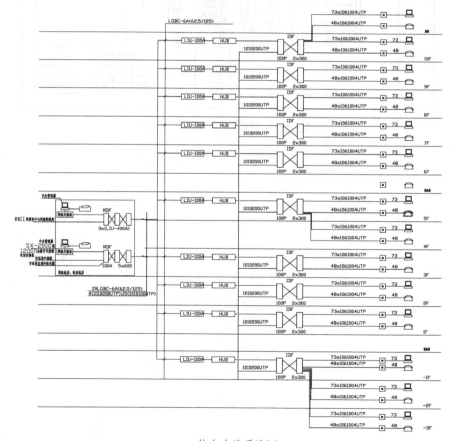

综合布线系统图

图 10-63 多媒体工作间综合布线系统图

自测题

1. 常见电气配电系统分为哪几类？

2. 照明控制接线图分为哪几部分，作用分别是什么？

3. 绘制图 10-64 所示的某建筑物消防安全系统图。

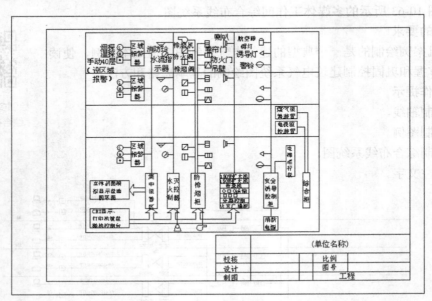

图 10-64　某建筑物消防安全系统图